新型组合结构桥梁——波形钢腹板PC组合桥梁系列

Boxing Gangfuban Sheji yu Zhizao

波形钢腹板设计与制造

李淑琴　万　水　张长青　编著

人民交通出版社

内容提要

本书总结了波形钢腹板设计与加工中的一些研究成果与经验，内容包括：波形钢腹板的力学特性和设计、加工、连接和抗剪连接的构造、防腐蚀涂装体系、防腐蚀涂装工艺、质量检验及其应用实例。

本书旨在为我国的波形钢腹板PC组合梁桥的建造与发展提供技术参考，可供桥梁工程设计、施工人员使用。

图书在版编目(CIP)数据

波形钢腹板设计与制造 / 李淑琴等编著.
—北京：人民交通出版社，2011.6
ISBN 978-7-114-09219-0

Ⅰ.①波… Ⅱ.①李… Ⅲ.①钢板：腹板—设计
②钢板：腹板—制造 Ⅳ.①TG335.5

中国版本图书馆CIP数据核字(2011)第119226号

新型组合结构桥梁——波形钢腹板PC组合桥梁系列

书　　名：波形钢腹板设计与制造
著 作 者：李淑琴　万　水　张长青
责任编辑：丁润铎
出版发行：人民交通出版社
地　　址：（100011）北京市朝阳区安定门外外馆斜街3号
网　　址：http://www.ccpress.com.cn
销售电话：（010）59757969，59757973
总 经 销：人民交通出版社发行部
经　　销：各地新华书店
印　　刷：北京市密东印刷有限公司
开　　本：787×1092　1/16
印　　张：12.25
字　　数：290千
版　　次：2011年7月　第1版
印　　次：2011年7月　第1次印刷
书　　号：ISBN 978-7-114-09219-0
定　　价：35.00元

前　言

波形钢腹板PC组合箱梁桥是用波折形薄钢腹板代替箱梁混凝土腹板形成的一种钢混组合桥梁结构，它可以大幅度减轻箱梁的自重，减少下部结构的工程量，从而降低造价，实现桥梁的轻型化，有效地解决预应力混凝土箱梁腹板的开裂问题。波形钢腹板PC组合箱梁桥的一个重要特点在于它采用了波形钢腹板，它的设计和加工直接关系到桥梁的质量、承载能力和耐久性。本书总结了波形钢腹板设计与加工中的一些研究成果与经验，其目的是为我国的波形钢腹板PC组合梁桥的建造与发展提供一定的技术参考。

本书共分7章。第1章介绍了波形钢腹板的力学特性和设计，第2章介绍了波形钢腹板的加工，第3章介绍了波形钢腹板的连接和抗剪连接件的构造，第4章介绍了波形钢腹板的防腐蚀涂装体系，第5章简述了波形钢腹板的防腐蚀涂装工艺，第6章介绍了波形钢腹板的质量检验，第7章给出了一些波形钢腹板的应用实例。

本书第1章由万水、乐斐、蒋正国、李淑琴、张长青编写，第2章由万水、吴晓霞、马骅、孙天明、霍玉娴、郑会玺、郭彦群编写，第3章由万水、郑连群、靳九贵、汪之明、张新领、李淑琴、马磊编写，第4章由万水、常兴文、汤意编写，第5章由万水、武世英、刘培贤、肖亚伟、卫亚洲编写，第6章由李淑琴、万水、张长青、张国清、郭红军、陈建兵编写，第7章由李淑琴、万水、张长青编写。

感谢东南大学波形钢腹板PC组合箱梁桥结构研究团队的大力支持，感谢博士研究生朱坤宁、马磊、杨丙文、任大龙、钟志鹏、郑尚敏以及硕士研究生黄浩、黎雅乐、周林云、向苇康、唐明敏、张宏杰的协助。王用中先生为本书的编写给予了许多帮助，在此表示感谢。在本书的编写过程中，作者参考了现有桥梁与钢结构的设计规范和相关标准，引用了许多国内外关于波形钢腹板设计、加工与应用的研究成果和实例资料，在此对书中引用资料的作者们和单位表示诚挚的谢意。

感谢河北省邢台路桥总公司、河南省交通规划勘察设计院有限责任公司、濮阳豫龙高速公路有限责任公司、中铁三局集团第二工程有限公司、河南省公路工程监理咨询有限公司、邢台路桥交通设施厂等单位所给予作者的大力支持。衷心感谢所有在本书写作中给予过大力支持的专家和朋友们。由于作者水平有限，书中难免存在不足之处，敬请读者批评指正。

作　者

2011年3月

目　录

第 1 章　波形钢腹板概述与设计

1.1　波形钢腹板 PC 组合箱梁的特点

波形钢腹板预应力混凝土(PC)组合箱梁最显著的特点是用波折形钢腹板取代了混凝土腹板,使箱梁成为由钢筋混凝土和波形钢腹板组成的组合结构。由于用波形钢腹板代替了混凝土腹板,减轻了 PC 箱梁的自重,进而减少了下部结构的工程量,降低了造价。有关资料表明,与同跨度的预应力混凝土桥相比,波形钢腹板 PC 组合箱梁桥可节约成本约 10%。由于波形钢腹板 PC 组合箱梁相对较轻,采用节段悬臂浇注施工方法时可以增加每个施工节段的长度,从而缩短工期。从结构上看,波形钢腹板 PC 组合箱梁受力明确,在轴向力和弯矩作用下,腹板上的轴向应力基本为零,轴向力基本上由混凝土顶、底板承担;在剪力作用时,87%左右的剪力由波形钢腹板承受;扭矩作用时,75%左右的扭矩由波形钢腹板承受。波形钢腹板对轴向力无抵抗作用,避免了由于腹板的约束作用所造成的预应力效率的降低,能更有效地对混凝土顶、底板施加预应力。由于波形钢腹板不约束箱梁顶、底板混凝土由于收缩徐变产生的变形,可以避免箱梁截面的预应力向钢腹板转移;用钢板作为腹板,避免了传统混凝土腹板的斜向开裂问题,提高了耐久性。相对于预应力混凝土箱梁来说,波形钢腹板 PC 组合箱梁截面的抗扭转刚度下降了约 60%。

1.2　波形钢腹板的分类与几何尺寸

波形钢腹板一般由卷材或板材弯折而成。通常桥梁中所用的波形钢腹板是等波长的。波形钢腹板的几何控制参数主要有:波形钢腹板高度 h、波形钢板波高 d、钢板厚度 t、直板段宽度 a_1、斜板段投影宽度 a_2 等。波形钢腹板通用断面如图 1-1 所示。

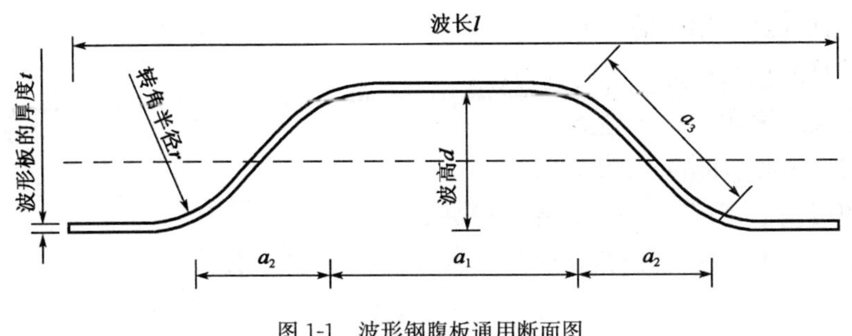

图 1-1　波形钢腹板通用断面图

波形钢腹板的波形形状,应根据施工可行性、经济性、景观性等各方面统筹考虑来选择。在实际应用中,考虑到加工时模具制造等因素,往往给出几种比较常用的波形钢腹板型号,以利于加工制作。波形钢腹板分类代号为 BCSW。波形钢腹板型号表示如图 1-2 所示。

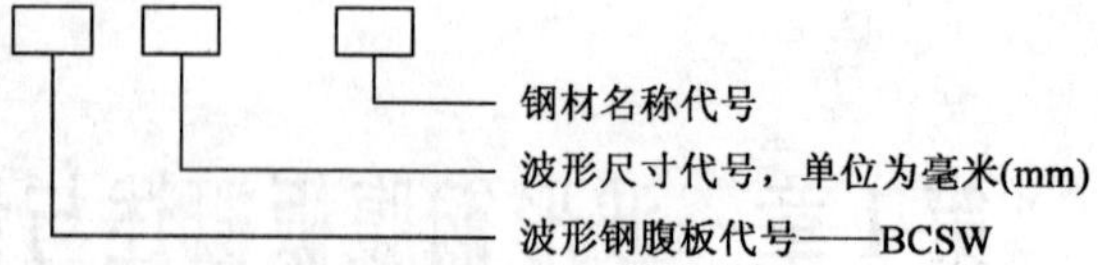

示例：材质为Q345c的1000型波形钢腹板型号表示为BCSW1000/Q345c

图 1-2　波形钢腹板分类代号

由上述表示方法，按波形钢腹板波长的大小，将波形钢腹板分为 1000 型波形钢腹板(BCSW1000)、1200 型波形钢腹板(BCSW1200)和 1600 型波形钢腹板(BCSW1600)，其尺寸规格见表 1-1。其中，1600 型多用于大跨径桥梁，1200 型与 1000 型多用于中、小跨径桥梁。

常用波形钢腹板的几何尺寸(mm)　　表 1-1

类　型	波长 l	建议适用厚度 t	常用波形钢腹板的几何尺寸				转角半径 r
			a_1	a_2	a_3	d	
1000 型	1000	8～12	340	160	226	160	$15t$
1200 型	1200	8～20	330	270	332	200	$15t$
1600 型	1600	10～30	430	370	430	220	$15t$

1.3　波形钢腹板的力学特性

1.3.1　波形钢腹板抗剪性能

波形钢腹板 PC 组合箱梁桥结构的一个重要特点在于它采用了波形钢腹板。在设计荷载作用下，波形钢腹板的弯曲剪应力 τ_{ws} 计算公式为：

$$\tau_{ws} = \frac{S - S_p}{A_w} \tag{1-1}$$

式中：S——设计荷载作用时的剪力；

S_p——计算断面预应力的竖向分力；

A_w——腹板截面积，$A_w = \sum t_i \cdot h$；

t_i——第 i 块波形钢腹板的厚度；

h——腹板高度，取顶底板间钢腹板净高。

在设计荷载作用下，由自由扭转引起的剪应力 τ_{ts} 的计算公式：

$$\tau_{ts} = \frac{M_t}{2A_m t(1+\alpha)} \tag{1-2}$$

式中：M_t——设计荷载作用时的计算扭矩；

A_m——箱形截面中心线围成的面积；

t——波形钢腹板板厚；

α——修正系数，$\alpha=0.4h/b-0.6$，当 $h/b\leqslant 0.2$ 时，$\alpha=0$。其中 h 为混凝土顶底板中心间距；b 为波形钢腹板中心线间距。

1.3.2　波形钢腹板等效为正交异性平板

当波形钢腹板端部各波均与支撑结构采用连接件相连时，在剪力作用下其截面形状几乎不发生畸变或畸变很小，此时可将波形钢腹板等效为正交异性平板进行数值研究。由图 1-3 得出波形钢腹板的等效弹性常数[1]：

$$E_y=\frac{a_1+a_3}{a_1+a_2}E_0 \tag{1-3}$$

$$E_x=\xi\frac{I_0}{I_x}E_0=\xi\frac{a_1+a_2}{3a_1+a_3}\left(\frac{t}{d}\right)^2E_0 \tag{1-4}$$

$$\mu_{yx}=\mu_0 \tag{1-5}$$

$$\mu_{xy}=\frac{E_x}{E_y}\mu_{yx} \tag{1-6}$$

$$G_e=\frac{a_1+a_2}{a_1+a_3}G_0 \tag{1-7}$$

式中：E_y、E_x——分别为等效正交异性平板在 y 轴和 x 轴方向上的等效弹性模量；

μ_{yx}、μ_{xy}——分别为等效正交异性平板在 y 轴和 x 轴方向上的等效泊松比；

G_e——等效正交异性平板的等效剪切模量；

E_0、μ_0、G_0——钢材的弹性常数；

I_0、I_x——分别为等效正交异性平板和波形钢腹板关于 x 轴的惯性矩；

ξ——修正系数，一般取 2～2.5。

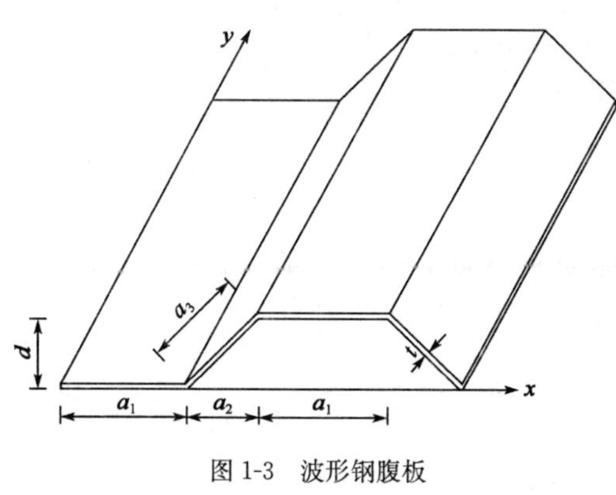

图 1-3　波形钢腹板

1997 年英国 Warwick 大学的 Johnson 教授建立了与式(1-7)一致的波形钢腹板有效剪切模量的公式[2]。参考文献[3]认为波形钢板在纵向的表观弹性模量 E_x 与波高 d、板厚 t 以及波纹形状系数 ζ 有关，对于图 1-3 所示波形钢板，E_x 表达式为：

$$E_x=\zeta\left(\frac{t}{d}\right)^2E_0=\frac{a_1+a_2}{4a_1}\left(\frac{t}{d}\right)^2E_0 \tag{1-8}$$

其中　　$\zeta=(a_1+a_2)/(4a_1)$

通常波形钢腹板中平折板宽度 a_1 与斜折板宽度 a_3 是相等的。这时，对比式(1-8)和式(1-4)可见，前者比后者少了一个修正系数 ξ，其余部分基本相同。Atrek 和 Nilson 指出，只有在波纹端部连接不够，不能维持波纹的形状时才需考虑修正系数。

1.3.3 波形钢腹板的弹性屈曲特性

波形钢腹板的设计中，剪切屈曲分析是一项重要的内容。在板壳稳定性问题中，有两种基本屈曲形态：分支点屈曲与极值点屈曲。分支点屈曲的临界荷载定义为使结构保持稳定平衡状态的极限荷载。当荷载达到临界荷载时，在任何微小的扰动下，构件都将发生显著的屈曲变形，导致结构的崩塌。在这类屈曲过程中，结构的应力状态由屈曲前的薄膜应力状态变成显著的弯曲应力状态。波形钢腹板的屈曲过程则是典型的结构分支点屈曲。

分析波形钢腹板在剪切荷载作用下的屈曲模式和屈曲荷载，一般可分为两个方面进行。一种是将波形钢腹板视为一系列折叠的平板，这些板条彼此互相支撑，端部支撑在翼缘上，然后就其中的一个单独的板条进行研究。在分析这种屈曲模式时，假定屈曲只在某一单个的平板发生，这种屈曲模式称之为局部屈曲。另一种屈曲模式则是波形钢腹板的整体屈曲，这种屈曲模式并不是只发生在一块板件上，而是屈曲贯穿了几个板条或分布在波形钢腹板的全部范围之内，分析整体屈曲模式时可将波形钢腹板等效成正交各向异性板。

1.3.3.1 波形钢腹板的局部弹性屈曲

波形钢腹板的局部屈曲受力见图 1-4，图中的几何参数是：波形钢腹板的高度 h、波形钢腹板波折段最大宽度 $a[(a=\max(a_1,a_3)]$和钢腹板厚度 t。波形钢腹板的高度 h 确定以后，调整波形钢腹板波折段长度 a 和钢腹板厚度 t，即可改变波形钢腹板的局部屈曲强度。

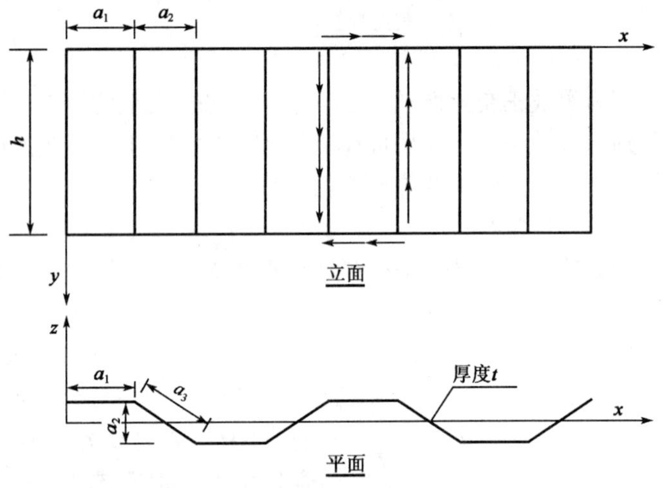

图 1-4 波形钢腹板局部屈曲受力

现有的国内外波形钢腹板 PC 组合箱梁桥，其波形钢腹板的高度 h 均大于波折板的宽度 a，且一般波折板的宽高比 $\alpha = a/h < 1/5$，波形钢板的临界屈曲剪应力为：

$$\tau_{cr,l} = \frac{E\pi^2}{12(1-\mu^2)}\left(\frac{t}{h}\right)^2 k_\tau \tag{1-9}$$

其中，当钢条的约束边界按四边简支考虑时：

$$k_{\tau 1} = 5.34 + 4.0\left(\frac{a}{h}\right)^2 \tag{1-10}$$

当钢条边界约束按固定端考虑时：

$$k_{\tau 2} = 8.98 + 5.6\left(\frac{a}{h}\right)^2 \tag{1-11}$$

当平钢板边界约束按高度方向简支，而与顶底板连接处固定考虑时：

$$k_{\tau 3} = 5.34 + 2.34 \cdot \frac{a}{h} - 3.44\left(\frac{a}{h}\right)^2 + 8.39\left(\frac{a}{h}\right)^3 \tag{1-12}$$

一般在工程中偏于安全地将钢条的约束边界按四边简支考虑。于是波形钢腹板的局部弹性临界翘曲剪应力可按下式计算：

$$\tau_{cr,l} = \frac{E\pi^2}{12(1-\mu^2)}\gamma^2 k \tag{1-13}$$

$$k = 5.34 + 4.0\left(\frac{a}{h}\right)^2$$

式中：γ——波形钢腹板的厚高比，$\gamma = t/h$ 。

1.3.3.2　波形钢腹板的整体弹性屈曲

如果波形尺寸比较稠密，波折板尺寸和整个腹板的外形尺寸相比比较小，则波形钢腹板可能发生贯穿多个波长甚至全部板件的整体屈曲(图 1-5)。

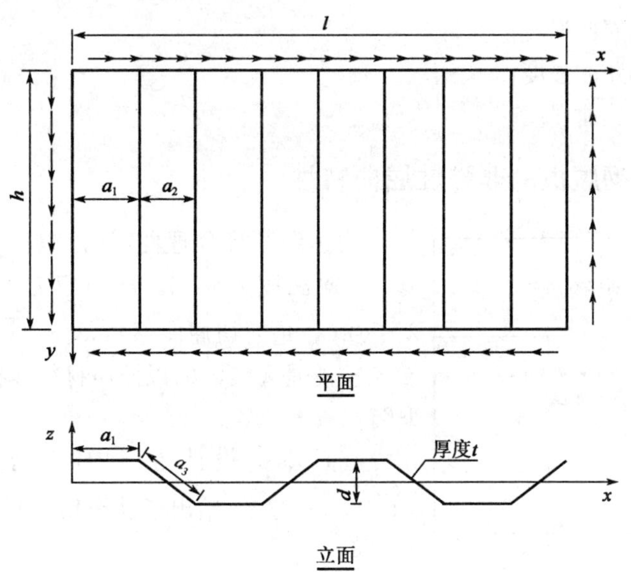

图 1-5　波形钢腹板整体屈曲受力

波形钢腹板的分析精度，在很大程度上取决于截面特性的计算方法。目前常用的波形钢腹板整体剪切屈曲临界剪应力 $\tau_{cr,G}$ 的计算公式为：

$$\tau_{cr,G} = 36\chi_G \frac{(EI_y)^{1/4}(EI_x)^{3/4}}{h^2 t} \tag{1-14}$$

式中：χ_G——波形钢腹板整体嵌固系数(简支边界条件取 $\chi_G = 1.0$，固结时 $\chi_G = 1.9$)；

E——钢的弹性模量；

I_y——对波形钢腹板高度方向中性轴单位长度上的惯性矩，$I_y = t^3/[12(1-\mu^2)]$；

I_x——对波形钢腹板桥轴向中性轴单位长度上的惯性矩，$I_x = t^3 \cdot (\delta^2 + 1)/6\eta$；

t——钢板的厚度；

δ——波高板厚比，$\delta = d/t$；

η——波形板沿桥轴向长与波形板展开长度的比值，$\eta = \dfrac{a_1 + a_2}{a_1 + a_3}$；

h——波形钢腹板的高度。

1.3.3.3 波形钢腹板的合成弹性屈曲

波形钢腹板的合成弹性剪切屈曲强度 $\tau_{cr,I}$ 的经验公式为：

$$\frac{1}{(\tau_{cr,I})^n} = \frac{1}{(\tau_{cr,L})^n} + \frac{1}{(\tau_{cr,G})^n} \tag{1-15}$$

在日本设计指南中推荐 $n=4$，即采用下面的公式计算：

$$\frac{1}{\tau_{cr,I}^4} = \frac{1}{\tau_{cr,L}^4} + \frac{1}{\tau_{cr,G}^4} \tag{1-16}$$

或

$$\tau_{cr,I} = \tau_{cr,L}\{1/[1 + (\tau_{cr,L}/\tau_{cr,G})^4]\}^{1/4} \tag{1-17}$$

式中：$\tau_{cr,I}$——合成屈曲强度；

$\tau_{cr,L}$——局部屈曲强度；

$\tau_{cr,G}$——整体屈曲强度。

1.3.4 波形钢腹板的非弹性屈曲特性

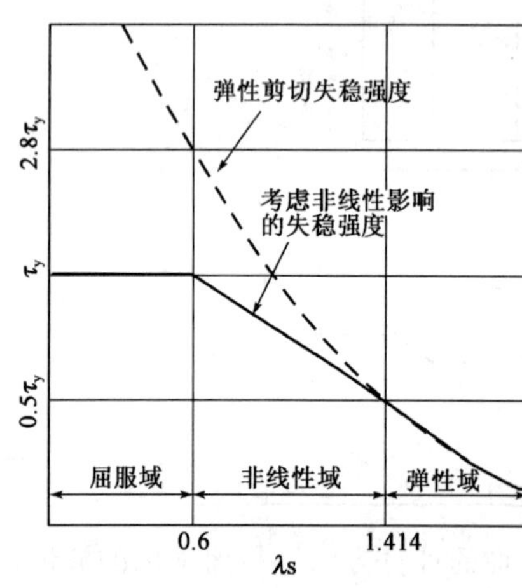

图 1-6 考虑非弹性的剪切屈曲强度

为达到经济合理性，设计以控制屈曲发生在屈服域、非弹性域为原则。屈曲应力处于非弹性区域，即 $\lambda_s \leqslant \sqrt{2}$（$\lambda_s$ 是剪切屈曲系数，$\lambda_s = \sqrt{\tau_y/\tau_{cr,l}^e}$）是容许的，但更希望的是 $\lambda_s \leqslant 0.6$，以便使材料能得到充分利用，见图 1-6。

在日本的设计指南中，以剪切屈曲系数 $\lambda_s = \sqrt{\tau_y/\tau_{cr,l}}$ 作参数，给出了波形钢腹板屈曲应力的验算公式，即：

$$\begin{cases} \tau_{cr} = \tau_y & \lambda_s \leqslant 0.6 \\ \tau_{cr} = \tau_y[1\text{-}0.614(\lambda_s - 0.6)] & 0.6 \leqslant \lambda_s \leqslant \sqrt{2} \\ \tau_{cr} = \tau_y/\lambda_s^2 & \lambda_s \geqslant \sqrt{2} \end{cases} \tag{1-18}$$

式中：τ_y——材料的剪切流动极限。

1.3.4.1 波形钢腹板的局部屈曲剪应力验算条件

为充分利用钢材强度，设计上要求满足波形钢腹板的局部剪切应力验算条件，即：

$$\lambda_s = \sqrt{\tau_y/\tau_{cr,L}} \leqslant 0.6 \tag{1-19}$$

为得到局部屈曲界限图将式(1-13)代入式(1-18)得：

$$k\frac{\pi^2 E}{12(1-\mu^2)}\gamma^2 \geqslant \frac{\tau_y}{0.36} \tag{1-20}$$

即

$$k \geqslant \frac{12(1-\mu^2)\tau_y}{0.36E\pi^2\gamma^2} \tag{1-21}$$

当 $\alpha=\frac{a}{h}<1$，且板的约束条件按四边简支考虑时取：

$$k=4.0+\frac{5.34}{\alpha^2} \tag{1-22}$$

将式(1-22)代入式(1-21)，得：

$$\left(\frac{a}{h}\right)^2 \leqslant \frac{5.34}{\frac{12(1-\mu^2)\tau_y}{0.36E\pi^2\gamma^2}-4.0} \tag{1-23}$$

$$\frac{a}{h} \leqslant \frac{1}{0.865\sqrt{\frac{1}{\Psi_1\gamma^2}-1.0}} \tag{1-24}$$

式中：a——折板的最大长度，mm；

γ——波形钢腹板的板厚与腹板高度的比值，$\gamma=t/h$；

t——钢板的厚度，mm；

h——波形钢腹板的高度，mm；

Ψ_1——材料特性有关的系数，$\Psi_1=1.141\sqrt{\frac{E}{\tau_y}}$。

根据日本桥梁中的钢材性能，取 $E=2.0\times10^5$ MPa，可得到日本规范中给出的 Ψ_1 的数据，如表 1-2 所示。我国桥梁用钢材的 Ψ_1 见表 1-3。

日 本 钢 材 的 Ψ_1　　表 1-2

系数 \ 钢材名称	SS400、SM400、SMA400W	SM490	SM490Y、SM520、SMA490W	SM570、SMA570W
τ_y(MPa)	135	180	205	260
Ψ_1	43.9	38.0	35.6	31.6

我 国 钢 材 的 Ψ_1　　表 1-3

系数 \ 钢材名称	Q235	Q345	Q375	Q420q
τ_y(MPa)	135.7	199.2	216.5	242.5
Ψ_1	43.8	36.2	34.7	32.8

以波形钢腹板厚高比 $\gamma=t/h$ 为横坐标，折板段宽高比 $\alpha=a/h$ 为纵坐标，由式(1-24)可得到波形钢腹板的局部剪切屈曲界限图(图 1-7)。

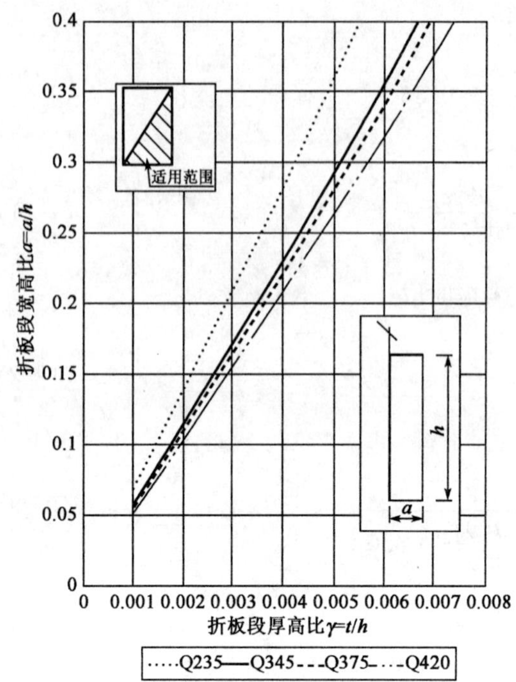

图 1-7 局部剪切屈曲界限图

1.3.4.2 波形钢腹板的整体屈曲剪应力验算条件

与局部屈曲一样，波形钢腹板的整体屈曲应力验算条件为：

$$\lambda_s = \sqrt{\tau_y / \tau_{cr,G}} \leqslant 0.6 \tag{1-25}$$

$$36\chi_G \cdot \frac{(EI_y)^{1/4}(EI_x)^{3/4}}{h^2 t} \geqslant \tau_y / 0.36 \tag{1-26}$$

取

$$I_x = \frac{t^3(\delta^2+1)}{6\eta}, I_y = \frac{t^3}{12(1-\mu^2)} \tag{1-27}$$

将式(1-27)代入式(1-26)，得：

$$\left[\frac{t^3(\delta^2+1)}{6\eta}\right]^{3/4} \geqslant \frac{\tau_y h^2 t}{0.36 \times 36\chi_G E\left[\frac{t^3}{12(1-\mu^2)}\right]^{1/4}} \tag{1-28}$$

令

$$\Psi_G = 1.364\sqrt{\frac{\chi_G E}{\tau_y}} \tag{1-29}$$

由 $\delta = d/t$，并取 $\eta = 1.0$ 可得：

$$\delta^2 \geqslant \left(\frac{1}{\Psi_G^2 \gamma^2}\right)^{4/3} - 1.0 = \frac{1}{(\Psi_G \gamma)^{8/3}} - 1.0 \tag{1-30}$$

$$d/t \geqslant \sqrt{\frac{1}{(\Psi_G \gamma)^{8/3}} - 1.0} \tag{1-31}$$

式中：d——波形钢腹板的波高，mm；

t——波形钢腹板的板厚，mm；

γ——波形钢腹板厚高比，$\gamma = t/h$；

h——波形钢腹板的高度，mm；

Ψ_G——与波形钢腹板材料特性和约束有关的系数，$\Psi_G = 1.364\sqrt{\frac{\chi_G E}{\tau_y}}$。

根据日本桥梁中的钢材性能，取 $E = 2.0 \times 10^5$ MPa，$\chi_G = 1.9$ 得到的 Ψ_G 见表 1-4。

日本钢材的 Ψ_G 表 1-4

系数 \ 钢材名称	SS400、SM400、SMA400W	SM490	SM490Y、SM520、SMA490W	SM570、SMA570W
τ_y(MPa)	135	180	205	260
Ψ_G	72.3	62.6	58.7	52.2

我国桥梁钢结构中常用的钢材种类主要有：Q235、Q345、Q370 和 Q420 等。取 $E=2.0\times 10^5$ MPa，$\chi_G=1.9$ 即可得到我国钢材的 Ψ_G，见表 1-5。与表 1-4 中日本桥梁用钢材的特性比较可以看到，它们的剪切流限分别与 SS400、SM400、SMA400W，SM490，SM490Y，SM520，SMA490W 和 SM570，SMA570W 钢材接近，略低于日本钢材。

以波形钢腹板厚高比 $\gamma=t/h$ 为横坐标，波高与板厚的比 $\delta=d/t$ 为纵坐标，可以由式(1-31)得到波形钢腹板的整体剪切屈曲界限图(图 1-8)。

我国钢材的 Ψ_G　　表 1-5

钢材名称 / 系数	τ_y(MPa)	Ψ_G
Q235q	135.7	72.2
Q345q	199.2	59.5
Q375q	216.5	57.2
Q420q	242.5	54.0

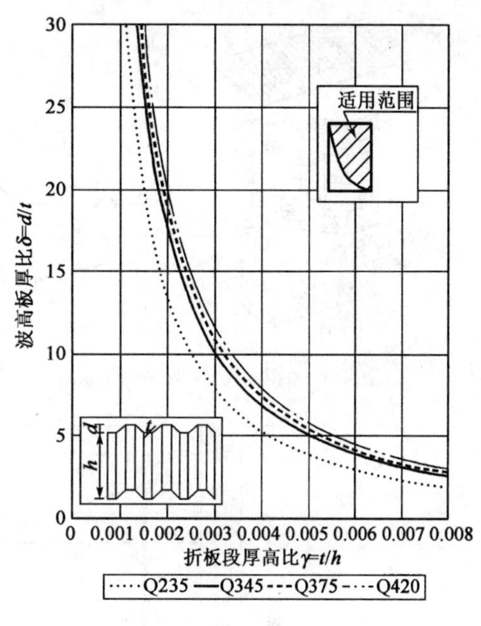

图 1-8　整体剪切屈曲界限图

1.3.4.3　波形钢腹板的合成屈曲剪应力验算

由式(1-16)，并考虑到式(1-19)和式(1-25)有：

$$\frac{1}{\tau_{cr,I}^4}=\frac{1}{\tau_{cr,L}^4}+\frac{1}{\tau_{cr,G}^4}\leqslant\frac{2\times 0.36^4}{\tau_y^4} \tag{1-32}$$

得合成屈曲剪应力验算条件：

$$\tau_{cr,I}\geqslant\frac{\tau_y}{0.43} \tag{1-33}$$

1.3.5　带有翼缘板的波形钢腹板梁的疲劳性能[4]

Sherif A. Ibrahim 等对波形钢腹板梁进行疲劳试验研究后指出：波形腹板板梁的疲劳寿命比普通加劲板梁高 49%～78%。从疲劳试验得到波形钢腹板梁破坏形态与 Elgaaly 的波形钢腹板梁在静载下发生的破坏形态完全不同。破坏裂缝都发生在受拉翼缘板处。裂缝开始于腹板与翼板的焊脚处，从折线弧段端靠近斜板段的焊接处开始，疲劳裂缝沿垂直于受拉翼板中纵向应力的方向展开。有时候，裂缝能延伸到整个翼板宽。受拉翼板的纵向应力在圆弧段和斜板段衔接处达到最大值，它是使受拉翼板在这个区域发生破坏的主要因素。

为讨论方便，作一个圆，使波形钢腹板的直板段和斜板段的中点都切于这个圆的圆周上

(图 1-9),这个圆弧段的半径称为 $R_{circular}$。Ibrahim 的试验表明,增加折线的曲率半径,能显著地降低波形钢腹板和翼缘板的应力集中因子,而几乎不影响其极限承载能力。如折线圆弧段曲率半径增加到 1/4 相应的 $R_{circular}$($R/R_{circular}$从 0.0 增到 0.23),极限承载力仅下降 1%,然而波形钢腹板上垂直方向上(图 1-10)的应力(S_{22})集中因子从 4.95 降低到 3.05,SCF 值减少 62.5%。同时,受拉翼板的纵向应力(S_{11})集中因子从 1.17 减小到 1.02(图 1-11)。这意味着可以通过增加折线的曲率半径提高波形腹板板梁的疲劳寿命,同时又不显著降低静载承载力。

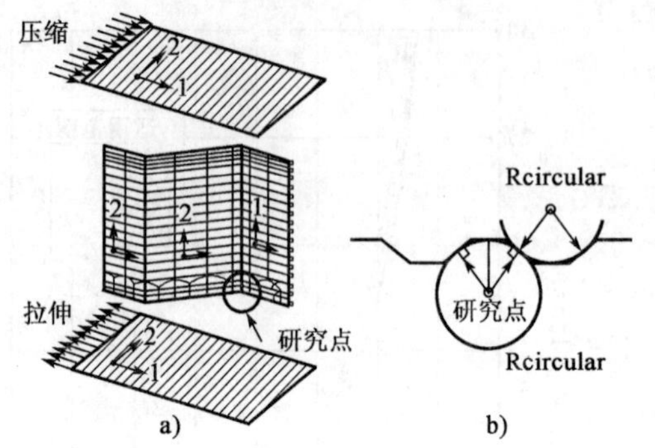

图 1-9　有限元模型及圆弧段示意图

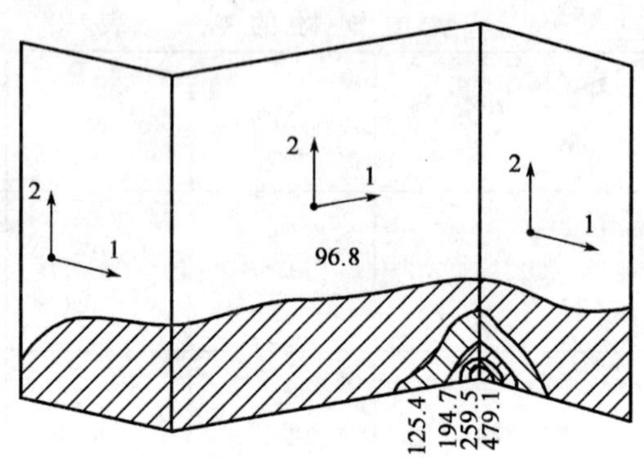

图 1-10　波形钢腹板上的应力示意图(MPa)

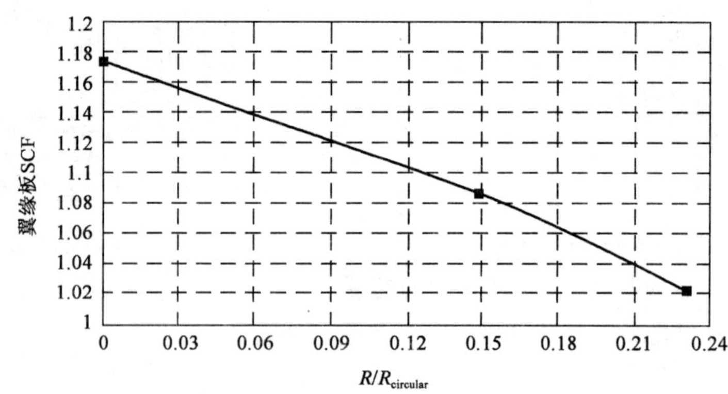

图 1-11　翼缘板 SCF 与 $R/R_{circular}$的关系[28]

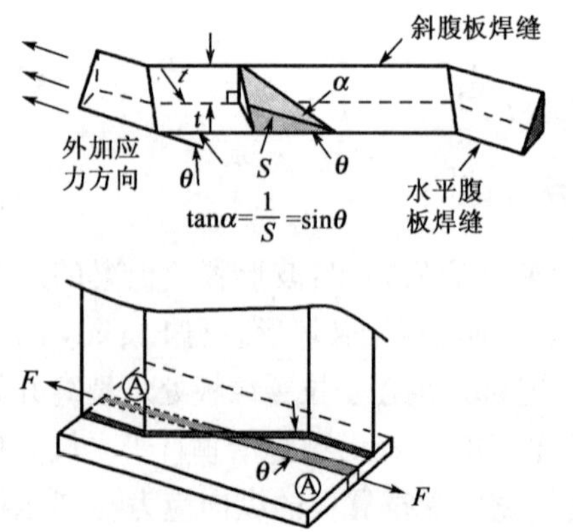

图 1-12　焊角有效坡度倾角 α 与斜折板倾角 θ 的示意图[28]

翼板—腹板焊接以及加劲肋—腹板焊接一般是 45°的贴脚焊,因此,焊接点与作用的应力方向有个 1∶1 的坡度。对于斜板段,焊接表面在作用的应力方向上的有效坡度比 1∶1 小。焊脚有效坡度的倾角 α 是斜板段倾角 θ 的函数,如图 1-12 所示,即:

$$\tan\alpha = \sin\theta \tag{1-34}$$

Sherif A. Ibrahim 等指出,翼板—腹板焊脚的应力集中因子(SCF)的值与焊脚有效坡度倾角 α 间的关系为:

$$\mathrm{SCF} = 0.8279\alpha^{0.236} \tag{1-35}$$

一般来说，波形钢腹板的斜板段倾角 θ 是已知的，利用式(1-34)和式(1-35)，就可确定翼板—腹板焊脚的 SCF 值。Sherif A. Ibrahim 等利用线弹性断裂力学分析方法对试验结果进行分析，得到的疲劳寿命 N 与作用应力范围之间的关系为：

$$\lg N = 8.544 - 3.0\lg SCF - 3.0\lg F_r \tag{1-36}$$

式中：F_r——应力范围，$F_r = F_{r\max} - F_{r\min}$，$F_{r\max}$ 和 $F_{r\min}$ 分别为波形钢腹板的最大和最小应力，MPa；

N——应力循环次数。

由式(1-36)可知，疲劳寿命 N 是关于应力 F_r 和应力集中因子 SCF 的函数。采用有限元法对波形腹板板梁进行分析，可得到应力范围 F_r。应力集中因子 SCF 的值，可通过式(1-34)和式(1-35)得到。这样，就可通过式(1-37)直接估计出波形钢腹板梁的疲劳寿命。

例如：波形腹板梁的直板段宽 117mm，斜板段宽 125mm。斜板段倾角 θ 为 37°，折线圆角半径为 $R=27$mm，$R_{circular}=182$mm，$R/R_{circular}=0.148$，由图 1-11 得受拉翼缘板的 SCF 值是 1.09。由式(1-34)得 $\alpha=31.04°$，再由式(1-35)得翼板—腹板焊脚的 SCF 值为 1.86。这两个系数的结合得到 SCF=1.86×1.09=2.02。把它代入式(1-36)，得波形钢腹板梁的疲劳寿命：

$$\lg N = 7.63 - 3.0\lg F_r \tag{1-37}$$

在日本设计指南中，要求斜折板与直板的折线圆弧段曲率半径为板厚的 15 倍以上，当达不到这个要求时，要求确保钢材应有的冲击功，并且控制氮元素的含量。

1.4　波形钢腹板的设计

波形钢腹板的设计流程见图 1-13。

波形钢腹板的设计步骤如下：

(1)根据箱梁整体布置确定腹板高度 h，按抗剪强度即式(1-1)选定钢板厚度 t。

(2)由局部剪切屈曲界限图 1-7 确定最大波折段长度 a。

(3)由整体剪切屈曲界限图 1-8 确定波高 d。

(4)根据以上确定的几何参数，结合式(1-33)来验算合成屈曲剪应力，并预留一定的安全度。

(5)利用式(1-37) 估算具有翼缘型抗剪连接件的波形钢腹板的疲劳寿命。

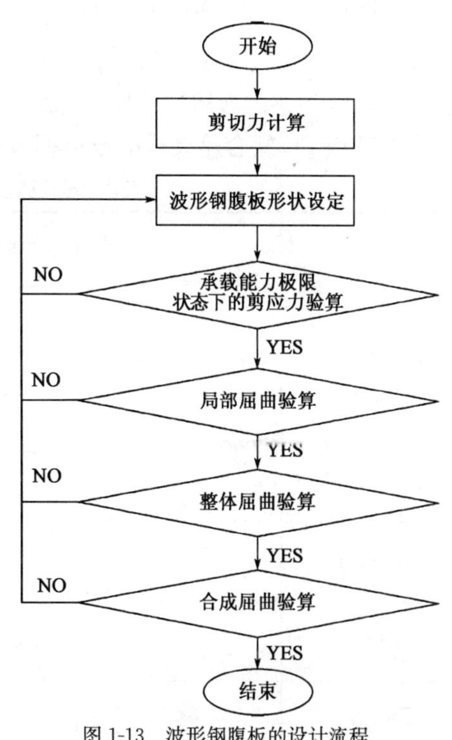

图 1-13　波形钢腹板的设计流程

根据国外部分已建成的波形钢腹板 PC 组合箱梁桥的波形钢板的几何参数绘制出的局部剪切屈曲界限和整体剪切屈曲界限见图 1-14 和图 1-15。从图中可以看出，绝大部分已建的波形钢腹板 PC 组合箱梁桥的波形钢腹板，都处于剪切屈曲界限图的安全区内。个别数据处于稍过界限，因为腹板高度已达到 4～5m，这时已在波形钢腹板上做了混凝土内衬，形成的组合结构腹板仍然满足稳定性要求。

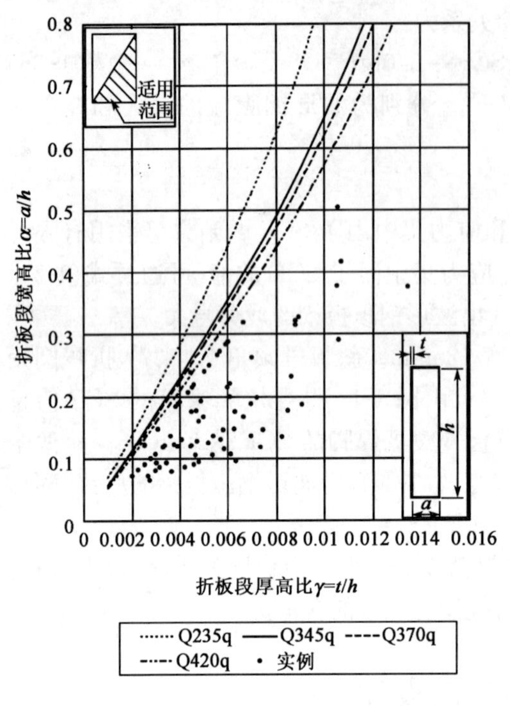

图 1-14　国外桥梁实例(局部屈曲)

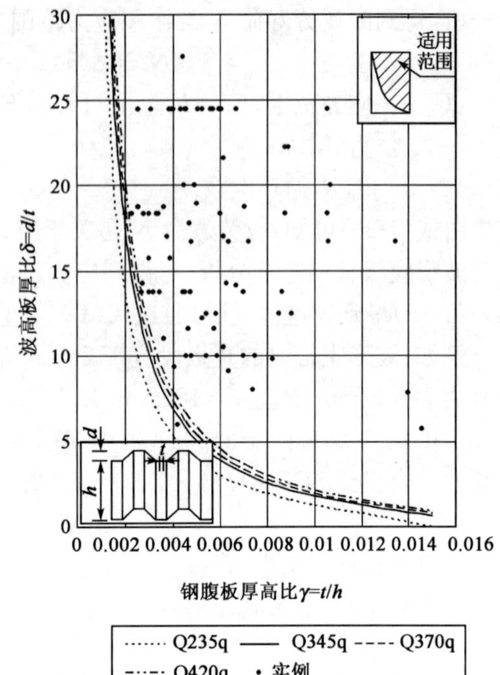

图 1-15　国外桥梁实例(整体屈曲)

我国已建的几座桥的波形钢腹板的几何参数见表 1-6。根据表 1-6 的数据绘制出局部剪切屈曲界限图和整体剪切屈曲界限，如图 1-16 和图 1-17 所示。由图可以看出，国内部分已建的波形钢腹板 PC 组合箱梁桥的波形钢腹板，都处于剪切屈曲界限图的安全区内。

国内部分已建桥梁波形钢腹板几何参数　　表 1-6

桥　名	最大跨径(m)	腹板高度(mm)		腹板厚度(mm)		波形钢腹板几何参数(mm)			
		h_{min}	h_{max}	t_{min}	t_{max}	a_1	a_2	a_3	d
淮安长征桥	30	1 075	1 075	8	8	250	200	250	150
光山泼河大桥	30	1 305	1 305	8	8	250	200	250	150
东营银座桥	38.88	808	1 370	8	12	250	200	250	150
卫河桥	54	1 000	1 350	8	12	330	270	330	200
鄄城黄河大桥	120	1 729	4 253	10	18	430	330	430	220

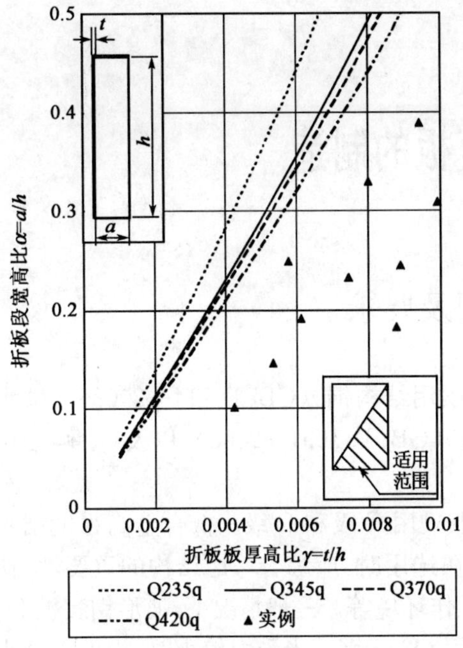

图 1-16　国内桥梁实例(局部屈曲)

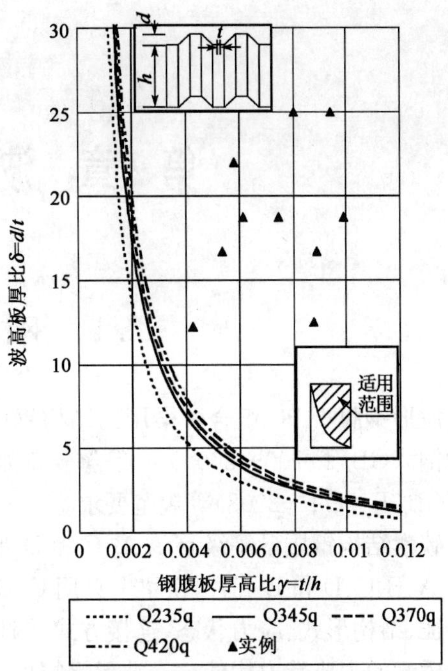

图 1-17　国内桥梁实例(整体屈曲)

第2章　波形钢腹板的制造

2.1　钢材的选用及要求

波形钢腹板PC组合桥梁用的结构钢应符合《桥梁用结构钢》(GB/T 714—2008)、《碳素结构钢》(GB/T 700—2006)、《低合金高强度结构钢》(GB/T 1591—2008)，以及《耐候结构钢》(GB/T 4171—2008)等规范要求。

碳素结构钢质量等级有A、B、C和D四种，桥梁上只用C级和D级。低合金高强度结构钢有A、B、C、D和E五种，桥梁上只用C、D、E三种，在选用时，应综合考虑结构的重要性，荷载特征、结构形式、应力状态、连接方式、钢材厚度和工作环境等。一般情况下，波形钢腹板PC组合桥梁的主要受力构件——波形钢腹板，宜优先选用Q345钢。当受力较小时，构件由最小尺寸或稳定控制设计，或者对整体受力影响不大的次要部位的构件，可选用Q235钢。波形钢腹板所用的钢材应具有抗拉强度、抗剪强度、伸长率、屈服强度和氮、硫和磷含量的合格证书。对于需要验算疲劳的焊接结构钢材，应具有常温冲击韧性的合格保证。当结构处于最低温度−20℃以上环境时，可选用现行国家标准中质量等级为C、D的钢材，当结构处于最低温度−20℃以下环境时，则宜采用质量等级D的钢材。我国桥梁用结构钢力学性能(GB/T 714—2008)见表2-1，低合金高强度结构钢的力学性能见表2-2。

桥梁用结构钢的主要机械性能和冲击韧性指标　　表2-1

<table>
<tr><th rowspan="5">牌号</th><th rowspan="5">质量等级</th><th colspan="4">拉伸试验①②</th><th colspan="2">V形冲击试验③</th></tr>
<tr><th colspan="2">下屈服强度 R_{el}(MPa)</th><th rowspan="3">抗拉强度 R_m(MPa)</th><th rowspan="3">断后伸长率 A(%)</th><th rowspan="4">试验温度(℃)</th><th rowspan="3">冲击吸收能量 KV_2(J)</th></tr>
<tr><th colspan="2">厚度(mm)</th></tr>
<tr><th>≤50</th><th>>50～100</th></tr>
<tr><th colspan="4">不小于</th><th>不小于</th></tr>
<tr><td rowspan="3">Q235q</td><td>C</td><td rowspan="3">235</td><td rowspan="3">225</td><td rowspan="3">400</td><td rowspan="3">26</td><td>0</td><td rowspan="3">34</td></tr>
<tr><td>D</td><td>−20</td></tr>
<tr><td>E</td><td>−40</td></tr>
<tr><td rowspan="3">Q345q④</td><td>C</td><td rowspan="3">345</td><td rowspan="3">335</td><td rowspan="3">490</td><td rowspan="3">20</td><td>0</td><td rowspan="3">47</td></tr>
<tr><td>D</td><td>−20</td></tr>
<tr><td>E</td><td>−40</td></tr>
<tr><td rowspan="3">Q370q④</td><td>C</td><td rowspan="3">370</td><td rowspan="3">360</td><td rowspan="3">510</td><td rowspan="3">20</td><td>0</td><td rowspan="3">47</td></tr>
<tr><td>D</td><td>−20</td></tr>
<tr><td>E</td><td>−40</td></tr>
</table>

续上表

牌号	质量等级	拉伸试验[1][2] 下屈服强度 R_{el}(MPa) 厚度(mm) ≤50	>50～100	抗拉强度 R_m(MPa)	断后伸长率 A(%)	V形冲击试验[3] 试验温度(℃)	冲击吸收能量 KV_2(J)
		不小于					不小于
Q420q[4]	C	420	410	540	19	0	47
	D					−20	
	E					−40	
Q460q	C	460	450	570	17	0	47
	D					−20	
	E					−40	

注：①当屈服不明显时，可测量 $Rp_{0.2}$代替下屈服强度。

②钢板及钢带的拉伸试验取横向试样，型钢的拉伸试验取纵向试样。

③冲击试验取纵向试样。

④厚度不大于 16mm 的钢材，断后伸长率提高 1%(绝对值)。

低合金高强度结构钢的力学性能　　表 2-2

牌号	质量等级	屈服点 σ_s(MPa) 厚度(直径、边长)(mm) ≤16	>16～50	>16～50	>16～50	抗拉强度 σ_b(N/mm²)	伸长率 δ_5(%)	冲击功 A_{kv}(纵向)(J) +20(℃)	0(℃)	−20(℃)	−40(℃)	180°弯曲试验 d=弯心直径 a=试验厚度(直径) 钢材厚度(直径)(mm) ≤16	>16～100
		不小于					不小于						
Q295	A	295	275	255	235	390～570	23					$d=2a$	$d=3a$
	B	295	275	255	235	390～570	23	34				$d=2a$	$d=3a$
Q345	A	345	325	295	275	470～630	21					$d=2a$	$d=3a$
	B	345	325	295	275		21	34				$d=2a$	$d=3a$
	C	345	325	295	275		22		34			$d=2a$	$d=3a$
	D	345	325	295	275		22			34		$d=2a$	$d=3a$
	E	345	325	295	275		22				27	$d=2a$	$d=3a$

注：①Q295 的含碳量到 0.18%也可交货。

②不加 V、Nb、Ti 的 Q295 级钢，当 C≤0.12%时，Mn 含量上限可提高到 1.80%。

③Q345 级钢的 Mn 含量上限可提高到 1.70%。

④厚度≤16mm 的钢板、钢带和厚度≤16mm 的热连轧钢板、钢带的 Mn 含量下限可降低 0.20%。

⑤Q345 级钢其厚度大于 35mm 的钢板的伸长率可降低 1%(绝对值)。

在钢的冶炼过程中，加入少量特定的合金元素后，钢材的表面形成致密和附着性很强的保护膜。这层 50～100μm 厚致密氧化物膜的存在，阻止了大气中氧和水向钢材基体渗入，减缓了锈蚀向钢材的纵深发展，提高了钢材的耐大气腐蚀能力，这类钢材就是耐大气腐蚀钢，又称为耐候钢。耐候钢是介于普通钢和不锈钢之间的物美价廉的低合金钢系列，具有优质钢的强韧、塑延、成型、焊割、磨蚀、高温、疲劳等特性。与普通碳素钢相比，耐候钢抗蚀性能提高了2～8倍，能减薄使用、裸露使用或简化涂装使用。与不锈钢相比，耐候钢只有微量的合金元素，诸如磷、铜、铬、镍、钼、铌、钒、钛等，合金元素总量仅占百分之几，而不像不锈钢那样，达到百分之十几，因此价格较为低廉。耐候结构钢适用于耐大气腐蚀的建筑结构，也适用于车辆、桥梁、集装箱、建筑、塔架和其他具有耐大气腐蚀性能的热轧和冷轧的钢板、钢带和型钢。耐候结构钢可制作成螺栓连接、铆接和焊接的结构件。我国现行生产的耐候钢应符合《耐候结构钢》(GB/T 4171—2008)的规定。该规定规定了耐候结构钢的尺寸、外形、重量及允许偏差、技术要求、试验方法、检验规则、包装、标志及质量证明书，它已用来代替《高耐候结构钢》(GB/T 4171—2000)、《焊接结构用耐候钢》(GB/T 4172—2000)和《集装箱用耐腐蚀钢板及钢带》(GB/T 18982—2003)。与这 3 个标准相比，《耐候结构钢》(GB/T 4171—2008)对下列主要技术内容进行了修改：

(1)重新制定标准名称。

(2)重新制定钢牌号。

(3)重新制定各牌号的化学成分和力学性能。

(4)增加了关于评估耐大气腐蚀性相对大小的附录。

耐候钢牌号的分类及用途见表 2-3，化学成分(熔炼分析)应符合表 2-4 的规定。成品钢材化学成分的允许偏差应符合《钢的成品化学成分允许偏差》(GB/T 222—2006)的要求。

耐候钢牌号的分类及用途 表 2-3

类　别	牌　号	生产方式	用　途
高耐候钢	Q295GNH、Q355GNH	热轧	车辆、集装箱、建筑、塔架或其他结构件等结构，与焊接耐候钢相比，具有较好的耐大气腐蚀性能
	Q265GNH、Q310GNH	冷轧	
焊接耐候钢	Q235NH、Q295GNH、Q355GNH Q415NH、Q460NH、Q500NH、Q550NH	热轧	车辆、桥梁、集装箱、建筑或其他结构件等结构，与高耐候钢相比，具有较好的焊接性能

耐候钢的化学成分 表 2-4

牌　号	化学成分(质量分数)(%)								
	C	Si	Mn	P	S	Cu	Cr	Ni	其他元素
Q265GNH	≤0.12	0.10～0.40	0.20～0.50	0.07～0.12	≤0.020	0.20～0.45	0.30～0.65	0.25～0.50⑤	①,②
Q295GNH	≤0.12	0.10～0.40	0.20～0.50	0.07～0.12	≤0.020	0.25～0.45	0.30～0.65	0.25～0.50⑤	①,②
Q310GNH	≤0.12	0.25～0.75	0.20～0.50	0.07～0.12	≤0.020	0.20～0.50	0.30～1.25	≤0.65	①,②
Q355GNH	≤0.12	0.20～0.75	≤1.00	0.07～0.15	≤0.020	0.25～0.55	0.30～1.25	≤0.65	①,②
Q235NH	≤0.13⑥	0.10～0.40	0.20～0.60	≤0.030	≤0.030	0.25～0.55	0.40～0.80	≤0.65	①,②
Q295NH	≤0.15	0.10～0.50	0.30～1.00	≤0.030	≤0.030	0.25～0.55	0.40～0.80	≤0.65	①,②
Q355NH	≤0.16	≤0.50	0.50～1.50	≤0.030	≤0.030	0.25～0.55	0.40～0.80	≤0.65	①,②
Q415NH	≤0.12	≤0.65	≤1.10	≤0.025	≤0.030④	0.25～0.55	0.30～1.25	0.12～0.65⑤	①,②,③

续上表

牌　号	化学成分(质量分数)(%)								
	C	Si	Mn	P	S	Cu	Cr	Ni	其他元素
Q460NH	≤0.12	≤0.65	≤1.50	≤0.025	≤0.030④	0.25～0.55	0.30～1.25	0.12～0.65⑤	①,②,③
Q500NH	≤0.12	≤0.65	≤2.0	≤0.025	≤0.030④	0.25～0.55	0.30～1.25	0.12～0.65⑤	①,②,③
Q550NH	≤0.16	≤0.65	≤2.0	≤0.025	≤0.030④	0.25～0.55	0.30～1.25	0.12～0.65⑤	①,②,③

注:①为了改善钢的性能,可以添加一种或一种以上的微量合金元素:Nb 0.015%～0.060%,V 0.02%～0.12%,Ti 0.02%～0.10%,Alt≥0.020%。若上述元素组合使用时,应至少保证一种元素含量达到上述化学成分的下限规定。

②可以添加下列合金元素:Mo≤0.30%,Zr≤0.15%。

③Nb、V、Ti 三种合金元素的添加总量不应超过 0.22%。

④供需双方协商,S 的含量可以不大于 0.008%。

⑤供需双方协商,Ni 含量的下限可不做要求。

⑥供需双方协商,C 的含量可以不大于 0.15%。

由于耐候结构钢具有耐大气腐蚀的特性,可避免防腐涂装工序,符合当今高效、长寿、节能、环保等绿色观念和国家发展政策导向。用它来制造波形钢腹板对于降低波形钢腹板 PC 组合箱梁桥的造价和提高耐久性具有重要的意义。日本已有耐候钢波形钢腹板 PC 组合箱梁桥工程实例(上野高架桥等)。

2.2　钢板的切割

钢板的下料切割方法主要有机械切割法、气割法、等离子切割法、水切割法、电子束切割法和激光切割法等,波形钢腹板用的钢板切割常采用机械切割、气割和等离子切割的方法。钢板加工常用的设备、特点及使用范围见表 2-5。下料前应对平直度未达标的钢板进行冷矫正。切割前应将钢板面上的浮锈、污物清除干净。钢板应放平、垫稳,割缝下面应留有空隙。切割的其他技术要求可参照《铁路钢桥制造规范》(TB 10212—2009)的规定。

钢板的切割方法与特点　　表 2-5

类　别	使 用 设 备	特点及适用范围
机械切割	剪板机型钢冲剪机	切割速度快、切口整齐、效率高,适用薄钢板,压型钢板、冷弯檩条的切割
	无齿锯	切割速度快,可切割不同形式、不同类别的各类型钢、钢管和钢板,切口不光洁,噪声大,适于锯切精度要求较低的构件,或下料留有余量,最后尚需精加工的构件
	砂轮锯	切口光滑,生刺较薄易清除,噪声大,粉尘多,适于切割薄壁型钢及小型钢管,切割材料的厚度不宜超过 4mm
	锯床	切割精度高,适于切割各类型钢及梁、柱等型钢构件
气割	自动切割	切割精度高,速度快,在其数控气割时可省去放样、画线等工序而直接切割,适用于钢板切割
	手工切割	设备简单,操作方便,费用低,切割精度差,能够切割各种厚度的钢材
等离子切割	等离子切割机	切割温度高,冲刷力大,切割边质量好,变形小,可以切割任何高熔点金属,特别是不锈钢,铝、铜及其合金等

厚度小于或等于 20mm 的钢板，宜采用数控等离子水下切割，钢板厚度大于 20mm 的宜采用数控火焰切割。机械剪切仅适用于厚度小于 10mm 且剪切后的边缘需再加工的钢板，手工切割适用于次要零件且切割后边缘需再加工的钢板。锚固孔需采用数控等离子切割。碳素结构钢在环境温度低于－20℃，低合金结构钢在环境温度低于－15℃时，不得进行切割加工。

2.2.1 机械切割

机械切割法主要为剪切切割，它是利用剪刀的相对运动来切断钢板的(图 2-1)。其优点是剪切速度快、效率高，能切厚度为 30mm 以下的钢板；缺点是切口比较粗糙，下端有毛刺，剪切后有弯扭变形等缺陷。对钢板材进行机械剪切时，应严格控制环境温度，当碳素结构钢材在环境温度低于－20℃，低合金结构钢在环境温度低于－15℃时，不得进行机械剪切。当产生下列质量缺陷时，应进行相应处理：

(1)材料剪切后发生弯扭变形，则应进行相应处理。

(2)被剪切的材料断面粗糙或带有毛刺时，应进行修磨。

(3)当剪切的材料由于受外力的影响，产生挤压及材料冷作硬化时，应用相应的方法将材料的冷作硬化表面加工清除。

2.2.2 氧—乙炔切割

数控多头氧—乙炔切割是利用氧气与可燃气体混合产生的预热火焰，加热金属表面到燃烧温度，使金属发生剧烈氧化，放出大量热量促使下层金属也自行燃烧，同时以高压氧气射流吹除氧化物而产生一条狭小、整齐的割缝，是目前使用较为广泛的切割工艺(图 2-2)。数控多头切割是气割法的综合体现，能够切割各种厚度的板材，并能够切割带有曲线的零件。切割焊接参数主要有氧气压力、预热火焰能率、切割速度和割嘴距工件表面距离等。表 2-6 给出了氧—乙炔的切割工艺参数。

图 2-1 钢板的机械切割(泼河桥)

图 2-2 数控多头氧—乙炔切割

切割后的质量应符合下列要求：

(1)钢板在切割前，应对表面弯曲、起伏呈波浪或凸凹不平处进行平直，然后号料切割。

(2)钢板的切割面或剪切面应无裂纹、夹渣、分层和大于 1mm 的缺棱等缺陷，并应清除切口处的毛刺(或熔渣)和飞溅物。

(3)气割应严格控制切割尺寸、切割面的平面度、局部缺口深度。

氧—乙炔切割工艺参数　　表 2-6

切割参数(mm)			<10	10~20	20~30	30~50	50~100
割嘴气孔直径(mm)	自动、半自动		0.5~1.5	0.8~1.5	1.2~1.5	1.7~2.1	2.1~2.2
	手动		0.6	0.8	1.0	1.3	1.6
割炬型号	自动、半自动						
	手动		G01~30	G01~30	G01~30 G01~100	G01~100	G01~100
割嘴号码	自动、半自动		1	1	2	2、3	3
	手动		1	2	3、1、2	2	3
气体压力(MPa)	氧气	自动、半自动	0.1~0.3	0.15~0.34	0.19~0.37	0.16~0.41	0.16~0.41
		手动	0.1~0.49	0.39~0.59	0.59~0.69	0.59~0.69	0.59~0.78
	乙炔	自动、半自动	0.02	0.02	0.02	0.02	0.04
		手动	0.001~0.12				
气体流量	氧气(m^3/h)	自动、半自动	0.5~3.3	1.8~4.5	3.7~4.9	5.2~7.4	5.2~10.9
		手动	0.8	1.4	2.2	3.5~4.3	5.5~7.3
	乙炔(L/h)	自动、半自动	0.14~0.13	0.23~0.43	0.39~0.45	0.39~0.57	0.45~0.74
		手动	210	240	310	460~500	500~600
切割速度(mm/min)	自动、半自动		450~800	360~600	350~480	250~380	160~350
	手动		600~600		400~500		200~400

2.2.3　等离子弧切割

等离子弧切割是利用高温高速的等离子流，将需切割部位的金属局部熔化并随即吹除，形成狭窄的切口而完成的切割。等离子弧的温度高、能量集中，射流速度快，切缝光滑，非常适合于切割合金钢和有色金属材料。图 2-3 所示的是数控等离子弧切割机。目前，在波形钢腹板的加工中常用的是气电等离子弧切割工艺(图 2-4)。等离子弧切割具有以下特点：

(1)弧柱能量集中，温度高，冲击力大。

(2)可以切割绝大多数的金属材料。

(3)切割铜、铝和不锈钢等金属材料时，生产效率高，经济效果好，切口窄、光滑，不需要再加工即可进行装配焊接。

(4)切割薄板速度快。

等离子弧切割中，熔化金属的热量主要来源于 3 个方面：切口上部等离子弧柱的辐射能量，切口中间的阳极斑点的能力和切口下部的等离子火焰的热传导能量。其中，阳极活性斑点的能量对切口的热作用最强烈。由于等离子弧的弧柱温度远远高于金属及其氧化物的熔点，采用这种方法可以切割许多氧—乙炔切割难以切割的材料。等离子切割材料的最小厚度可以达到 0.1mm，最大可以达到 200～250mm，多用于 5～80mm 材料的切割。等离子弧切割使用的电源与焊接电源相似，不同之处在于它具有较高的空载电压，一般在 150～400V，与焊接电源的发展趋势一样，切割电源由最初的硅整流电源向可控硅和高效节能的逆变电源方向发展。等离子弧切割的主要工艺参数与选择依据有：

(1)待切割材料的种类和厚度。

(2)电源的空载电压与工作电压。

(3)割炬的喷嘴孔径。

(4)割炬的电极内缩量。

(5)气体的种类与流量。

(6)喷嘴到工件的距离。

(7)切割电流。

(8)切割速度。

图 2-3　数控等离子弧切割

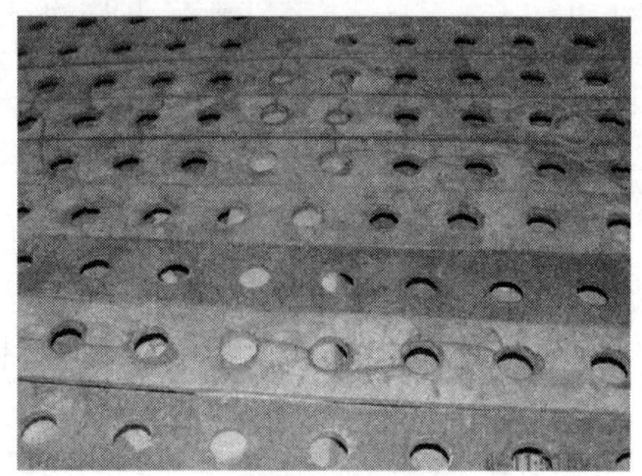

图 2-4　等离子弧切割形成的孔

除了一般的气电等离子弧切割外，目前还发展出微束等离子弧切割、压缩空气等离子弧切割、双层气流等离子弧切割、水下等离子弧切割和水电等离子弧切割等特种等离子弧切割工艺。

2.2.4　边缘加工

切割后需焊接的边缘应进行机械焊接坡口加工，不要求焊接但属气割的边缘应进行边缘机械加工。机加工零件的边缘加工深度不得小于 3mm，加工面表面粗糙度 R_a 不得低于 25μm；顶紧传力面的粗糙度不得低于 R_a12.5μm；顶紧加工面与板面垂直度偏差应不小于板厚的 1%，且不得大于 0.3mm。边缘加工的允许偏差应符合《铁路钢桥制造规范》(TB 10212—2009)的规定。使用锯割和自动等离子弧切割的部件边缘，在不要求焊接处，可不进行边缘加工。

2.3　波形钢腹板的弯曲成型

弯制成型的加工方法有热弯加工和冷弯加工两种。热弯加工是通过加热措施对钢板加热，使钢板在减少强度，增加塑性的基础上，进行弯曲成型的方法。冷弯加工是指在常温条件下根据设计要求进行钢板弯制加工的方法，它具有使用的设备比较简单，操作方便，节约材料，钢材的力学性能改变较小等特点。冷加工对钢材性质表现有两种情况。第一种是作用于钢材单位面积上的外力超过材料的屈服强度而小于极限强度，不破坏材料的延展性，但能使其产生永久性变形。第二种是作用于钢材单位面积上的外力超过材料的极限强度，促使钢材产生断裂。凡是超过屈服点而产生变形的钢材，其内部均会发生冷硬现象，从而改变钢材的力学性能，即硬度和脆性增加而伸长率相应降低。局部变化所产生的冷硬现象，比钢材的全部变形情况表现得更为突出，所以低温时不宜进行冷加工作业。对于普通碳素结构钢，当加工地点温度低于－20℃时，或者低合金结构钢工作温度低于－15℃时，均不得进行剪切和冲孔。当普通碳素结构钢加工地点温度低于－16℃时，低合金钢加工地点温度低于－12℃时，不得进行冷矫正和冷弯曲加工。波形钢腹板的加工通常采用折弯加法(图 2-5)和模压法(图 2-6、图 2-7)，主要加工设备是折弯机和液压机。

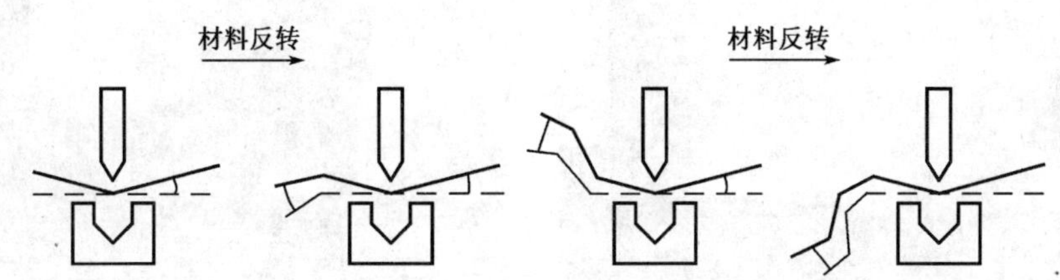

图 2-5　折弯法示意图

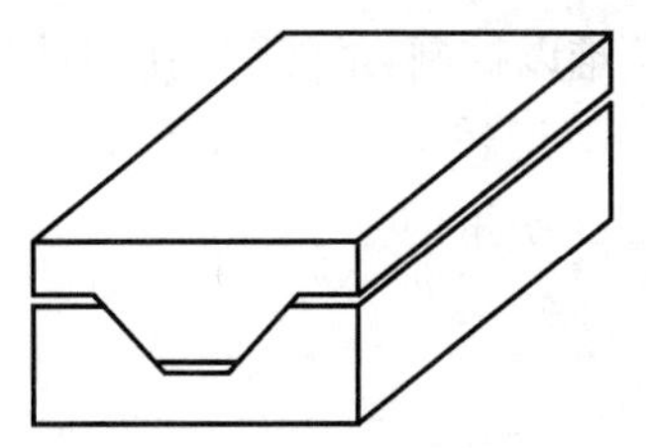

图 2-6　普通模压法（单幅）

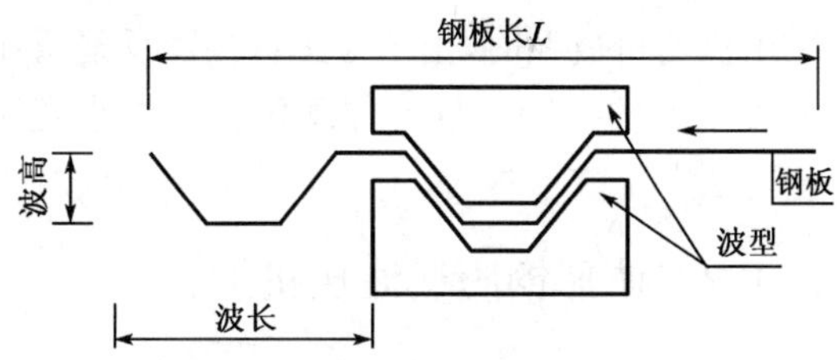

图 2-7　普通模压法(连续)

2.3.1　波形钢腹板折弯机加工

使用折弯机进行弯曲加工特点为：

(1)因要进行材料的多次反折，作业效率低。

(2)由于板材需多次反折移动，对厚、重的大板受到制作难度的限制。

(3)设备费用便宜。

图 2-8～图 2-11 给出了利用折弯机加工出波形钢腹板的实例。

在冷弯加工过程中，产生的冷弯裂纹或趋势性断裂是成型中可能发生的冷弯缺陷。趋势性断裂为超过钢板塑性时弯曲外圆弧受拉至临界屈服点前的状态，其特征表面色泽变淡。其原因是弯曲量、弯曲半径或弯曲速度及其他工艺要求超过了钢材本身的塑性形变能力。在冷弯成型时反弹量过小或过大也会造成波形不符要求。

图 2-8 弯折机加工波形钢腹板(日本)

图 2-9 弯折机加工波形钢腹板(日本)

图 2-10 500t 折弯机

图 2-11 折弯机模具

采用折弯机成型时,由于要进行多次反复折压,波高波长难以控制,虽然可用压力控制,但钢板放置位置的不同、温度、加载角度的微小变化,都造成了波形较大的变化,操作工效比较低。弯折法加工波形板时,工人的技能与责任心是波形板加工精度的重要因素。

2.3.2 波形钢腹板液压机加工

使用液压机进行模压冷弯加工的特点为:

(1)可以用较短时间压制一个波长。

(2)因为可以连续压制,故可进行较长波形钢板的制作(但受运输长度的限制)。

(3)波形钢板长度受压力机能力制约。

(4)按波形要求制造模具需较多的资金。

图 2-12 显示了日本进行波形钢腹板加工的液压机与模具。2009 年在鄄城桥的建设中,采用了液压机进行波形钢腹板的模压冷弯加工,取得了很好的加工效果。由于模压冷弯加工效率高且加工精度好,现在常推荐采用模压冷弯的加工方法加工波形钢腹板。图 2-13～图 2-15展示了我国加工波形钢腹板的液压机和模具。

波形钢腹板加工成型时转角半径一般应大于板厚的 15 倍;但当满足表 2-7 所示的夏比冲击试验的要求,且化学成分中的氮含量不超过 0.006%,波形钢腹板加工成型时转角半径亦可做成板厚的 5 倍或 7 倍以上。若是在与轧制成直角方向处进行冷弯加工时,则应当采用压延直角方向的夏比冲击试验吸收能量的值。

图 2-12　波形钢腹板加工的模具(日本)

图 2-13　2 000t 液压机

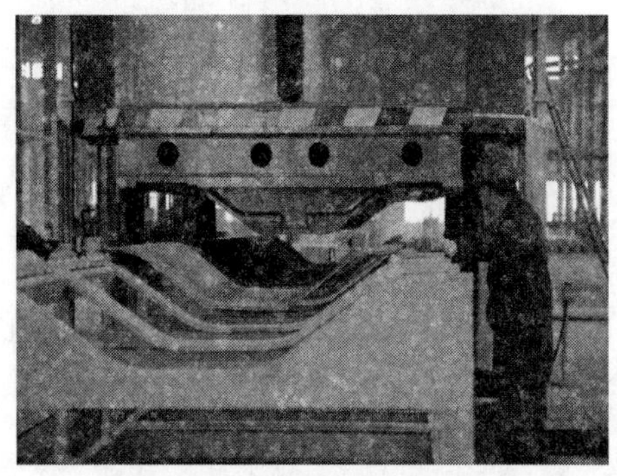

图 2-14　模具以及波形钢板的模压成型

图 2-15　2 000t 液压机

冷弯加工半径与冲击韧性的吸收能量值　　表 2-7

冲击韧性—吸收能量(J)	冷弯加工半径(mm)	试 验 方 法
＞150	＞7t	《金属材料　夏比摆锤冲击试验方法》(GB/T 229—2007)
＞200	＞5t	

2.4　制孔与边缘加工

螺栓孔应采取钻孔工艺,不得采用冲孔、气割孔,制成的孔应为正圆柱形,孔壁表面粗糙度不大于 25μm,孔缘无损伤不平,无刺屑。螺栓孔的孔径允许偏差为+0.7mm;孔壁垂直度允许偏差不大于 0.3mm,有特殊要求的孔距偏差应符合设计文件的规定。钻孔应采用数控钻床或标准钻孔样板,并优先选用数控钻床钻孔。采用标准样板钻孔时,应采用冲钉定位,冲钉数不得少于两个,用标准钻孔样板依次钻足孔径的零件,卡料厚度应保证最底层零件栓孔质量,不得超过允许偏差,钻头直径应符合规定,磨完后的钻头,应先在废料上试钻孔,经检查合格后方可在零部件上钻孔,钻孔时,应经常用试孔器检查孔径精度。

钻孔采用钻孔机进行(图 2-16、图 2-17),当孔径大于 60mm 时,常用切割孔的方法。无论是高强螺栓连接还是普通螺栓连接,都是通过螺栓孔来完成的,控制波形钢腹板中制孔质量是保证螺栓连接质量的关键。A、B 级螺栓孔的允许偏差应符合表 2-8 的要求,C 级螺栓孔的允许偏差需符合表 2-9 的要求，高强度螺栓孔的允许偏差应符合表 2-10 的要求。

图 2-16　钻孔机

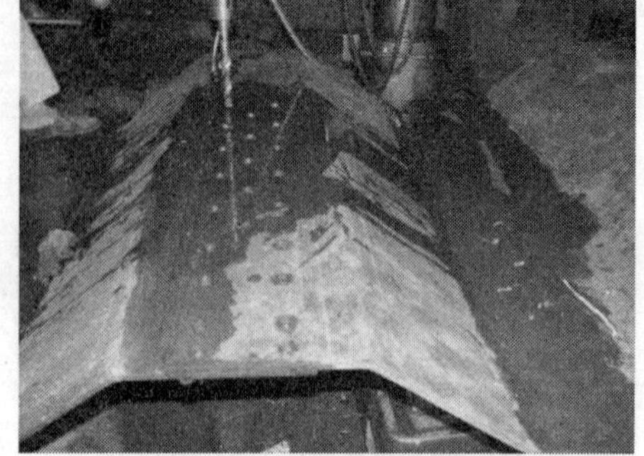

图 2-17　钻孔机在波形板上钻孔

A、B 级螺栓孔的允许偏差　　表 2-8

序　　号	螺栓公称直径、螺栓孔直径(mm)	螺栓公称直径允许偏差(mm)	螺栓孔直径允许偏差(mn)	检 验 方 法
1	10～18	0.00 −0.18	+0.18 0.00	用游标卡尺或孔径量规检查
2	18～30	0.00 −0.21	+0.21 0.00	
3	30～50	0.00 −0.25	+0.25 0.00	

C 级螺栓孔的允许偏差　　表 2-9

序　　号	项　　目	螺栓公称直径允许偏差	检 验 方 法
1	直径(mm)	+1.0 0.0	用游标卡尺或孔径量规检查
2	圆度	2.0	
3	垂直度	0.03t 且不大于 2.0	

高强度螺栓允许偏差(mm)　　表 2-10

<table>
<tr><td rowspan="2">螺栓直径</td><td>基本尺寸</td><td>12</td><td>16</td><td>20</td><td>(22)</td><td>24</td><td>(27)</td><td>30</td></tr>
<tr><td>允许偏差</td><td colspan="2">±0.43</td><td colspan="2">±0.52</td><td colspan="3">±0.84</td></tr>
<tr><td rowspan="2">螺栓半径</td><td>基本尺寸</td><td>13.5</td><td>17.5</td><td>22</td><td>(24)</td><td>26</td><td>(30)</td><td>33</td></tr>
<tr><td>允许偏差</td><td colspan="2">+0.43
0</td><td colspan="2">+0.52
0</td><td colspan="3">+0.84
0</td></tr>
</table>

对于高强螺栓孔的加工不仅在数量上，而且在精度上都有较高的要求，对制孔的质量进行检查，应按钢件数量抽查 10%，但不得小于 3%。螺栓孔距允许偏差应符合表 2-11 的规定，有特殊要求的孔距偏差应符合设计文件的规定。

螺栓孔距允许偏差　表 2-11

定位方法	检查项目	允许偏差(mm)	说　明
用钻孔样板、数控机床	两相邻孔距	±0.4	
	构件板边孔距	±1.0	
	两组孔群中心距	±1.0	
	孔群中心线与杆件中心线的横向偏移	2.0	
号钻的孔	两相邻孔距	±1.0	包括用分离式样板分别对线钻孔的孔群
	极边及对角线孔距	±1.5	
	孔中心与孔群中心线的横向偏移	2.0	

2.5　波形钢腹板的焊接

2.5.1　手工焊

对于波形钢腹板与翼缘板的焊接往往需要手工焊。波形钢腹板安装后，也需要采用手工电弧焊的工艺。施工准备材料：钢材应为 Q345C 或 Q345D，性能和质量须符合国家标准和行业标准的规定，具有质量证明书或检验报告。焊条选用要求：

(1)符合使用要求，焊缝金属的性能符合使用要求，焊缝金属的力学性能包括抗拉强度、塑性和冲击韧性达到金属标准规定的性能指标的下限。

(2)尽量选用生产效率高、成本低的焊条。

(3)焊条直径主要根据焊件厚度选择，满足表 2-12 的要求。

(4)焊接电流的选择，主要根据焊条直径来确定，应符合表 2-13 的要求。

(5)焊接电压主要取决于弧长。电弧长，电压高，反之电压低。

焊条直径选择　表 2-12

焊件厚度(mm)	<2	2	3	4～6	6～12	>12
焊条直径(mm)	1.6	2	3.2	3.2～4	4～5	4～6

焊接电流选择　表 2-13

焊条直径(mm)	1.6	2.0	2.5	3.2	4.0	5.0	5.8
焊接电流(A)	25～40	40～60	50～80	100～130	160～210	200～270	260～300

注：立仰横焊电流比平焊高 10%左右。

焊接电流可通过以下经验公式估算

$$I=(30\sim50)d \tag{2-1}$$

式中：d——焊条直径，mm；

I——焊接电流，A。

焊接的主要机具见表 2-14，加工检验设备、仪器和工具见表 2-15。

焊接用主要机具　　表 2-14

设备名称	设备型号	数量	单位	备注
电动空压机	根据工程实际情况确定	根据工程实际情况确定	台	碳弧气刨用
柴油发电机			台	应急使用
直流焊机			台	结构焊接
交流焊机			台	结构焊接
焊条烘干箱			台	烘干焊条
翼缘校正机			台	型钢校正

加工检验设备、仪器和工具　　表 2-15

设备名称	设备型号	数量	单位	备注
超声探伤仪	根据工程实际情况确定	根据工程实际情况确定	台	检查焊缝内部缺陷
数字温度仪			台	测量层间温度
数字钳形电流表			个	测量焊接电流
温湿度仪			个	测量空气湿度
焊缝检验尺			把	检验焊缝外观尺寸
磁粉探伤仪			台	测量焊缝内部缺陷尺寸
游标卡尺			把	测量焊缝外观尺寸
钢卷尺			把	测量

2.5.2 埋弧自动焊

通常波形钢腹板是按一个波长来冷弯成型加工的。为了满足桥梁建造时对波形钢腹板的节段长度的要求，减少现场拼装后的焊接工作量，常常需要在工厂内将几个波长波形钢板焊接成一个节段。常用的焊接工艺是埋弧焊，采用的设备为自动埋弧焊机(图 2-18)。埋弧焊是以电弧为热源的机械化焊接方法(图 2-19)。连续送进的焊丝在一层可熔化的颗粒状焊剂覆盖下引燃电弧。当电弧热使焊丝、母材和焊剂熔化以致部分蒸发后构成了空腔，电弧就在这个空腔内稳定燃烧。空腔底部是熔化的金属熔池，顶部则是熔融焊剂形成的熔渣。电弧附近的熔池在电弧力的作用下属于高速紊流状，气泡快速溢出熔池表面，熔化金属受熔渣和焊剂蒸发的保护隔绝了空气。随着电弧向前移动，电弧力将液态金属推向后方，并逐步冷却凝固成焊缝，熔渣则凝固成渣壳覆盖在焊缝表面。

埋弧焊具有以下特点：

(1)焊接热效率高。由于焊剂和熔渣的隔热作用，电弧基本上没有热辐射损失，且焊接电流大，电弧吹力强，焊接接头的熔深大。

(2)改善了焊接环境，实现了焊接过程的机械化。电弧在焊剂层下燃烧，没有弧光的射线危害，放出的烟尘少。

(3)焊接质量好。埋弧焊的热输入大，冷却速度慢，熔池存在时间长，使冶金反应充分。熔池中有熔渣和焊剂的保护，空气中的氮、氧难以侵入，提高了焊缝金属的强度和韧性，焊缝表面光洁平整。

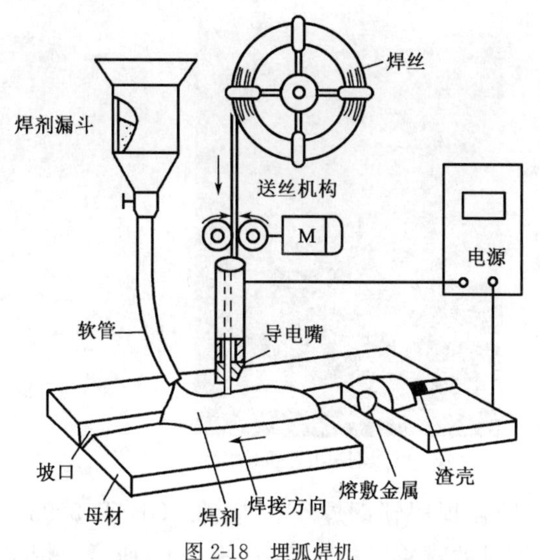

图 2-18　埋弧焊机

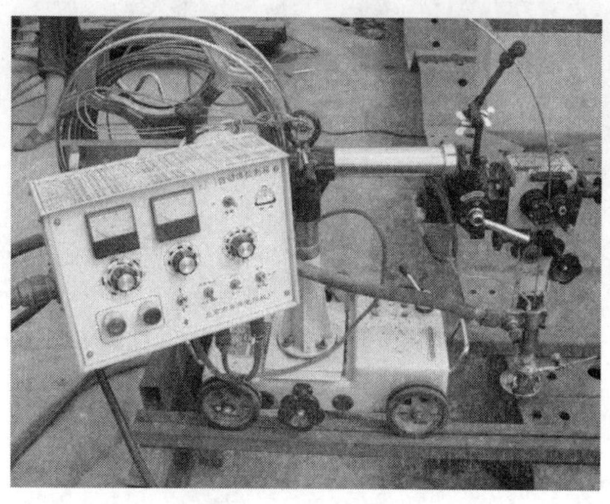

图 2-19　埋弧焊示意图

(4)降低了焊接成本。埋弧焊熔深较大,这样可不开或少开坡口,减少了焊缝中焊丝的填充量,也节省了因加工坡口而消耗的钢材。由于焊剂的覆盖,焊接时飞溅少,又没有焊条余头损失,所以节省了焊接材料。

(5)由于采用颗粒状焊剂进行保护,只适应于平焊、船形焊和平角焊位置的焊接。

(6)焊接电流较大,不适用于太薄焊件的焊接。

(7)由于焊剂覆盖,焊接时不能直接观察电弧与坡口的相对位置。

(8)十分适合钢板特别是厚钢板的对接焊。

埋弧焊工艺由于热输入大,刚开始引弧时工件的温度较低,温度常刚刚建立起来,还没有进入稳定状态,如果在工件上直接引弧,开始焊接的焊缝质量达不到要求。在中厚板开始焊接的焊缝会有 50mm 长产生未焊透、未熔合和夹渣等缺陷。为避免这些缺陷产生,须采用引弧板进行引弧,把这段达不到质量的焊缝改到引弧板上。当工件焊接结束准备收弧时,由于焊坑较长较大,如操作不当,极易产生弧坑、裂纹,并且收弧处温度较高,可能出现漏焊火烧穿等缺陷。所以埋弧焊收弧时,必须使部分弧坑落在引出板上。

引弧板与引出板的形式如图 2-20 和图 2-21 所示。引弧板与引出板的材质应与被焊母材相同,坡口形式应与被焊工件相同。埋弧焊的引弧板与引出板宽度应大于 80mm,长度应为板厚的 2 倍且不小于 100mm,厚度不应小于 10mm,材质应与被焊母材相同,坡口形式应与被焊工件相同。引弧板和引出板应采用气割的方法切除,并修磨平整,不得用锤击落。图 2-22 和图 2-23 给出了鄄城桥用波形钢腹板的引弧板与焊缝形态。

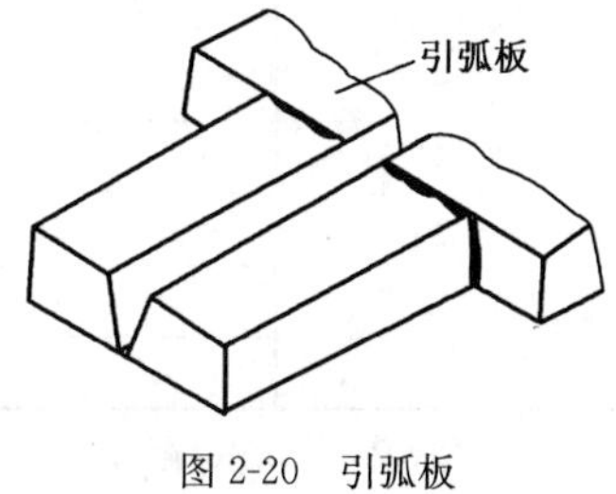

图 2-20　引弧板

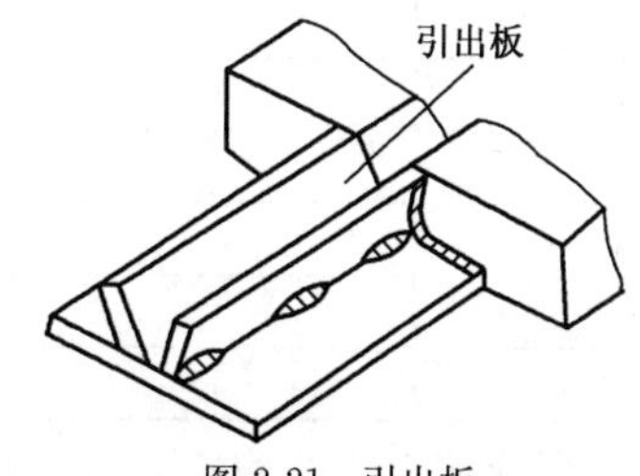

图 2-21　引出板

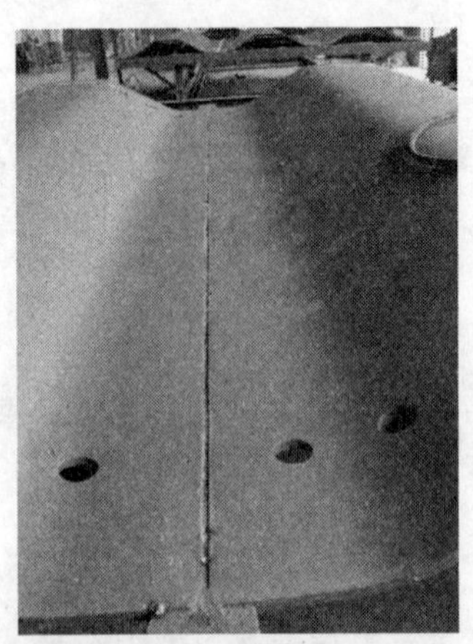
图 2-22　波形钢腹板拼接和引弧板

图 2-23　波形钢腹板埋弧焊焊缝

埋弧焊用焊丝和焊剂应符合现行国家标准《埋弧焊用碳钢焊丝和焊剂》(GB/T 5293—1999)的规定。在埋弧焊中，所用的焊丝、焊剂与母材的材质应相匹配，如表 2-16 所示。焊接时，操作人员应严格遵守焊接规范。埋弧自动焊接规范如表 2-17 所示。

焊 丝 与 焊 剂　　表 2-16

母材		焊剂型号—焊丝牌号
牌号	等级	
Q235	A、B、C	F4A0-H08A
	D	F4A2-H08A
Q345	A	F5004-H08A，H08MnA，H10Mn2
	B	F5014，F5011-H08MnA，H10Mn2
	C	F5024，F5021-H08MnA，H10Mn2
	D	F5034，F5031-H08MnA，H10Mn2
Q420	A、B	F6011-H10Mn2，H08MnMoA
	C	F6021-H10Mn2，H08MnMoA
	D	F6031-H10Mn2，H08MnMoA

埋弧自动焊接规范　　表 2-17

焊缝厚度(mm)	焊丝直径(mm)	焊接电流(A)	电弧电压(V)	焊接速度(mm/s)
5	3	450～475	28～30	55
6	2	450～475	34～36	40
8	3	550～600	34～36	30
8	4	575～625	34～36	30
10	3	600～650	34～36	23
10	4	650～700	34～36	23
12	3	600～650	34～36	15
12	4	725～775	36～38	20
12	5	775～825	36～38	18

埋弧焊焊缝坡口形式应符合《埋弧焊的推荐坡口》(GB/T 985-2—2008)的要求。对于厚

度 12mm 以下的波形钢腹板的焊接，可以通过不开坡口留间隙双面焊连接起来。正面焊时电流稍大，熔深达板材厚度的 65%～70%，反面焊时熔深达板材厚度的 40%～55%。采用不开坡口留间隙双面埋弧焊进行波形钢腹板的焊接过程如图 2-24 ～图 2-27 所示。不开坡口留间隙双面埋弧焊工艺参数见表 2-18。

图 2-24　不开坡口留间隙双面埋弧焊

图 2-25　引弧板

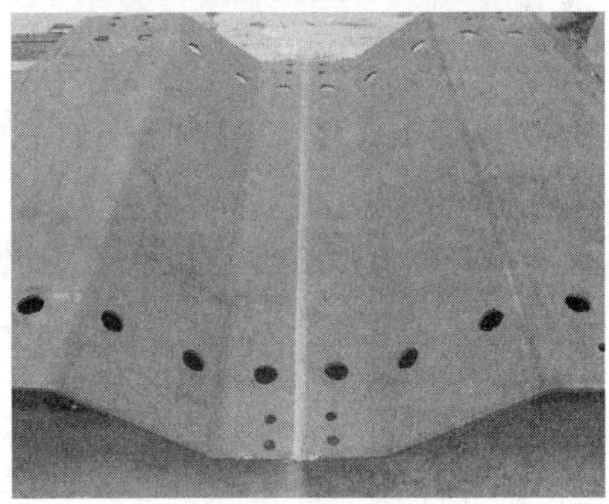

图 2-26　埋弧焊缝

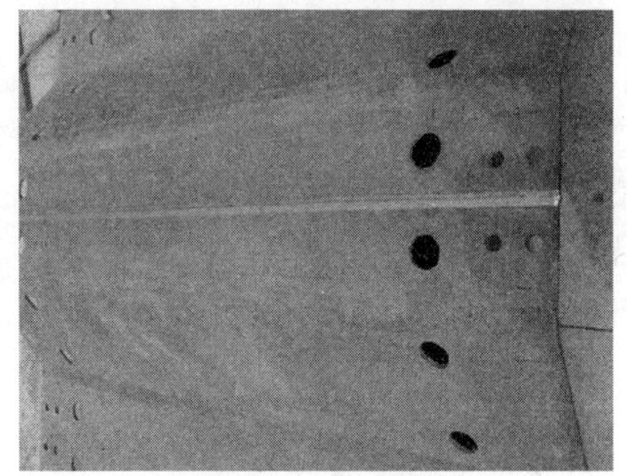

图 2-27　埋弧焊缝

不开坡口留间隙双面埋弧焊工艺参数　　表 2-18

焊件厚度（mm）	装配间隙（mm）	焊接电流（A）	焊接电压		焊接速度(m/h)
			交流	直流反接	
10～12	2～3	750～800	34～36	32～34	32
14～16	3～4	775～825	34～36	32～34	30
18～20	4～5	800～850	36～40	34～36	25
22～24	4～5	850～900	38～42	36～38	23
26～28	5～6	900～950	38～42	36～38	20
30～32	6～7	950～1 000	40～44	38～40	16

注：焊剂 431，焊丝直径 5mm，两面采用同一工艺参数。

验收按照《钢结构工程施工质量验收规范》(GB 50205—2001)执行，采用直尺和角尺进行质量检查，焊缝超声波探伤按《钢结构超声波探伤及质量分析法》(JG/T 203—2007)进行，焊接后的波形钢腹板外形尺寸的允许偏差应符合《组合结构桥梁用波形钢腹板》(JT/T 784—

2010)的相关规定。

2.5.3 气体保护焊

气体保护焊又称为气体保护电弧焊。气体保护焊使用外加气体作为电弧介质并保护电弧和焊接区的电弧焊接方法,气体保护焊直接依靠从喷嘴中连贯送出的气流,在电弧周围造成局部的气体保护层,使电极端部、熔滴和熔池金属与周围空气隔绝开来,以保证焊接过程的稳定性,获得质量优良的焊缝。气体保护焊的分类方法很多,通常可分为熔化极气体保护焊和非熔化极气体保护焊,其中熔化极气体保护焊在钢结构工程中应用最广。如果按所采用的保护气体的种类来分,气体保护焊可分为二氧化碳气体(CO_2)保护焊、惰性气体保护焊、活性气体保护焊、药芯焊丝气体保护焊、钨极氩弧焊和钨极氦弧焊等,如表2-19所示。

气体保护焊的分类 表2-19

分类			采用的保护气体
极电极类型	按焊丝形式	按保护气体种类	
熔化极气体保护焊	实心焊丝气体保护焊	二氧化碳气体保护焊	CO_2
			CO_2+O_2
		惰性气体保护焊(MIG焊)	Ar(氩)CO_2
			He(氦)
			Ar+He(氩+氦)
		活性气体保护焊(MAG焊)	Ar+CO_2(氩+二氧化碳)
			Ar+O_2(氩+氧)
			Ar+CO_2+O_2(氩+二氧化碳+氧)
	药芯焊丝电弧焊	药芯焊丝气体保护电弧焊	CO_2(二氧化碳)
			CO_2+Ar(二氧化碳+氩)
		药芯焊丝自保护电弧焊	—
非熔化极气体保护焊(TIG焊)	—	钨极氩弧焊	Ar(氩)
		钨极氦弧焊	He(氦)

二氧化碳气体保护焊(简称CO_2气保焊)是一种先进的焊接方法,它具有如下特点:

(1)采用的电流强度大,熔敷率高,熔深大,没有熔渣,节省了清渣时间,提高了焊接效率。

(2)CO_2气体比其他气体价格便宜,降低了生产成本。

(3)可以直接观察电弧和熔池的情况,半自动CO_2气保焊还具有手工焊接的灵活性,在焊接短接焊缝和曲线焊缝时,显得特别方便,并且保护气体是喷射出来的,适宜于进行全方位焊接,不受空间位置的限制。

(4)CO_2在高温时对电弧具有较大的冷却作用,电弧加热集中,热影响区小,使得焊后变形小。

(5)CO_2气保焊飞溅较大、烟尘大、焊缝冲击韧性较低。

CO_2气体纯度不低于99.5%,含水量和含氧量不超过0.1%。CO_2气保焊用主要机具设备见表2-20。

CO_2 气保焊用主要机具设备　　表 2-20

设备名称	设备型号	数量	单位	备注
电动空压机	根据工程实际情况确定	根据工程实际情况确定	台	碳弧气焊
柴油发电机			台	应急使用
CO_2 焊机			台	结构焊接
焊接滚轮架			台	结构焊接
翼缘矫正机			台	结构焊接

CO_2 气保焊的主要焊接参数有焊接直径、焊接电流、电弧电压、焊接速度和焊丝伸出长度等。焊丝成分应与母材成分相近，含碳量一般要求小于 0.11%。我国常用的 CO_2 气保焊焊丝是 H06Mn$_2$SiA，它适用于焊接低碳钢和抗拉强度为 500MPa 的低合金结构钢。H06Mn$_2$SiA 焊丝熔敷金属的机械性能详见《气体保护焊电弧焊用碳钢、低合金钢焊丝》(GB/T 8110—2008)，它规定了碳钢、低合金钢实芯焊丝和填充焊丝的型号分类、技术要求、试验方法、检验规则及缠绕、包装等项目。焊丝直径应根据焊件厚度、焊缝空间位置及生产率的要求来选择。当焊接薄板或进行中厚板的立、横、仰焊时，多采用直径 1.6mm 以下的焊丝，在平焊位置焊接中厚板时，可以采用 1.2mm 以上的焊丝。焊丝可按表 2-21 规定选用。

焊丝选用　　表 2-21

焊丝直径(mm)	熔滴过渡形式	焊件厚度(mm)	焊缝位置
0.5～0.8	短路过渡	1.0～2.5	全位置
	颗粒过渡	2.5～4.0	平焊
1.0～1.4	短路过渡	2.0～8.0	全位置
	颗粒过渡	2.0～12.0	平焊
1.6	短路过渡	3.0～12.0	全位置
≥1.6	颗粒过渡	>6.0	平焊

焊接电流的大小应根据焊件厚度、焊丝直径、焊接位置及熔滴过渡形式来确定。焊丝直径与焊接电流的关系可参考表 2-22 的规定。

焊接电流　　表 2-22

焊丝直径(mm)	焊接电流(A)		焊丝直径(mm)	焊接电流(A)	
	颗粒过渡	短路过渡		颗粒过渡	短路过渡
0.8	150～250	60～160	1.6	350～500	100～180
1.2	200～300	100～175	2.4	500～750	150～200

CO_2 气保焊中常用的电弧电压是：短路过渡时，电弧电压在 16～22V 范围内选择；喷射过渡时，电弧电压可在 25～38V 范围内选择。在焊丝直径、焊接电流和电弧电压一定的条件下，随着焊接速度的增加，焊缝宽度与焊缝厚度减小，焊接速度过快，不仅气体保护效果变差，还可

能出现气孔、咬边及未熔合等缺陷，焊接速度过慢，则焊接效率低，焊接变形增大。一般情况下，半自动 CO_2 气保焊时的焊接速度为 15～40m/h。焊接时，焊丝伸出长度为焊丝直径的 10 倍，短路过渡时，伸出长度为 6～13mm，其他熔滴过渡形式为 13～25mm。在细直径焊丝焊接时，CO_2 流量约为 8～15L/min，在粗直径焊丝焊接时，CO_2 流量约为 15～25L/min。CO_2 焊中焊件的坡口形式主要根据板厚进行选择，且应符合《气焊、手工电弧焊及气体保护焊焊缝坡口的基本形式与尺寸》(GB/T 985—1988)的规定。现在 CO_2 气保焊已广泛采用自动焊接工艺，以 HWAC-1000 型 CO_2 气保焊自动焊接系统(图 2-28)为例，给出系统的技术参数如表 2-23 所示，系统中采用的 CO_2 气保焊焊接自动小车如图 2-29 所示。

HWAC—1000 型 CO_2 气保焊自动焊接系统参数 表 2-23

型号	HTW—1000	型号	HTW—1000
小车行走速度	140～1 400mm/min	坡度	IN 30°
适用焊接方法	CO_2,MIG	焊枪调节装置	HTA-05-100
跟踪装置	HMG-05-100	自动回程功能	有
坡度感应装置	HCGS-05-1	输入电源	220V,50Hz,5A

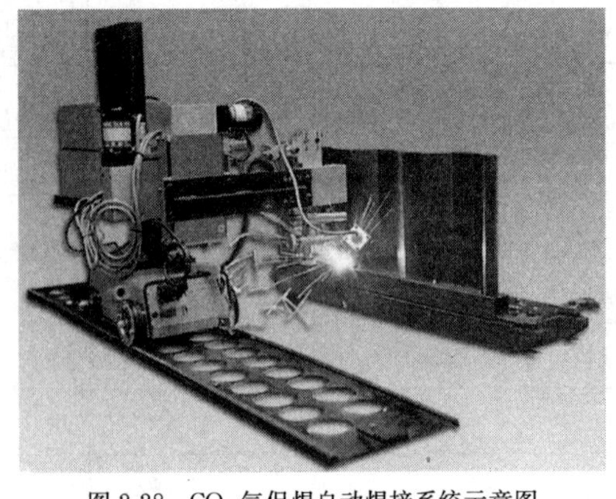

图 2-28 CO_2 气保焊自动焊接系统示意图

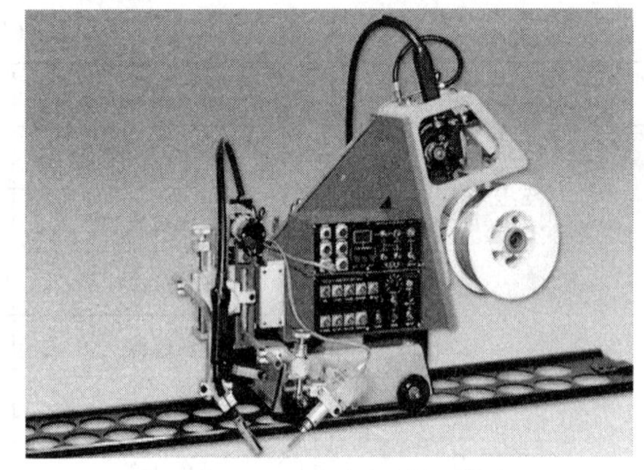

图 2-29 CO_2 气保焊焊接自动小车

2.6 波形钢腹板的组拼与整形

2.6.1 波形钢腹板的组拼

在进行波形钢腹板的焊接之前应进行组拼，组拼前应对波形钢腹板进行抛丸预处理，然后进行组拼。波形钢腹板应在抛丸预处理后 24h 内进行组拼。组拼前，波形钢腹板应经检验合格，在待焊区域或距焊缝边缘 30～50mm 以内的部位，清除下料毛刺、尘土、灰尘、油污、熔渣、水分、铁锈和氧化皮等有害物，使其表面显露出金属光泽。波形钢腹板的组拼应在作业车或标准钢胎膜上进行(图 2-30、图 2-31)，组拼角度应考虑波形钢腹板焊接时的变形量。平台或胎膜要求牢固平整以保证波形钢腹板组拼精度(图 2-32、图 2-33)。

图 2-30　波形钢腹板的组拼(一)

图 2-31　波形钢腹板的组拼(二)

图 2-32　波形钢腹板的组拼(三)

图 2-33　波形钢腹板的组拼(四)

2.6.2　波形钢腹板焊接变形的矫正

波形钢腹板的整形主要有冷矫正法和热矫正法两种。

冷矫正法有以下三种形式：

(1)机械矫正法。利用外力使构件产生与焊接变形方向相反的塑性变形，让二者相互抵消。

(2)锤击法。通过锤击延展焊缝及其周围压缩塑性变形区域的金属，达到消除焊接变形的目的。

(3)强电磁脉冲矫正(电磁锤)法。利用强电脉冲形成的电磁场冲击力，在焊件上产生与残余焊接变形相反的变形量，达到矫正的目的。

矫正时需采用专用的标准钢平台、工装设备进行整形，以满足波形钢腹板的尺寸和整体结构要求，厚度大于等于 10mm 的波形钢腹板和相关连接件，应采用机械整形矫正，不得采用锤击等其他人工方法。冷矫正时环境温度不得低于－12℃，矫正后的钢材表面不应有超过标准要求的凹痕和其他损伤，钢板矫正的技术方法及允许偏差可参考《铁路钢桥制造规范》(TB 10212—2009)的规定。

热矫正法有整体加热法和局部加热法两种。局部矫正法主要是采用火焰对焊接构件局部加热，在高温处材料的热膨胀受到构件本身刚性的制约，产生局部压缩塑性变形，冷却后收缩，抵消了焊接后在该部位的伸长变形，从而达到矫正的目的。热矫温度应控制在 600～800℃，不能过烧。热矫正工序与要领如表 2-24 所示,图 2-34 显示了火焰热矫实例。热矫正后,零件温度应缓慢冷却,降至室温以前,不得锤击钢材工件或用水急冷。

热矫正程序与要领

表 2-24

序　号	工　序	内　容	
1	工具准备	焰炬,工具,辅具等	
2	变形测定	判断变形类别,确定矫正方案	
3	确定加热参数	了解材质	
		了解结构特征、刚性及装配关系,以便确定加热温度及矫正目标	
4	确定加热顺序	确定加热位置	
		确定是否需要机械辅助加压	
		确定矫正顺序,要领:刚性大的先矫,刚性小的后矫	
5	确定加热范围及加热方式	总要领:凸起部位就是加热区	
		具体顺序	均匀总变形,先矫
			短段弯曲变形,其次
			局部弯曲变形,最后
		加热方式	均匀总变形——纵向线状加热
			短段弯曲——纵向线状加热
			局部弯曲——横向线状加热
			刚性大——三角形加热
			波浪变形——圆点状(ϕ15mm 左右)加热
6	确定加热温度	低碳钢或 C-Mn 钢	变形小的小零件－300～400℃
			变形较大的小零件－400～500℃
			变形较大的大零件－500～600℃
			大零件大变形－600～700℃
			结构或大部件－700～800℃
		低碳钢以外的材料	须限制加热温度,如低于回火温度
7	矫正及检查	矫正中检查与矫正后检查,不符合要求时可再次进行矫正	

图 2-34　波形钢腹板的翼缘板的热矫

2.7　波形钢腹板上检查孔的加工

对于一箱多室的波形钢腹板 PC 组合桥梁，常常需要在波形钢腹板上开检查孔。在钢铁路桥的检查孔加工中，波形钢腹板上开椭圆形的孔，用液压机将无缝钢管压成椭圆形的加强箍（图 2-35、图 2-36），然后将加强箍焊接在波形钢板上，再进行热浸镀锌（图 2-37）和电泳工艺防腐涂装（图 2-38）。

图 2-35　检查孔的加工

图 2-36　椭圆形截面检查孔增强箍

图 2-37　检查孔波形钢板的镀锌

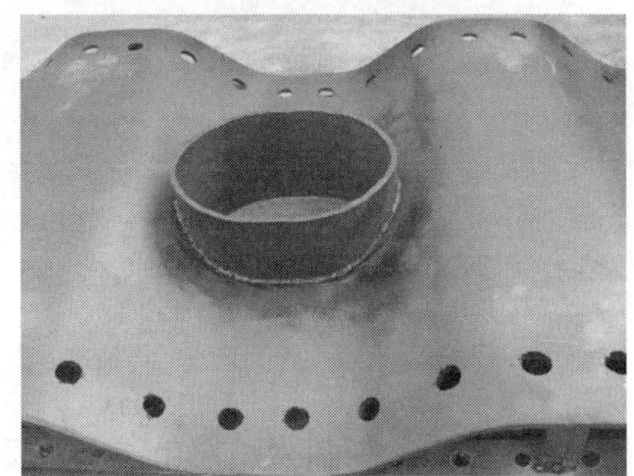

图 2-38　检查孔波形钢板的电泳

第3章 波形钢腹板的连接

波形钢腹板PC组合箱梁桥中，波形钢腹板的连接形式主要有波形钢腹板之间的连接、波形钢腹板与混凝土横隔梁的连接、波形钢腹板与内衬混凝土的连接和波形钢腹板与上下混凝土翼板的连接等。

由于加工长度的限制，弯折的波形钢板的长度是有限，需要进行连接。波形钢腹板连接分为焊接连接和高强螺栓连接。焊接连接根据连接形式可分为对接焊接(图3-1)和贴角焊接(图3-2)，高强螺栓连接分为单面摩擦连接(图3-3)和双面摩擦连接(图3-4)。

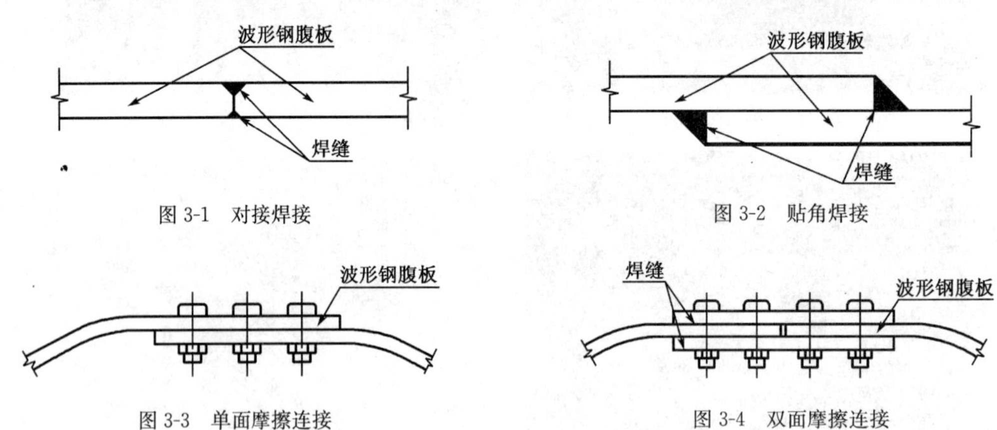

图3-1 对接焊接

图3-2 贴角焊接

图3-3 单面摩擦连接

图3-4 双面摩擦连接

波形钢腹板波段之间的纵向连接方式宜采用对接焊接，波形钢腹板为接高而进行的工厂水平连接应采用对接焊接，不宜使用螺栓连接。波形钢腹板节段与节段间的连接方法通常有：高强度螺栓连接法、贴角焊接法和对接焊接法等。波形钢腹板之间的连接方式，在设计和制造时应选择能以工厂焊接为主、减少现场焊接和涂层修复作业量的连接方式。

3.1 波形钢腹板的高强螺栓连接

高强螺栓有高强度大六角头螺栓和扭剪型高强度螺栓两种，区别仅是外形和施工方法不同，其力学性能和紧固后的连接性能完全一样。高强度大六角头螺栓连接副由一个大六角头螺栓，一个螺母和两个垫圈组成(图3-5)。扭剪型高强度螺栓连接副由一个扭剪型高强度螺栓，一个螺母和一个垫圈组成(图3-6)。

高强度螺栓长度应为高强度螺栓紧固后，以螺纹露出2～3圈纹为宜。可先按直径分类，统计出钢板束厚度，根据钢板束厚度，按下面的公式选择所需长度：

$$螺栓长度=板束厚度+附加长度 \tag{3-1}$$

国产高强度螺栓的附加长度参考值见表 3-1。

高强度螺栓的附加长度参考值(mm)　　表 3-1

螺栓直径	12	16	20	22	24	27	30
大六角高强度螺栓	25	30	35	40	45	50	55
扭剪型高强度螺栓		25	30	35	40		

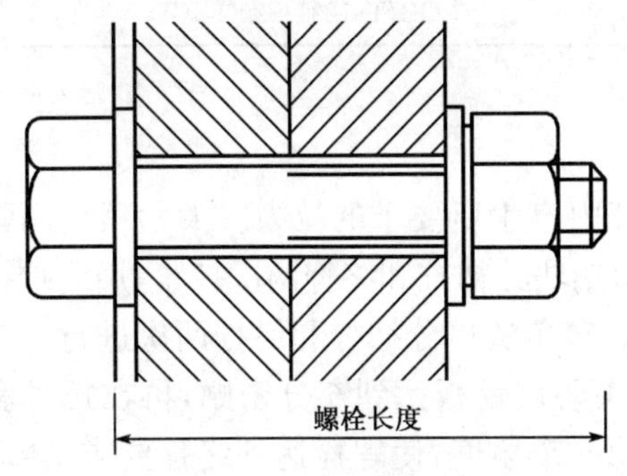

图 3-5　大六角头螺栓

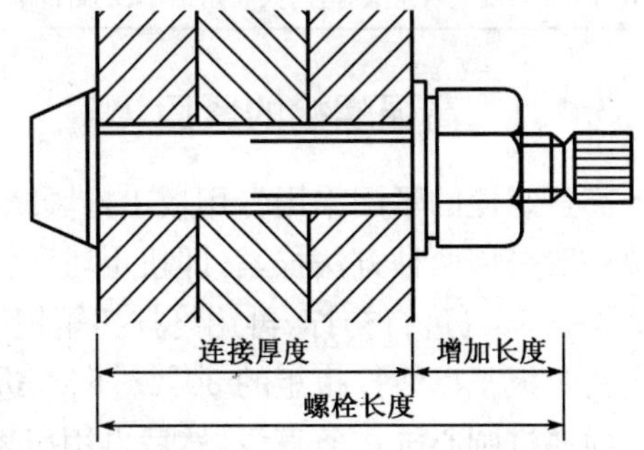

图 3-6　扭剪型高强度螺栓

高强螺栓施工最主要的施工机具是力矩扳子。常见的日本产扭剪型高强螺栓扳子的性能见表 3-2,常用电动扭矩扳子(大六角螺栓适用)性能见表 3-3。

日本产扭剪型高强螺栓扳子性能　　表 3-2

型　号	适用螺栓 M	扭矩范围 (N·m)	电源电压 (V)	电流 (A)	消耗功率 (W)	空载转速 (r/min)	重量 (kg)	扳子总长 (mm)	套管个数	
									规格	数量
LSR-22HD	16	900	200	7.5	1 400	16	8.4	350	M16	1
	20								M20	1
	22								M22	1
LSR-24HD	22	1 150	200	10	1 850	16	12.4	375	M22	1
	24								M24	1

常用电动扭矩扳子性能　　表 3-3

产　地	型　号	电源电压 (V)	电流频率 (Hz)	电流 (A)	消耗功率 (W)	空载转速 (r/min)	扭矩范围 (N·m)	重量 (kg)
日本	NR-12T_1	200	50/60	6.8	1 300	17	400～1 200	9.5
国产	PIBD-150	220	50	4	880	8	400～1 500	12
	PIBD-150	220	50	4.3	950	8	400～1 600	12

用于波形钢腹板连接的高强螺栓连接副应随箱带有扭矩系数和紧固轴力(预拉力)的检验报告,高强度螺栓、螺母、垫圈成品应按批配套,且有产品出厂质量证明书。高强度大六角螺栓连接副、扭剪型高强度螺栓连接副等标准配件的品种、规格、性能等应符合表 3-4 的规定。

高强度螺栓连接副要求　　表 3-4

名　称	要　求
钢结构用高强度大六角头螺栓	GB/T 1228—2006
钢结构用高强度大六角螺母	GB/T 1229—2006
钢结构用高强度垫圈	GB/T 1230—2006
钢结构用高强度大六角头螺栓、大六角螺母、垫圈技术条件	GB/T 1231—2006

3.1.1 高强螺栓的紧固

高强螺栓的紧固采用专用扳手拧紧螺母，使螺杆内产生所要求的拉力。大六角头高强度螺栓一般采用两种方法拧紧，即扭矩法和转角法。扭矩法分初拧和终拧两次拧紧，用终拧扭矩的30%～50%进行初拧，再用终拧扭矩把螺栓拧紧。转角法也分初拧和终拧两次进行。初拧用定扭矩扳子以终拧扭矩的30%～50%进行，使接头各层钢板达到充分密贴，再在螺母和螺杆上面通过圆心画一条直线，然后再用扭矩扳子转动一个角度，使螺栓达到终拧要求，转动角度的大小在施工前由试验确定。一般国产高强螺栓允许的施工轴力见表 3-5。

施工轴力与终拧力矩　　表 3-5

等级 / 螺栓的性能 / 螺栓直径	8.8 级		10.9 级	
	设计轴力 (kN)	施工轴力 (kN)	设计轴力 (kN)	施工轴力 (kN)
M12	45	45	55	60
M16	70	75	100	110
M20	110	120	155	170
M22	135	150	190	210
M24	155	170	225	250
M27	205	225	290	320
M30	250	275	355	390

扭剪型高强度螺栓紧固也分初拧和终拧两次进行。初拧用定扭矩扳子以终拧扭矩的30%～50%进行，使接头各层钢板达到充分密贴，再用电动扭剪型扳子把梅花头拧掉，使螺栓杆达到设计要求的轴力(图 3-7)。

无论是摩擦型还是承压型高强螺栓连接，连接板摩擦面的抗滑移系数是影响连接件承载力的重要因素之一。对某一特定的连接点，当其连接螺栓规格与数量确定后，摩擦面的处理方法及抗滑移系数成为确定连接件承载力的主要参数，这个抗滑移系数需通过试验才能得到。检验抗滑移系数所用的试件应根据连接螺栓的规格确定，使用摩擦型高强螺栓连接波形钢腹板时，要求其连接面具有一定的抗滑移系数，在紧固后连接表面能产生足够的摩擦力。螺栓连接的摩擦面应按《钢结构工程施工质量验收规范》(GB 50205—2001)的要

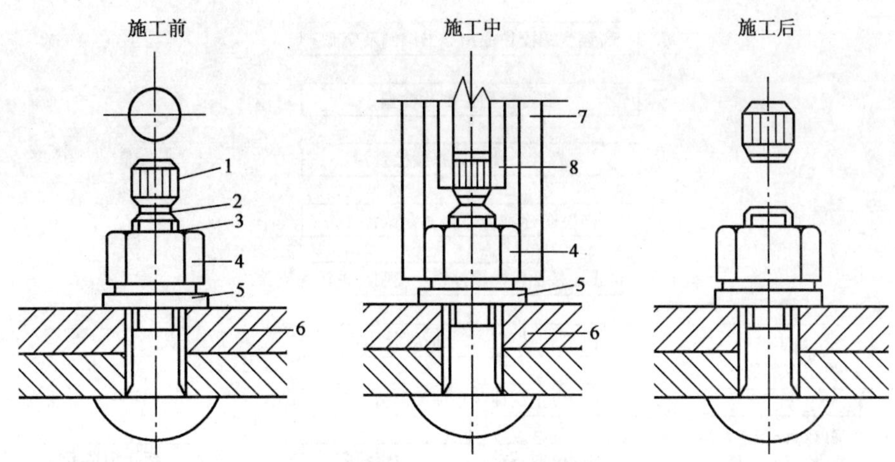

图3-7　扭剪型高强螺栓的紧固方法

1-梅花头；2-断裂切口；3-螺栓螺纹；4-螺母；5-垫圈；6-被夹紧的板束；7-外套筒；8-内套筒

求进行防滑处理。

高强度螺栓连接接头的质量指标由摩擦系数表示。对于Q345钢材来说，要求摩擦系数为0.5。在用摩擦型高强度螺栓进行波形钢腹板的拼装时，应对连接区域的摩擦面进行精心处理。波形钢腹板连接区域摩擦面的加工一般是结合波形钢腹板表面除锈工序进行的，所不同的是摩擦面处理后不需要进行涂装。摩擦面的加工应满足下列规定：

(1)喷砂、抛丸法

喷砂、抛丸的方法是通过压缩空气将砂粒或小粒径钢丸直接喷射到波形钢腹板表面，使其表面的铁锈除掉，并达到一定的粗糙度。当采用抛丸粒径1.0～2.0mm，压缩空气压力0.4～0.6MPa，喷距100～300mm，时间1～2min的处理后，波形钢板材料表面可达到Sa2.5。

(2)化学处理法

化学处理一般是酸洗法。将波形钢腹板浸入酸洗槽中，停留一段时间后，放入石灰槽中进行中和处理，然后用清水清洗，酸洗后的波形钢腹板表面呈银灰色。使用化学处理时，应注意控制对钢板的腐蚀作用和对环境的污染。

(3)人工打磨法

一般采用电动砂轮或手工砂轮对摩擦面进行加工处理。打磨的范围应为4倍螺栓直径。

3.1.2　高强螺栓连接

波形钢腹板的高强螺栓连接工艺流程见图3-8。图3-9和图3-10分别显示了日本波形钢腹板的高强螺栓连接实例。图3-11和图3-12分别显示了我国波形钢腹板PC组合箱梁桥中高强螺栓连接的实例。

在连接板缝、螺头、螺母、垫圈周围，涂抹防腐腻子(如过氯乙烯腻子等)封闭，面层防腐处理与钢结构相同；或者在连接板缝、螺头、螺母、垫圈周围涂抹快干红丹漆封闭，面层防腐处理与钢结构相同。高强度大六角头螺栓连接副的扭矩系数和扭剪型高强螺栓的紧固轴力(预拉力)，需复验并符合相关规范要求。

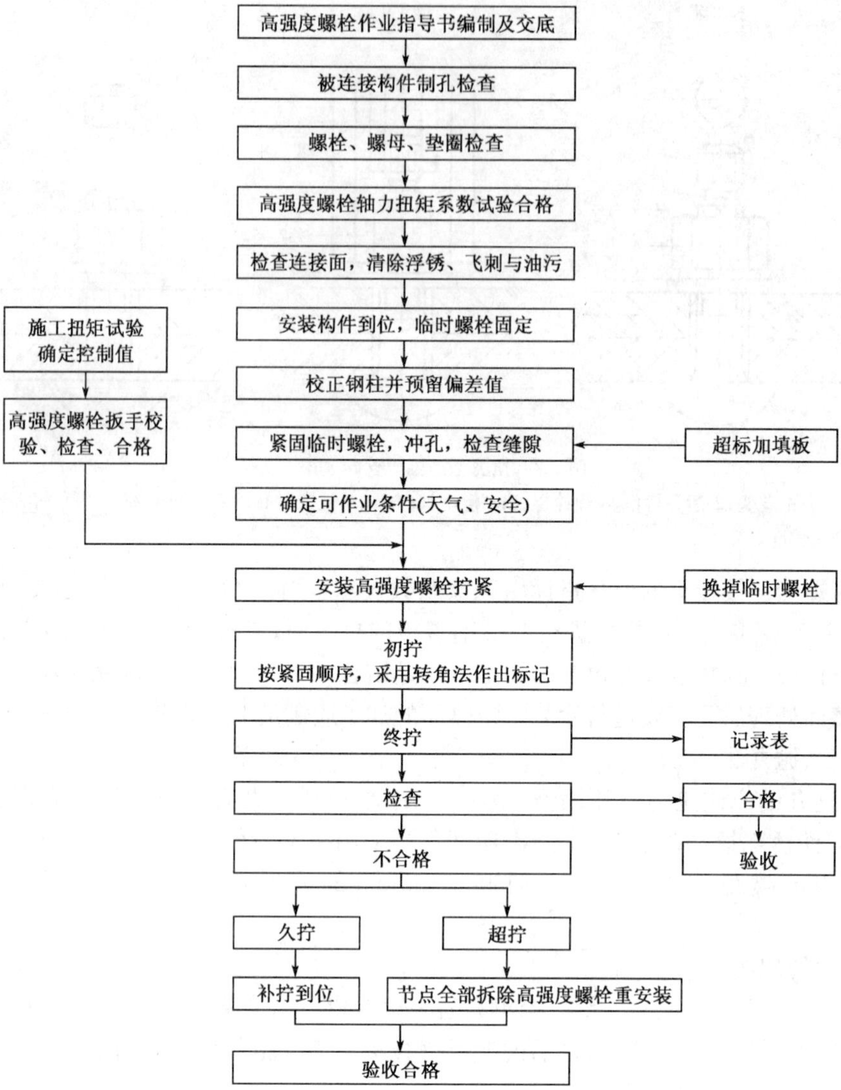

高强度螺栓作业指导书编制及交底
↓
被连接构件制孔检查
↓
螺栓、螺母、垫圈检查
↓
高强度螺栓轴力扭矩系数试验合格
↓
检查连接面，清除浮锈、飞刺与油污
↓
安装构件到位，临时螺栓固定
↓
校正钢柱并预留偏差值
↓
紧固临时螺栓，冲孔，检查缝隙 ← 超标加填板
↓
确定可作业条件(天气、安全)
↓ ← 施工扭矩试验确定控制值 → 高强度螺栓扳手校验、检查、合格
安装高强度螺栓拧紧 ← 换掉临时螺栓
↓
初拧
按紧固顺序，采用转角法作出标记
↓
终拧 → 记录表
↓
检查 → 合格 → 验收
↓
不合格
↓
久拧 → 补拧到位
超拧 → 节点全部拆除高强度螺栓重安装
↓
验收合格

图 3-8　波形钢腹板的高强螺栓连接工艺流程

图 3-9　高强螺栓连接(日本一)

图 3-10　高强螺栓连接(日本二)

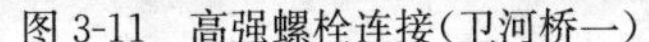
图 3-11　高强螺栓连接(卫河桥一)

图 3-12　高强螺栓连接(卫河桥二)

3.2　波形钢腹板与混凝土的连接

目前,在波形钢腹板 PC 组合箱梁桥结构设计中,波形钢腹板与混凝土上、下翼板连接所采用的抗剪连接件多数为国外专利技术。在组合结构中,不同材料的连接部是设计的关键环节之一,它直接关系到整个组合结构的承载能力。在钢混组合结构桥梁的结合部设计中,必须考虑到钢材和混凝土材料两者之间发生的纵向水平剪力能否得到有效控制,并要有效地控制钢腹板和混凝土材料之间的水平剪切力,以确保桥梁运营时,两种不同材料之间不产生相对位移。

抗剪连接件在波形钢腹板 PC 组合梁中主要是用来承受钢筋混凝土翼板与钢梁之间的纵向剪力。严格的说,除上述作用外,它还能抵抗翼板与钢梁之间的掀起作用。经过 20 世纪 50 年代与 60 年代的研究和应用,连接件的形式有了很大的发展。50 年代初在桥梁中主要是用螺旋筋及弯筋连接件,后来就被槽钢及栓钉连接件代替。现在,无论在桥梁上或房屋结构中,栓钉连接件以及 PBL 连接件在世界上的应用已十分普遍。

波形钢腹板通过抗剪连接件与顶底板的连接,以保证连接处能够抵抗桥轴方向的剪力、车轮荷载产生的与桥轴成直角方向的弯矩。同时,波形钢腹板与混凝土顶底板的连接应保证在运营寿命期间内的耐久性,故必须能防腐蚀且必须具有较好的耐疲劳性。需要通过荷载试验等方法并考虑构造合理性、施工可行性、耐久性等因素来选择波形钢腹板与混凝土顶底板的连接构造。对于波形钢腹板 PC 组合箱梁来说,波形钢腹板与混凝土顶、底板的连接方式大致有 3 种,即把腹板上下端焊接翼缘板并配置连接件的翼缘型抗剪连接件、将波形钢腹板直接埋入到混凝土翼板中的嵌入型连接件和由以上两种连接件组合而成的复合型连接件。

3.2.1　翼缘型抗剪连接件

依据使用的抗剪连接件不同,翼缘型抗剪连接件又可以分成焊钉连接件、开孔钢板连接件及型钢连接件等。组合梁中钢与混凝土间的连接件形式的布置应遵循以下原则:

(1)宜优先选用布置焊钉连接件,特别当钢与混凝土间作用剪力方向不明确,或作用有较大的掀起力时适合布置焊钉连接件。

(2)当焊钉连接件布置过密,或对抗剪刚度、抗疲劳性能有较高要求时,宜选用开孔板连接件。

(3)当对抗剪刚度要求很高,且无掀起力作用时,宜选用型钢连接件。

3.2.1.1 栓钉连接件

波形钢腹板与混凝土的连接常采用栓钉作为连接件(图 3-13、图 3-14),用来进行波形钢腹板与顶底板的连接、波形钢腹板与混凝土横隔板以及波形钢腹板与内衬混凝土的连接等。栓钉连接件的选取原则一般要确保钢与混凝土能够有效结合,宜按照《电弧螺柱焊用圆柱头焊钉》(GB/T 10433—2002)的有关规定选用。栓钉的长度有 40mm、50mm、80mm、100mm、120mm、130mm、150mm、170mm 和 200mm。

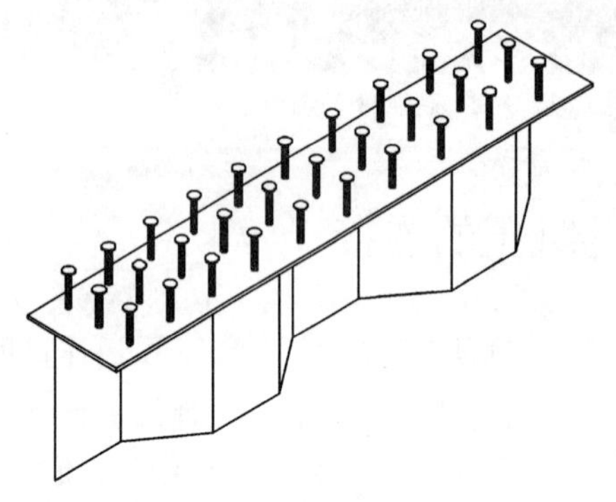

图 3-13 栓钉抗剪连接件

图 3-14 栓钉抗剪连接件(日本)

钢结构中的焊钉有两种,一种是普通型焊钉,另一种是穿透型焊钉。焊钉一般为圆头焊钉。根据国家标准《电弧螺柱焊用圆柱头焊钉》(GB/T 10433—2002)的规定,焊钉的规格有:ϕ10mm、ϕ13mm、ϕ16mm、ϕ19mm、ϕ22mm、ϕ25mm 等多种,其外部形状如图 3-15 所示。在翼缘型抗剪连接件中所用的有 ϕ19～ϕ25mm。焊钉的外观质量和力学性能及焊接瓷环尺寸应符合现行国家标准《电弧螺柱焊用圆柱头焊钉》(GB/T 10433—2002)的规定,并应由制造厂提供焊钉性能检验及其焊接端的鉴定资料。焊钉保存时应有防潮措施;焊钉及母材焊接区如有水、氧化皮、锈、漆、油污、水泥灰渣等杂质,应清除干净方可施焊。

焊钉抗剪连接件的焊接是在焊钉与母材之间通以电流,局部加热熔化焊钉端头和局部母材,并同时施加压力挤出液态金属,使焊钉整个截面与母材形成牢固结合。用于焊钉焊接的焊机有两种:电弧栓焊机和储能栓焊机。电弧栓焊机又可分为直接接触式与引弧结(帽)式。直接接触式是在通电激发电弧的同时向上提升栓钉,使电流由小到大,完成加热熔化过程。引弧结(帽)式方式是在栓钉端头镶嵌铝制帽,通电后不需要提升或略提升栓钉后再压入母材。储能栓焊机是利用交流电使大容量的电容器充电后,向栓钉与母材之间瞬时放电,达到熔化栓钉端头和母材的目的,由于电容器放电能量的限制,一般只用于 12mm 以下的栓钉焊接。波形钢腹板连接用栓钉焊接均采用电弧栓焊机(图 3-16)。

栓钉焊接的过程是稳定的电弧燃烧过程。为了防止空气进入熔池,影响接头质量,常采用陶瓷环进行保护(图 3-17、图 3-18)。图 3-17 中,B_1 型适用于普通平焊,也可用于 13mm 和 16mm 栓钉焊的穿透焊。图 3-18 中 B_2 型仅适用于 19mm 栓钉焊的穿透焊。陶瓷环除起保护作用外,可使熔化金属成型不外溢,起到铸模的作用,并可使熔化金属与空气隔离,防止熔化金属被氧化,还可使焊接时的热量集中,有助于空间位置焊接时的焊缝形成和焊脚形状,屏蔽电弧光与飞溅物。

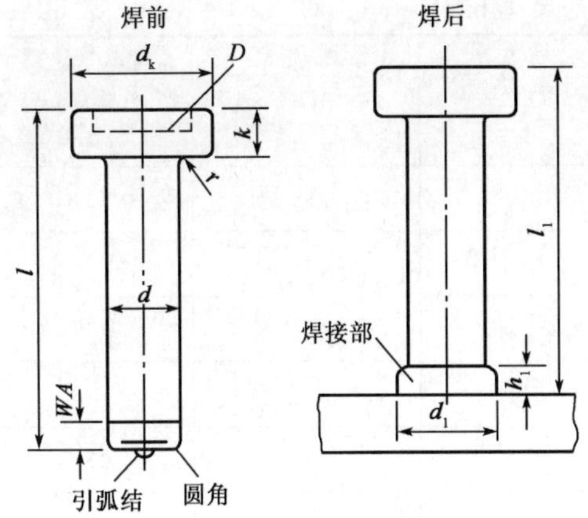

图 3-15　栓钉示意图

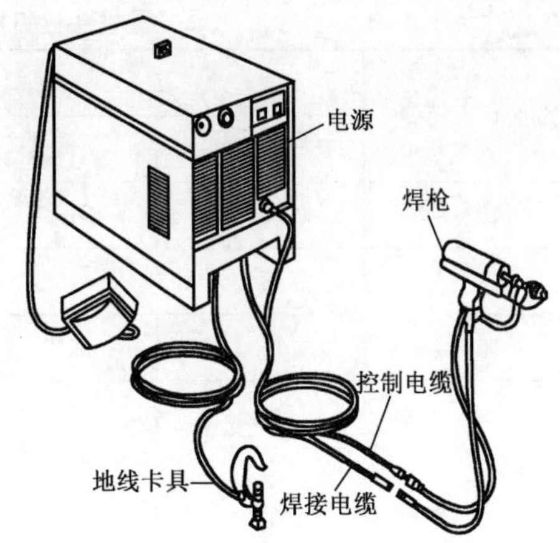

图 3-16　栓焊设备示意图

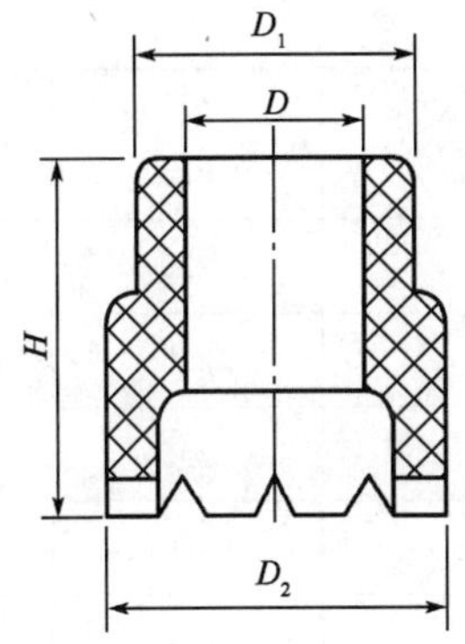

图 3-17　普通平焊用 B_1 型环

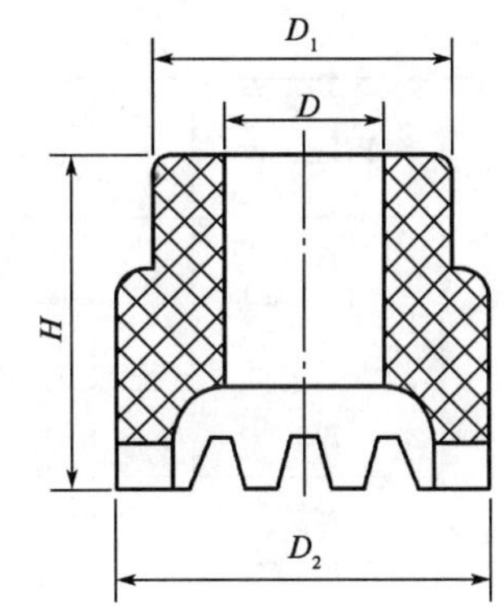

图 3-18　穿透平焊用 B_2 型环

按照焊接要求对栓钉进行定位画线，确定每个栓钉的位置。对栓钉、陶瓷环质量进行检验，栓钉材料的化学成分应符合表 3-6 要求，其力学性能应符合表 3-7 的规定。圆柱头栓钉所用瓷环的尺寸应符合表 3-8 的规定。栓钉、陶瓷环如果吸潮或受潮，应按产品要求的烘焙时间和温度，将其放置于烘箱中，在 150℃下烘焙 1h，或经 120℃烘焙 2h。栓钉的焊接参数试验，可按表 3-9 规定的参考值进行。图 3-19 和图 3-20 为焊接实例。

栓钉的化学成分　　表 3-6

化学成分(%)				
C(max)	Si(max)	Mn	P (max)	S (max)
400		550	240	14

栓钉的力学性能　　表 3-7

抗拉强度 σ_b(MPa)		屈服强度 σ_s(MPa)	伸长率 δ_s(%)
min	max	min	max
400	550	240	14

圆柱头栓钉所用瓷环的尺寸(mm)　　表 3-8

栓钉公称直径 D	D		D_1	D_2	H
	min	max			
10	10.3	10.8	14	18	11
13	13.4	13.9	18	23	12
16	16.5	17	23.5	27	17
19	19.5	20	27	31.5	18
22	23	23.5	30	36.5	18.5
25	26	26.5	38	41.5	22

注:表中瓷环 D、D_1、D_2 和 H 参见图 3-17、图 3-18。

栓钉焊接参数参考值　　表 3-9

焊接形式	栓钉直径(mm)	焊接电流(A)	栓焊时间(s)	伸出长度(mm)	提升高度(mm)	阻尼调整位置
普通焊	ϕ13	950	0.7	4	2.0	适中
	ϕ16	1 250	0.8	5	2.5	
	ϕ19	1 500	1.0	5	2.5	
	ϕ22	1 800	1.2	6	3.0	
穿透焊	ϕ16	1 500	1.0	7～8	3.0	适中
	ϕ19	1 800	1.2	7～9	3.0	

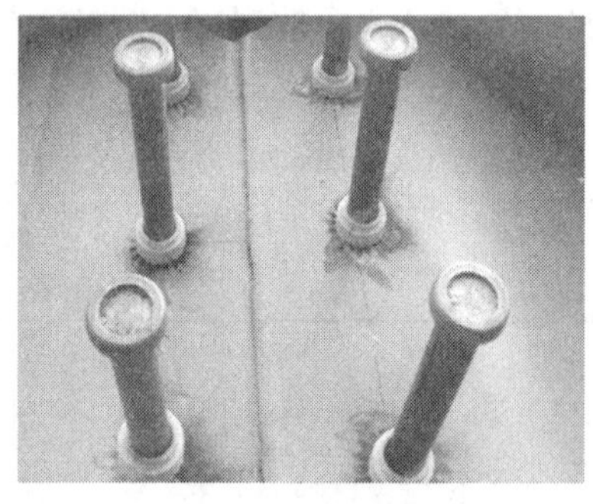

图 3-19　栓钉的焊接实例(卫河大桥)

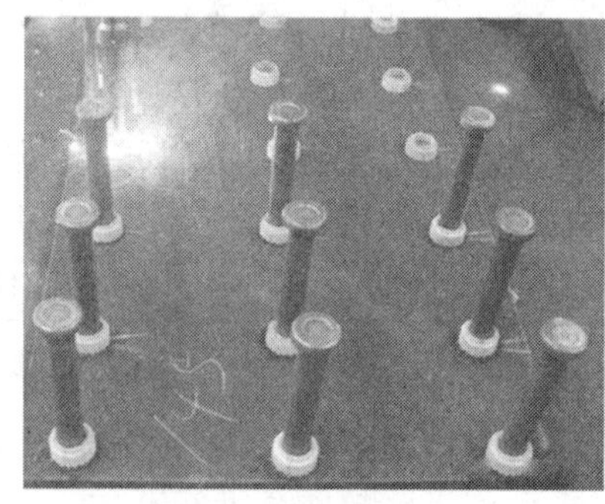

图 3-20　栓钉的焊接实例

3.2.1.2　型钢连接件

型钢连接件是指在波形钢板上下端焊接翼缘板,再在翼缘钢板上焊接角钢、槽钢、工字钢等型钢部件(图 3-21～图 3-24)。与桥轴方向成直角的弯矩由角钢、U 形钢筋和穿过角钢的桥轴方向的贯穿钢筋承担,桥曲方向剪力由角钢、U 形钢筋承担。型钢连接件在日本的波形钢腹板 PC 组合箱梁桥中采用较多,在我国目前还没有应用实例。

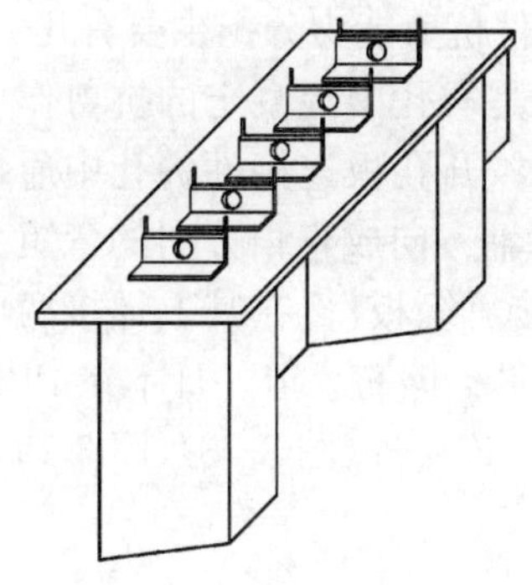

图 3-21　型钢抗剪连接件

图 3-22　型钢抗剪连接件(日本)

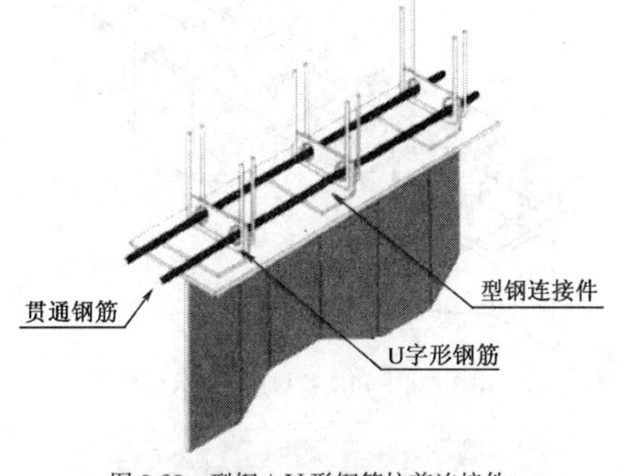

图 3-23　型钢＋U 形钢筋抗剪连接件

图 3-24　型钢＋U 形钢筋抗剪连接件(日本)

3.2.1.3　开孔钢板连接件

开孔钢板连接件又称为 PBL 连接件，由 Leonhardt 等人提出，它在日本得到大量应用和研究。PBL 连接件有嵌入型和翼缘型两种(图 3-25、图 3-26)，它是利用钢板圆孔中的混凝土销承担钢与混凝土间作用力的新型连接件，在钢混组合结构中，一般将它沿着钢梁的纵向布置，钢板上的孔中可以设置贯通钢筋，也可以不设置贯通钢筋。在波形钢腹板 PC 组合箱梁桥中应用广泛。

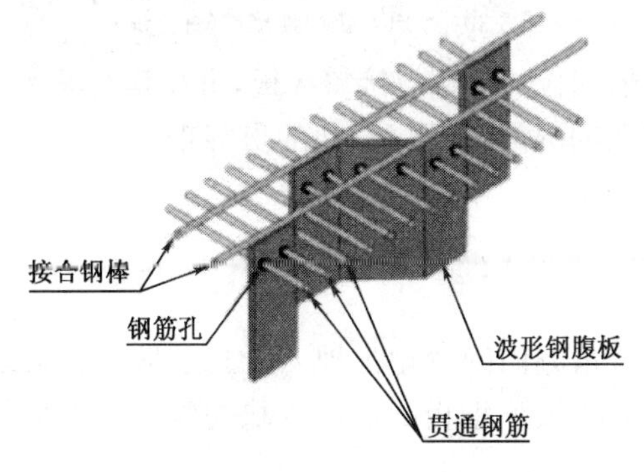

图 3-25　嵌入型 PBL 连接件

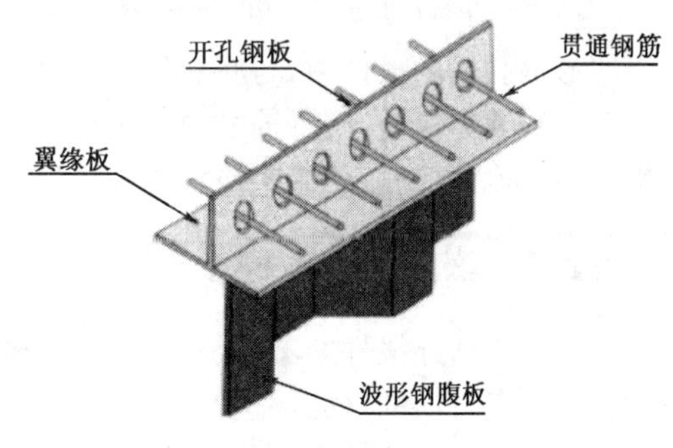

图 3-26　翼缘型 PBL 连接件

试验研究表明，孔中混凝土具有很大的销栓作用，其最终的破坏是孔中混凝土的剪切破坏，具有很好的抗疲劳特性。开孔钢板连接件是依靠圆孔中的混凝土抵抗钢与混凝土间作用力的。其圆孔可以贯穿主钢筋，不影响钢筋的布置；在不需要主钢筋贯穿时，在圆孔中设置螺纹钢筋后，承载性能及其延性进一步提高。开孔钢板剪力件抗剪能力分担主要有几个方面：一是依靠孔中混凝土的抗剪作用承担钢腹板的纵向剪力；二是靠孔中混凝土的抗剪作用承担钢与混凝土的分离力；三是依靠钢板受压承担面外横向剪力。开孔板连接件的孔中通常插入贯通钢筋，且钢筋直径应与孔径匹配。PBL 抗剪连接件与桥轴方向成直角方向的弯矩由填充孔的混凝土与穿过的贯穿钢筋承担。在波形钢板的顶端焊接翼缘板，再在其上焊接两块带孔钢板，桥轴方向水平剪力由填充在孔内的混凝土及穿过孔的贯穿钢筋承担。日本在 PBL 抗剪连接件的基础上发展出 Twin-PBL 件(图 3-27)和 S-PBL 抗剪连接件(图 3-28)，图 3-29 和图3-30 分别显示了我国应用 T-PBL 和 S-PBL 抗剪连接件的实例。

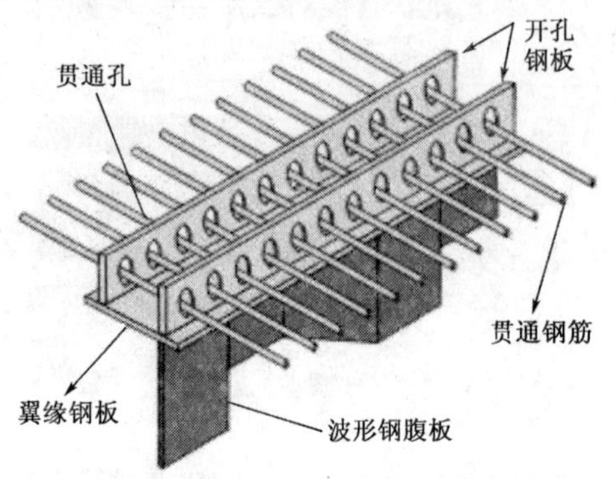

图 3-27　Twin-PBL 抗剪连接件示意图

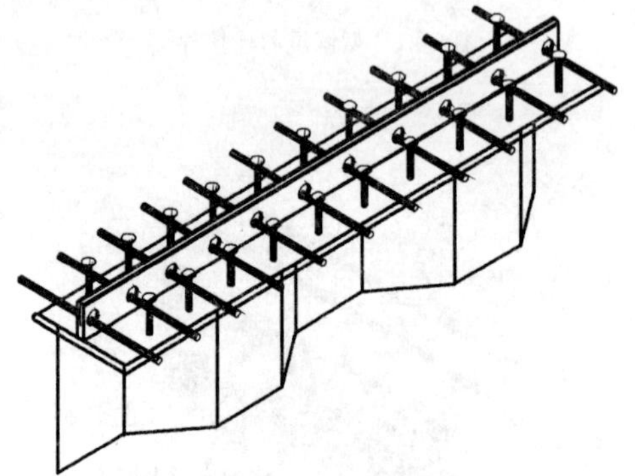

图 3-28　S-PBL 抗剪连接件示意图

图 3-29　Twin-PBL 抗剪连接件(桃花峪桥)

图 3-30　S-PBL 抗剪连接件(百色桥)

波形钢腹板的设计中，与底板的连接多采用波形钢板的顶端焊接翼缘板，再在其上焊接一块带孔钢板并焊接栓钉；桥轴方向水平剪力由填充孔的混凝土及穿过孔的贯穿钢筋以及栓钉承担；与桥轴成直角方向的弯矩主要由栓钉承担。

3.2.2　嵌入型抗剪连接件

嵌入式抗剪连接件如图 3-31 所示。与桥轴成直角方向的弯矩由埋入开孔波形钢腹板或与桥轴成直角方向的钢筋承担，桥轴方向的水平剪力由波形钢板间混凝土块与焊接于钢板顶端的约束钢筋及与桥轴成直角方向的贯穿钢筋承担。

图 3-32～图 3-36 给出了嵌入式连接件在桥梁工程中的应用实例。为避免焊接于钢板顶端的钢筋与波形钢腹板之间存在应力集中问题，将开孔钢板用螺栓固定在波形钢板上(图 3-37，图 3-38)，代替了焊接于钢板顶端的钢筋。

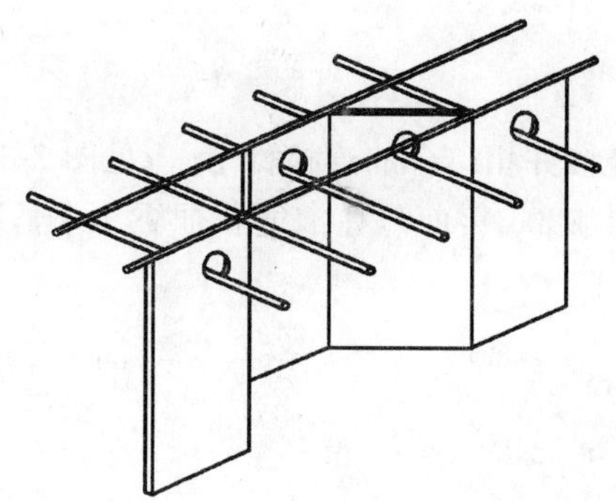

图 3-31　嵌入型抗剪连接件示意图

图 3-32　嵌入型抗剪连接件(本谷桥)

图 3-33　嵌入型抗剪连接件(鄄城桥)

图 3-34　嵌入型抗剪连接件(鄄城桥)

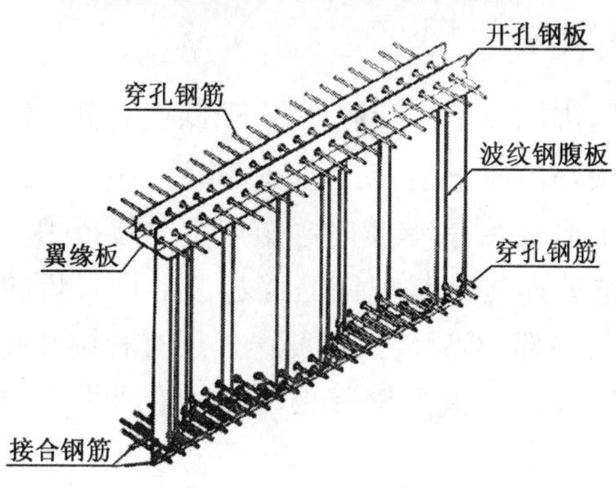

图 3-35　双排开孔嵌入型抗剪连接件示意图

图 3-36　双排开孔嵌入型抗剪连接件(滁河桥)

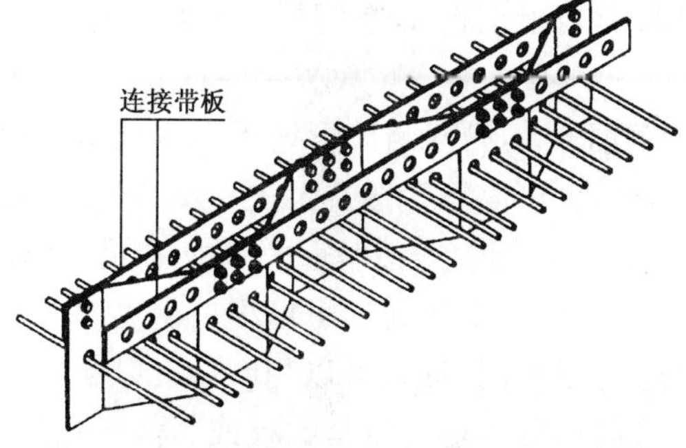

图 3-37　带开孔板连接板抗嵌入型剪连接件示意图

图 3-38　抗剪连接件实例(桃花峪桥)

3.2.3 组合型抗剪连接件

组合型抗剪连接件是将翼缘型连接件和嵌入型连接件相结合的连接件形式，见图 3-39 及图 3-40。我国波形钢腹板 PC 组合箱梁桥发展的早期（2004 年前），在淮安长征桥和东营银座桥上使用过组合型抗剪连接件，近几年未采用过。

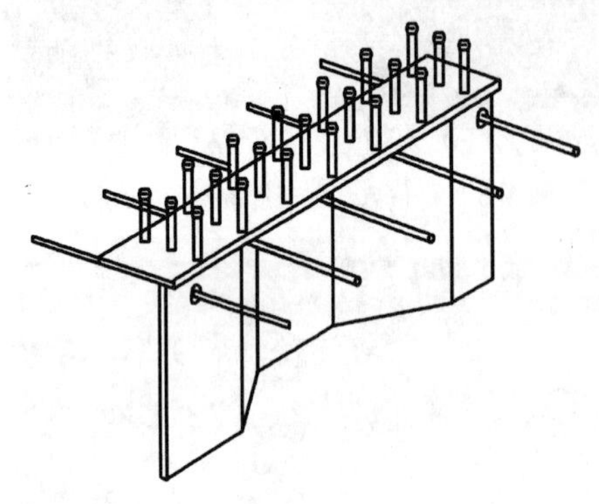

图 3-39 组合型抗剪连接件示意图

图 3-40 组合抗剪连接件（长征桥）

3.3 抗剪连接件的一些改进方案

3.3.1 开孔波折板+焊接开孔板抗剪连接件

波形钢腹板箱梁由于其截面形状是几何可变的，因此在偏心荷载作用下，除引起截面刚性扭转外，还产生截面畸变。这种变形将使波形钢腹板与混凝土顶、底板接合部位产生一定的弯矩，因此，结合部位的剪力件不仅要承受纵向剪力，而且还要承受横向弯矩产生的拉拔力。现有的用于波形钢腹板混凝土组合梁结构的嵌入式抗剪连接件是把钢筋穿过波形钢腹板的圆孔，并沿着梁的纵向将两根钢筋焊接在波形钢腹板的端部，然后浇入混凝土。还有利用开孔钢板用螺栓固定在波形钢腹板端部的左右侧，用来代替焊接在波形钢腹板端部的沿梁纵向的钢筋，浇入混凝土后形成嵌入型抗剪连接件。

该连接件技术方案为：嵌入型抗剪连接件由波形钢板 1、波形钢板上的孔 2、穿过波形钢板孔的钢筋 3 构成，其特征在于，在波形钢板 1 上，连接有若干钢板 4，在钢板 4 上开有孔 5。如图 3-41～图 3-43 所示。

在上述嵌入型抗剪连接件中，还有穿过孔 5 的钢筋 6，钢筋 6 与波形钢板 1 的端面平行。能更好地抵抗横向弯矩，钢筋 6 可与波形钢板 1 焊接，也可以不焊接。更进一步的技术方案是，嵌入型抗剪连接件中，还可在波形钢板 1 的上端部左右侧焊连接钢筋 7，即两根沿梁纵向的钢筋。钢筋 7 与钢筋 6 平行。波形钢板上的孔 2 和钢板 4 上的孔 5 可以根据需要冲成圆、多边形和椭圆等各种几何形状，可以是同样的尺寸也可以不同，形状可以相同也可以不同；钢板 4 可以是任何形状，钢板 4 与波形钢板 1 的连接可以是焊接也可以是螺栓或其他形式的连接；钢板 4 可以在将要埋入混凝土的波形钢板端部区域中的任意位置与波形钢板 1 连接，最好是垂直于波形钢板 1 的端面。对比嵌入型波折板抗剪连接件，本抗剪连接件的技术方案具有以下有益效果：

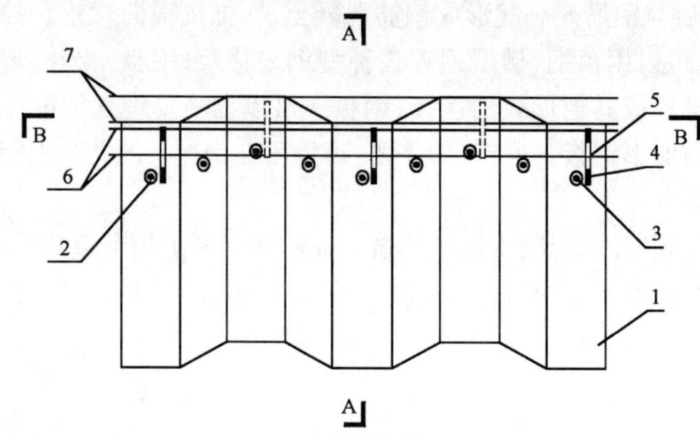

图 3-41　嵌入型抗剪连接件构造示意图

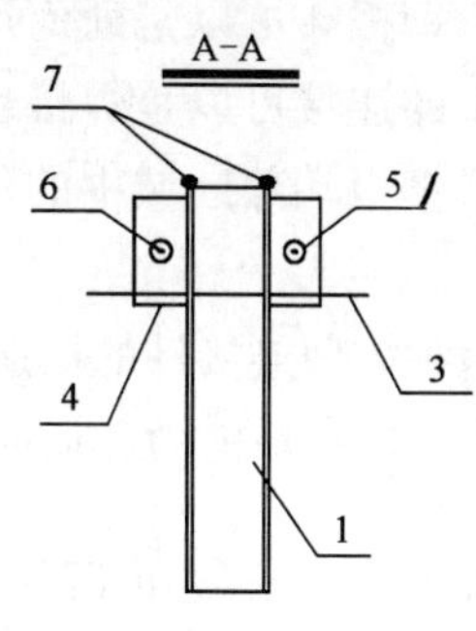

图 3-42　嵌入型抗剪连接件 I-I 截面图

(1)将开孔钢板与波形钢腹板通过焊接或螺栓连接起来，加工方便。

(2)开孔钢板垂直波形钢板表面，便于混凝土的浇筑，不影响钢筋布置。

(3)在钢板孔内的混凝土形成连接销，抵抗横向弯矩的作用。对于宽箱梁结构且波形钢板的波高较小时，可以通过增加钢板的宽度来增强抵抗横向弯矩的作用。

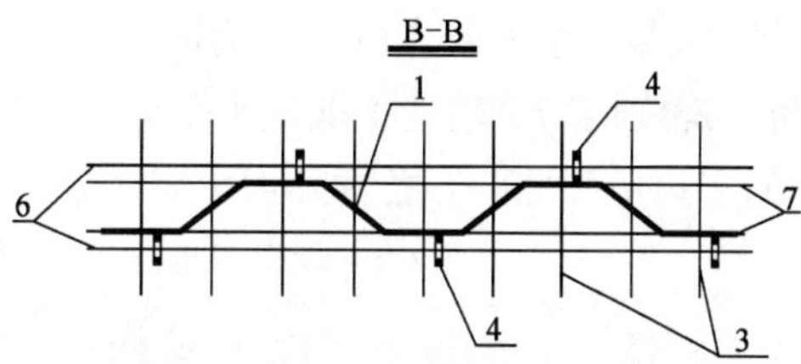

图 3-43　嵌入型抗剪连接件 II-II 截面图

(4)钢板具有抵抗纵向剪力作用，当波形钢板波高较小时，可以通过增加平钢板面积来增强抵抗纵向剪力的作用。

本方案适用于不同宽度的波形钢腹板预应力混凝土组合箱梁以及波形钢板混凝土组合梁。进一步说明如图 3-44、图 3-45 所示，一种嵌入式抗剪连接件，由波形钢板 1、波形钢板上的孔 2、穿过波形钢板孔的钢筋 3、钢板 4、钢板上的孔 5、穿过钢板孔 5 的钢筋 6、焊接

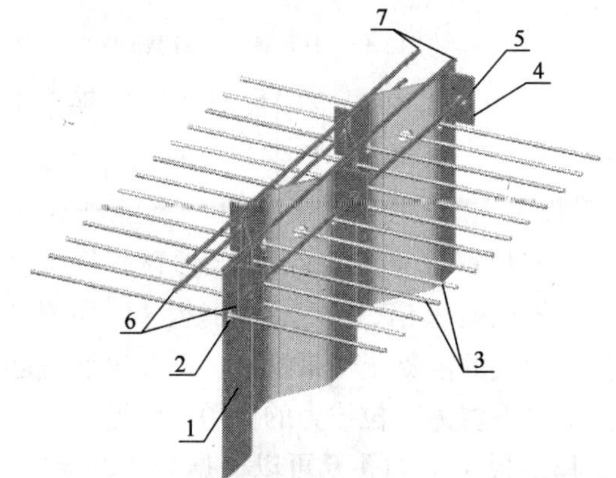

图 3-44　嵌入型抗剪连接件三维示意图

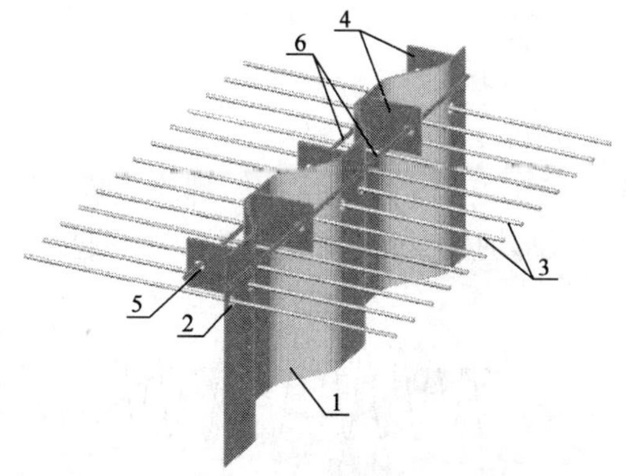

图 3-45　嵌入型抗剪连接件三维示意图

于波形钢板端部两侧的连接钢筋 7 组成。若干钢板 4 与波形钢板 1 焊接在一起。浇入混凝土后，水平剪力由波形钢板 1 的斜折板、钢板 4 和波形钢腹板 1 上带钢筋 3 的混凝土销来抵抗。钢板 4 上开有孔 5，浇入混凝土后与钢筋 6 一起形成钢筋混凝土销，抵抗横向弯矩和拉拔力。钢板 4 可以是任何形状，它也可以用角钢、槽型钢等各种型钢来替换；钢板 4 与波形钢板 1 的连接可以是焊接也可以是螺栓或其他形式的连接；钢板 4 可以在将要埋入混凝土的波形钢板端部区域中的任意位置与波形钢板 1 连接；如需要，可以不在钢板 4 的孔 5 中穿钢筋 6。

这种抗剪连接件的构造增加了单位长度内混凝土齿块的抗剪面积和混凝土销个数，能提供更大纵向抗剪能力和横向抗弯能力，同时不影响结合部混凝土的施工性能。

3.3.2 螺旋筋抗剪连接件

螺旋筋抗剪连接件由波形钢板 1、波形钢板上的孔 2、螺旋钢筋 3 组成(图 3-46、图 3-48)。螺旋钢筋 2 的螺距与波形钢腹板 1 上孔 2 的孔距一致，螺旋钢筋 2 穿过波形钢板 1 上的孔 3(图 3-47)。水平剪力由波形钢板 1 的斜折板和波形钢腹板 1 上带螺旋钢筋 2 的混凝土销来抵抗。螺旋钢筋 2 起到了抵抗水平剪力和拉拔力的作用。波形钢板上的孔 3 可以根据需要冲成圆、多边形和椭圆等各种几何形状。

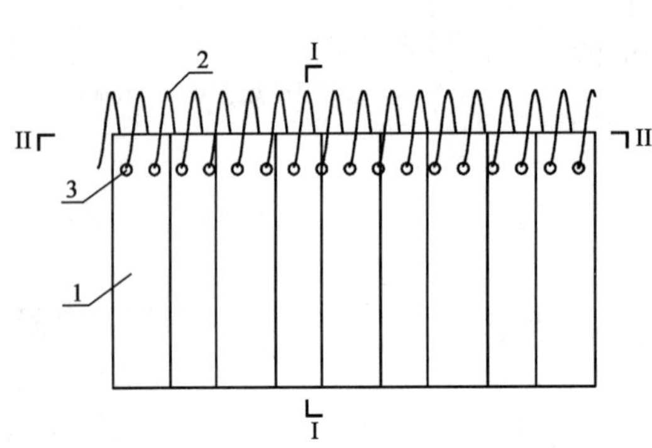

图 3-46 剪力键构造示意图

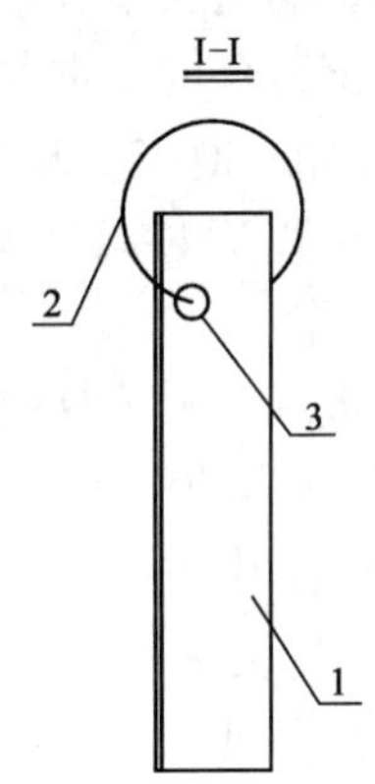

图 3-47 剪力键构造 I-I 截面图

另一种螺旋筋抗剪连接件(图 3-49)由波形钢板 1、螺旋钢筋 2、波形钢板上的孔 3、平钢板 4、平钢板 4 上的连接螺栓 5 和孔 6 组成(图 3-49、图3-51、图 3-52)。螺旋钢筋 2 的螺距与波形钢腹板 1 上孔 3 的孔距一致，螺旋钢筋 2 穿过波形钢板 1 上的孔 3(图 3-50、图 3-53)。平钢板 4 与波形钢板 1 通过螺栓 5 连接在一起。水平剪力由波形钢板 1 的斜折板、波形钢腹板 1 上带钢筋 2 的混凝土销、钢板 4 和钢板 4 上的孔 6 与混凝土构成的混凝土销来抵抗。螺旋钢筋 2 起到了抵抗水平剪力和拉拔力的作用。波形钢板上的孔 3 和钢板 4 上的孔 6 可以根据需要冲成圆、多边形和椭圆等各种几何形状。

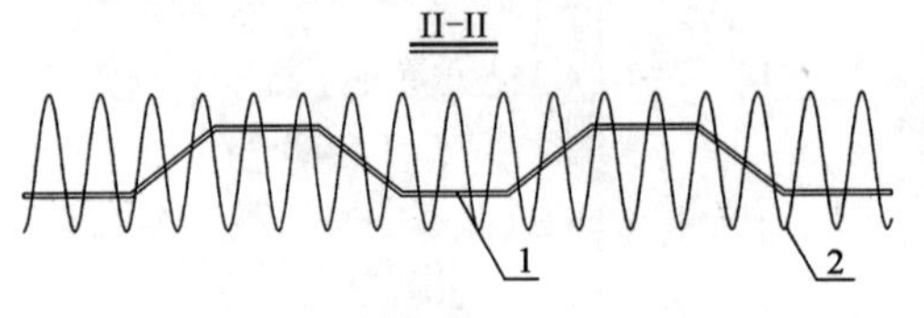

图 3-48 剪力键构造 II-II 截面图

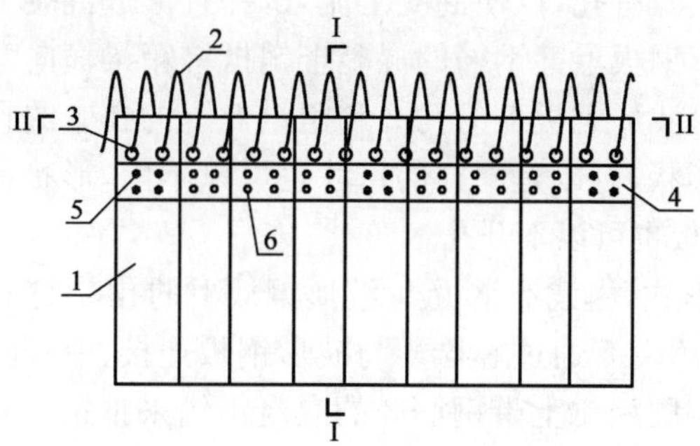

图 3-49　带有增强板的剪力键构造示意图

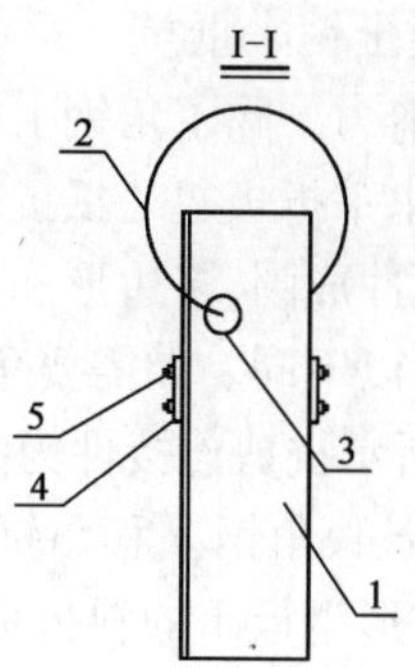

图 3-50　方案 2 剪力键构造 I-I 截面图

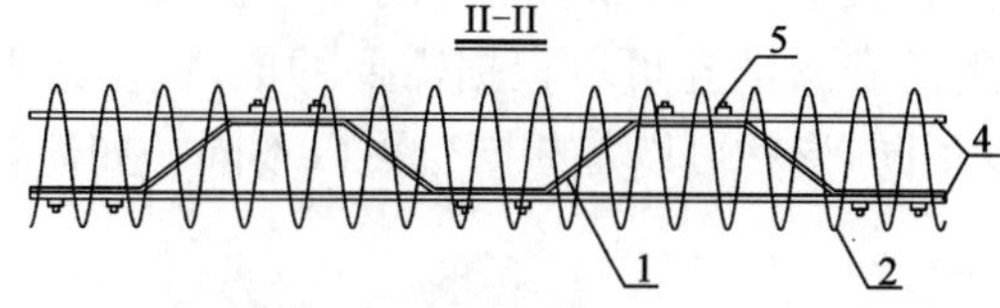

图 3-51　带有增强板的剪力键构造示意图

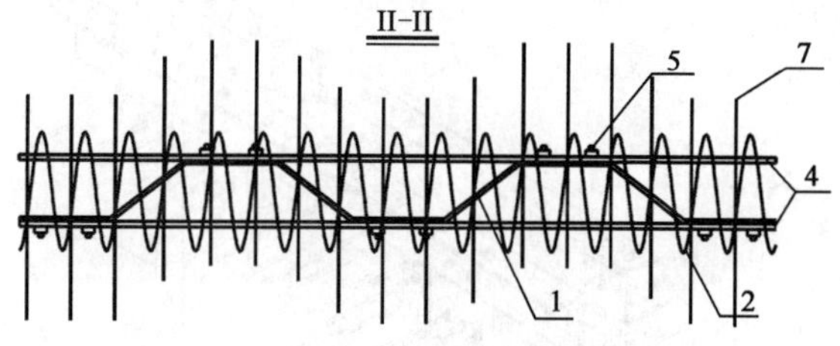

图 3-52　带有增强板的剪力键构造示意图

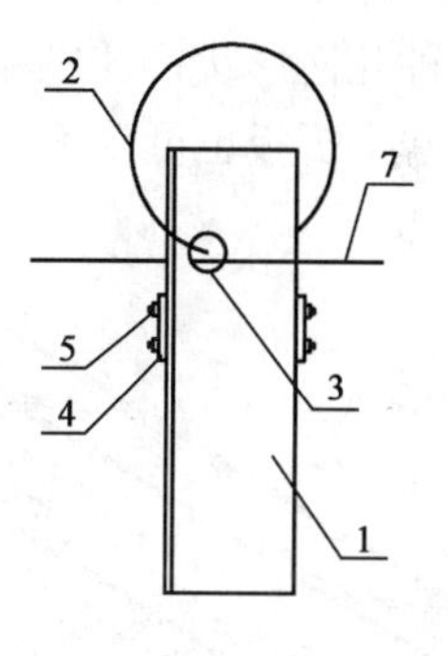

图 3-53　带有增强板的剪力键构造示意图

3.3.3　开孔型钢＋焊接开孔板抗剪连接件

开孔型钢＋焊接开孔板抗剪连接件如图 3-54 所示，由波形钢板 1、波形钢板上的孔 2、穿孔的钢筋 3、螺栓 4、槽型钢 5 和槽型钢上的孔 6 组成。槽型钢 5 通过螺栓 4 与波形钢板连接在一起。水平剪力由波形钢板 1 的斜折板、槽形钢 5 和波形钢腹板 1 上带钢筋 3 的混凝土销来抵抗。槽钢 5 的翼板上开有孔，以便混凝土流入，并且形成混凝土销，抵抗水平剪力。除了槽钢上的混凝土销和波形钢板上穿钢筋的混凝土销抵抗箱梁横向弯矩外，槽钢的翼板起了抵抗横向弯矩的作用。波形钢板上的孔 2 和槽形钢 5 上的孔 6 可以根据需要冲成圆、多边形和椭圆等各种几何形状。

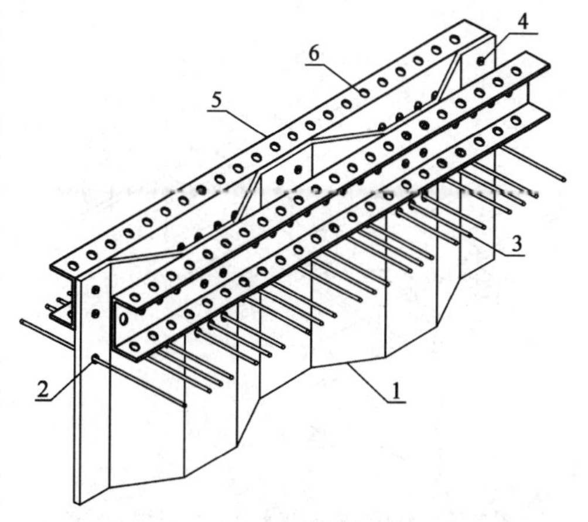

图 3-54　实施例 1 嵌入式抗剪连接件三维示意图

另一种类似嵌入抗剪连接件，如图 3-55 所示，由波形钢板 1、波形钢板上的孔 2、穿孔的钢筋 3、螺栓 4、角钢 5 和角钢上的孔 6 组成。角钢 5 通过螺栓 4 与波形钢板连接在一起。水平剪力由波形钢板 1 的斜折板、角钢 5 和波形钢腹板 1 上带钢筋 3 的混凝土销来抵抗。角钢 5 的水平折板上开有孔，以便混凝土流入，并且形成混凝土销，抵抗水平剪力。除了角钢上的混凝土销和波形钢板上穿钢筋的混凝土销抵抗箱梁横向弯矩外，角钢的水平折板起了抵抗横向弯矩的作用。波形钢板上的孔 2 和角钢 5 上的孔 6 的孔可以根据需要冲成圆、多边形和椭圆等各种几何形状，可以是同样的尺寸也可以不同，形状可以是相同也可以不同。如需要角钢 5 上的水平折板也可以不开孔。

图 3-56 所示抗剪连接件为图 3-55 的另一种形式，由波形钢板 1、波形钢板上的孔 2、穿孔的钢筋 3、螺栓 4、角钢 5 和角钢上的孔 6 组成。角钢 5 通过螺栓 4 与波形钢板连接在一起。水平剪力由波形钢板 1 的斜折板、角钢 5 和波形钢腹板 1 上带钢筋 3 的混凝土销来抵抗。角钢 5 的水平折板上开有孔，以便混凝土流入，并且形成混凝土销，抵抗水平剪力。除了角钢上的混凝土销和波形钢板上穿钢筋的混凝土销抵抗箱梁横向弯矩外，角钢的水平折板起了抵抗横向弯矩的作用。波形钢板上的孔 2 和角钢 5 上的孔 6 的孔可以根据需要冲成圆、多边形和椭圆等各种几何形状，可以是同样的尺寸也可以不同，形状可以是相同也可以不同。如需要角钢 5 上的水平折板也可以不开孔。

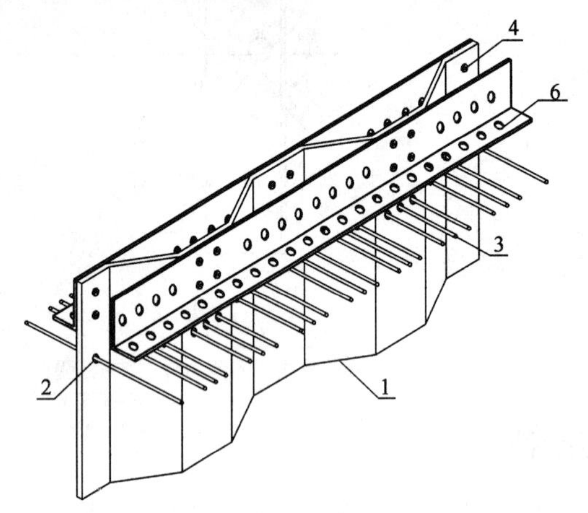

图 3-55　实施例 2 嵌入式抗剪连接件三维示意图

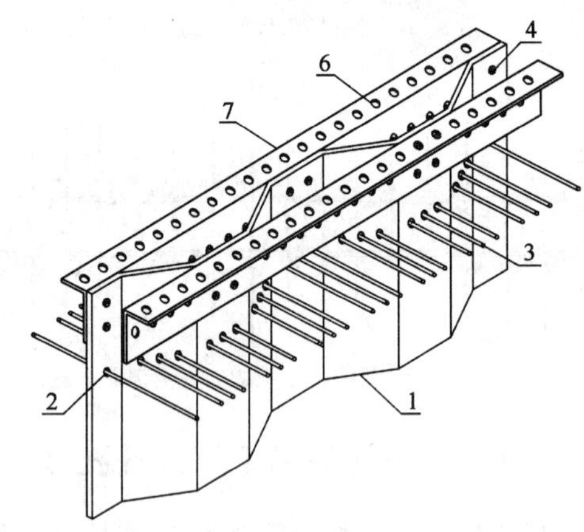

图 3-56　实施例 3 嵌入式抗剪连接件三维示意图

这种抗剪连接件的构造不仅增加了单位长度内混凝土齿块的抗剪面积和混凝土销个数，还加大了抵抗角隅弯矩的能力，能提供更大纵向抗剪能力和横向抗弯能力，同时不影响结合部混凝土的施工性能。

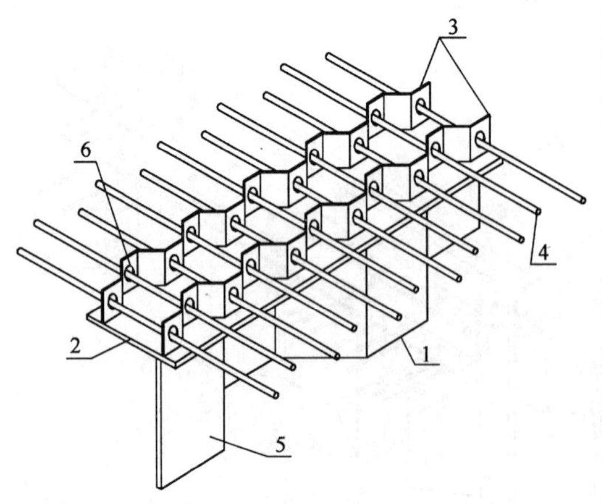

图 3-57　开孔波折板抗剪连接件三维示意图

3.3.4　翼缘型开孔波折板抗剪连接件

翼缘型开孔波折板抗剪连接件(图 3-57)，包括钢腹板 1、翼缘板 2，所说的钢腹板 1 端头与翼缘板 2 焊接在一起，其特征在于，在翼缘板 2 上沿钢腹板 1 的方向焊接连接有两块或两块以上的开孔波折钢板 3，钢筋 4 穿过波折形钢板 3 上的孔 6(图 3-57)。在上述技术方案中，所说的钢腹板，可以是平钢腹板，也可以是波折形钢腹板。

波折形钢板的孔 31 中的混凝土和钢筋 4 一起形成钢筋混凝土抗剪销。水平剪力由波折形钢板的斜折板以及波折形钢板上带钢筋的混凝土销来抵抗。波折形钢板上带钢筋的混凝土销还起抵抗拉拔力的作用。对比 Twin-PBL 抗剪连接件，开孔波折型抗剪连接件的技术方案具有以下有益效果：

(1)波折形钢板上设置有孔，波形钢板焊接在翼缘板上，不需要专用的焊接设备，加工方便。开孔钢板沿着翼缘板纵向布置，可以起到加劲板的作用。

(2)波折形钢板与翼缘板的焊缝为折线，在沿梁纵向的单位长度上，波折形钢板与翼缘板之间的焊缝长度比开孔平钢板与翼缘板之间的焊缝要长，所以在剪力一定的情况下，波折形钢板与翼缘板之间的焊缝剪应力比开孔平钢板与翼缘板之间焊缝上的剪应力要低。

(3)水平剪力由波折形钢板的斜折板以及波形钢板上带钢筋的混凝土销来抵抗，因而具有比开孔平板钢板连接件更强的抗剪性能。

这种抗剪连接件的承载力计算方法基本与普通 PBL 连接件相同，包括在极限荷载作用时 PBL 连接单个销孔的剪切承载力计算式，但由于将翼缘板上的平钢板改进成了波折形钢板，波折形钢板的斜折板亦提供了抗剪能力，故还需计算波形斜板齿件需提供的抗剪力。

为研究该种新型开孔波折板抗剪连接件的受力性能，设计和浇筑了 3 组共 8 个抗剪连接件试件，进行模型的推出试验。其中第 1 组 4 个试件为含有传统的开孔平钢板抗剪连接件的试件，见图 3-58，后 2 组为含有开孔波折板抗剪连接件的试件，见图 3-59。试件的制作将三块平钢板焊接成工字钢，在工字钢的上下翼缘焊接开孔钢板，每个翼缘板上均焊接两块开孔钢板，形成双开孔钢板抗剪连接件；在工字钢的顶部焊接一块盖板，试验时在盖板上施加面荷载，参见图 3-59，具体参数见表 3-10，其中钢板尺寸为开孔钢板的投影长度×厚度×高度，开孔板上开单孔的试件是在开孔板中心位置开 1 个直径为 40mm 的圆孔，开双孔试件是在开孔板的高度方向中间位置，竖直方向各 1/3 位置开 1 个 40mm 的圆孔，如图 3-59。试验在 500t 的压力机上进行，浇注好的模型及推出试验照片见图 3-60～图 3-63。本次试验中，着重研究了两种试件中抗剪连接件的开孔个数，穿筋与否对试件承载能力的影响，并对荷载作用下，试件中混凝土块与钢板的相对滑移进行测量，荷载滑移曲线见图 3-64。

图 3-58　开孔平钢板抗剪连接件

图 3-59　开孔波折板抗剪连接件

推出试验的构件参数 表 3-10

编号	试件说明	f_{cu} (MPa)	钢板尺寸 (mm)	孔径 D(mm)	穿筋直径 d(mm)	波长 l(mm)	波高 h(mm)	孔洞个数 (个)
C1-1	平钢板	40	400×6×150	40	0	—	—	4
C1-2	平钢板	40	400×6×150	40	0	—	—	8
C1-3	平钢板	40	400×6×150	40	16	—	—	4
C1-4	平钢板	40	400×6×150	40	16	—	—	8
C2-1	波折角 45°	40	400×6×150	40	16	240	60	4
C2-2	波折角 45°	40	400×6×150	40	16	240	60	8
C4-1	波折角 45°	40	400×6×150	40	0	400	100	4
C4-2	波折角 45°	40	400×6×150	40	0	400	100	8

图 3-60 推出件试验

图 3-61 位移传感器布置

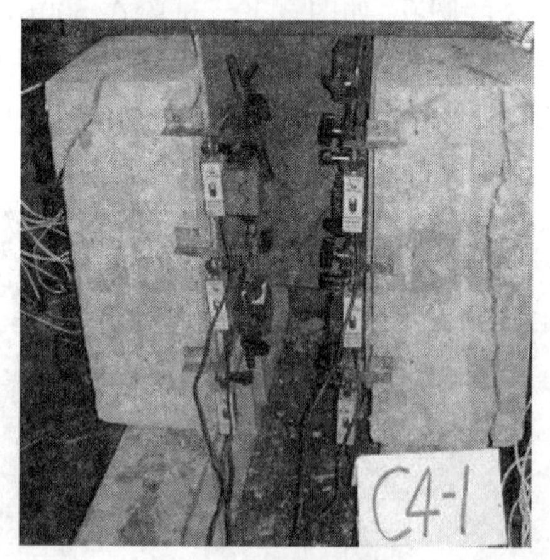

图 3-62 试验破坏现象

图 3-63 试验破坏现象

由图 3-64 可以看出，在混凝土和钢板材料相同的情况下，无论是穿筋还是不穿筋两种情况，含有开孔波折板抗剪连接件试件的抗剪承载力均高于含有开孔直钢板抗剪连接件的试件。相同荷载作用下，含有开孔波折板抗剪连接件试件的钢板与混凝土的相对滑移量明显小于含有开孔直钢板抗剪连接件的试件。对试验数据进行分析，得出本次模型试验的如下结果：

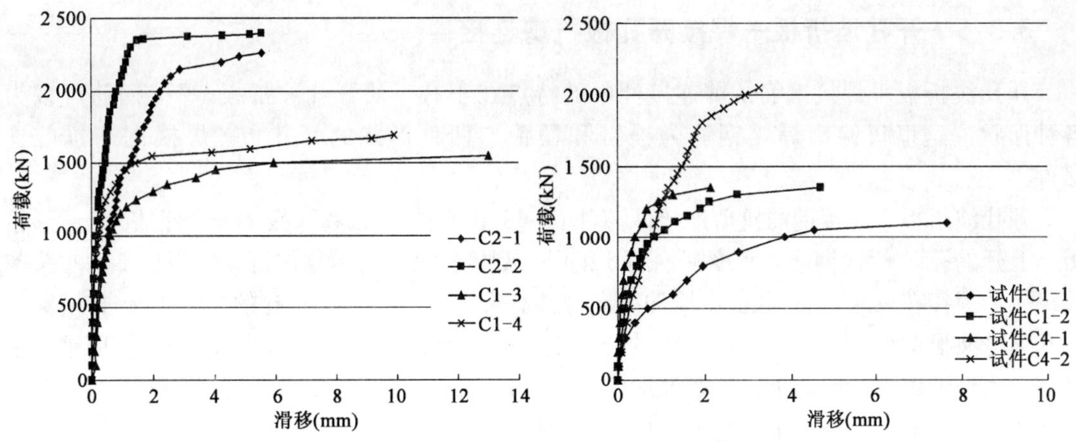

图 3-64　试件荷载—滑移曲线

(1)开孔板开孔个数相同且均不穿贯通钢筋时,波折钢板抗剪连接件比平钢板抗剪连接件的抗剪承载力平均提高约 38.8%;开孔板开孔个数相同且穿筋情况相同时,波折钢板抗剪连接件比平钢板抗剪连接件的抗剪承载力平均提高约 46%。

(2)波折钢板抗剪连接件开孔个数增加一倍时,抗剪承载力平均提高 28%。

(3)波折钢板抗剪连接件开孔个数相同时,孔中穿筋比不穿筋的抗剪承载力平均提高 45%。

由图 3-64 可以看出,在混凝土和钢板材料相同的情况下,无论是穿筋还是不穿筋两种情况,含有开孔波折板抗剪连接件试件的抗剪承载力均高于含有开孔直钢板抗剪连接件的试件。在相同荷载作用下,含有开孔波折板抗剪连接件试件的钢板与混凝土的相对滑移量明显小于含有开孔直钢板抗剪连接件的试件,且其刚度较高。

对于开孔波折板抗剪连接件力学特性的研究仍在深入研究之中,它的一种改进方案为:一种开孔波折板抗剪连接件由钢腹板 1、翼缘板 2、波形钢板 5、波形钢板 5 上开的孔 3 和槽 4 以及钢筋 6 构成,钢腹板 1 端头与翼缘板 2 焊接在一起,在翼缘板上梁的纵向焊接 1 块或 1 块以上波形钢板 5。钢筋 6 穿过波形钢板上的孔 3 和槽 4。孔 3 槽 4 中的混凝土和钢筋 6 一起形成钢筋混凝土抗剪销。水平剪力由波形钢板 5 的斜折板以及带钢筋的混凝土销来抵抗。波形钢板 5 上带钢筋的混凝土销还起抵抗拉拔力的作用。波形钢板 5 上的孔 3 可以根据需要冲成圆、多边形和椭圆等各种几何形状,波形钢板 5 上的槽 4 可以开成矩形槽、半圆形槽以及各种几何形状的槽,可以是同样的大小也可以不同,形状可以相同也可以不同。根据需要,可在翼缘板 2 上面焊接 1 块或 1 块以上的波形钢板 5。波形钢板 5 上的孔 3 或槽 4 可以开在波形钢板 5 的平板或斜折板上,它们可以在波形钢板 5 上混合布置,也可以根据需要进行的组合搭配,方便施工和混凝土销的形成。如图 3-65 所示。

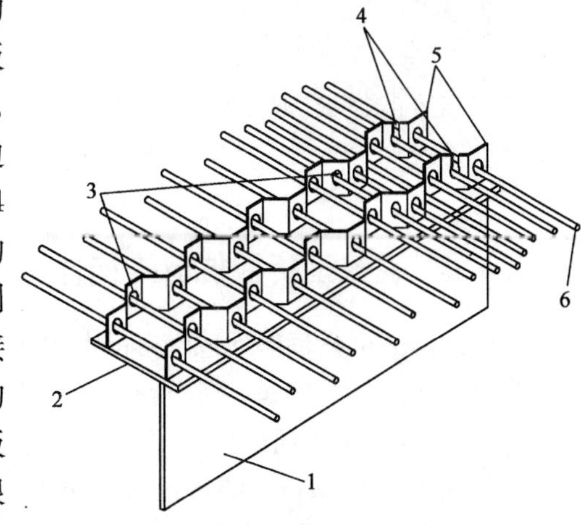

图 3-65　开孔波折板抗剪连接件

1-钢腹板;2-翼缘板;3-开孔;4-开槽;5-波形钢板;6-钢筋

3.3.5 开孔波折板+焊接开孔板抗剪连接件

开孔波折板+焊接钢筋抗剪连接件中的特点在于有一块开孔波折板，焊接钢筋可以为各种形状。这里仅给出焊接钢筋为栓钉和马蹄形两种形式的开孔板—焊接钢筋抗剪连接件。

开孔波折板+焊接钢筋抗剪连接件 A(图 3-66)由钢腹板 1、翼缘板 2、波形钢板 4、波形钢板 4 上开的孔 5、焊接钢筋 3 和横穿钢筋 6 组成。焊接钢筋 3 为带帽焊钉。钢腹板 1 的端头与翼缘板 2 焊接在一起，在翼缘板上梁的纵向焊接有带帽焊钉和 1 块开孔的波形钢板 4，横穿钢筋 6 穿过波形钢板 4 上的孔 5，孔 5 中的混凝土和横穿钢筋 6 一起形成钢筋混凝土抗剪销。水平剪力由波形钢板 4 的斜折板以及波形钢板 4 上带钢筋的混凝土销来抵抗。带帽焊钉和波形钢板 4 上带钢筋的混凝土销还起抵抗拉拔力的作用。

开孔波折板+焊接钢筋抗剪连接件 B(图 3-67)由钢腹板 1、翼缘板 2、波形钢板 4、波形钢板 4 上开的孔 5、焊接钢筋 4 和横穿钢筋 6 组成。焊接钢筋 3 为马蹄形钢筋。钢腹板 1 的端头与翼缘板 2 焊接在一起，在翼缘板上梁的纵向焊接有马蹄形钢筋和 1 块开孔的波形钢板 4，横穿钢筋 6 穿过波形钢板 4 上的孔 5，孔 5 中的混凝土和横穿钢筋 6 一起形成钢筋混凝土抗剪销。水平剪力由波形钢板 4 的斜折板以及波形钢板 4 上带钢筋的混凝土销来抵抗。马蹄形钢筋和波形钢板 4 上带钢筋的混凝土销还起抵抗拉拔力的作用。

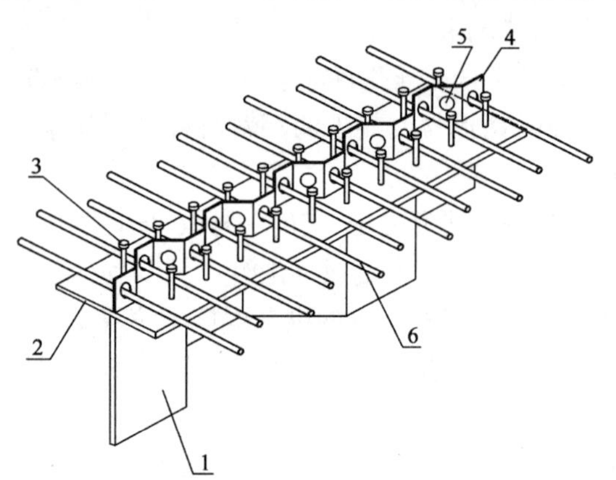

图 3-66 开孔波折板—焊接钢筋连接件形式 A
1-钢腹板；2-翼缘板；3-焊接钢筋；4-波形钢板；5-开孔；6-横穿钢筋

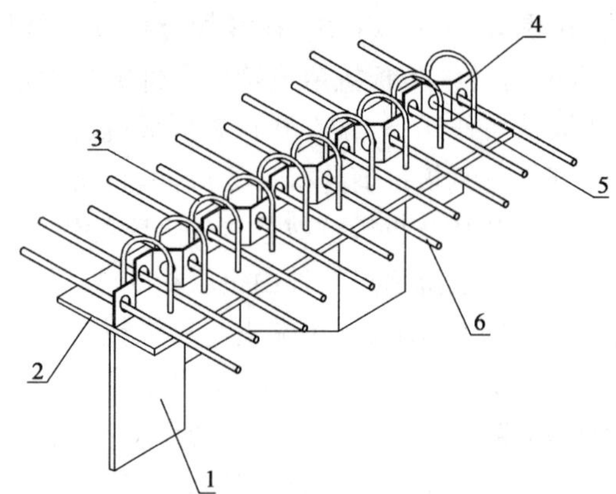

图 3-67 开孔波折板—焊接钢筋连接件形式 B
1-钢腹板；2-翼缘板；3-焊接钢筋；4-波形钢板；5-开孔；6-横穿钢筋

3.3.6 翼缘型折板抗剪连接件

一种翼缘型折板抗剪连接件，如图 3-68 所示，包括钢腹板 1、翼缘板 2，所说的钢腹板 1 端头与翼缘板 2 焊接在一起，其特征在于，在翼缘板 2 上沿钢腹板 1 的方向焊接连接有两块钢板 3。钢板 3 每隔一定距离就向外弯折成一定角度形成折板 7，折板 7 上有孔 8，钢板 3 上未弯折部分上有孔 4，两块钢板 3 的折板间隔交错设置，钢筋 6 和钢筋 5 分别穿过钢板 3 上的孔 4 和折板 7 上的孔 8。混凝土浇筑后，钢板 3 上的孔 4 的混凝土与钢筋 6，钢板 7 上的孔 8 中的混凝土与钢筋 5 一起形成钢筋混凝土抗剪销。水平剪力由钢板 3 上的孔 4 中的混凝土与钢筋 6

形成的钢筋混凝土抗剪销、折板 7 和折板 7 上孔 8 中的钢筋 5 来抵抗。钢板 3 和折板 7 上带钢筋的混凝土销还起抵抗拉拔力的作用。

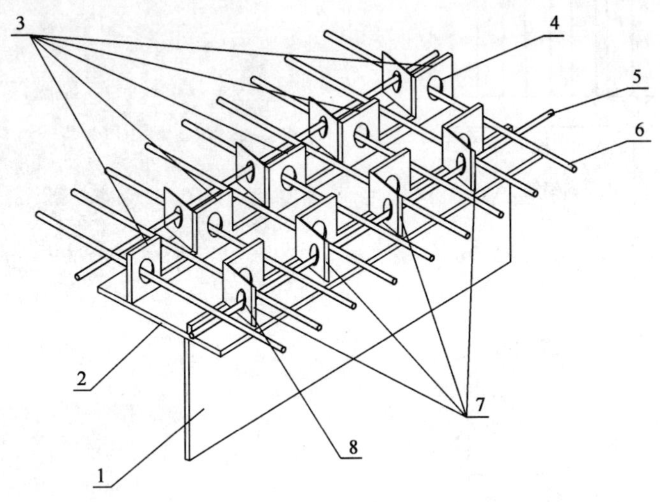

图 3-68　开孔波折板—焊接钢筋连接件形式 B

1-钢腹板；2-翼缘板；3-钢板；4-开孔（钢板上）；5-钢筋（钢板上）；6-钢筋（折板上）；7-折板；8-开孔（折板上）

钢板 3 与折板 7 之间的夹角可以是任意的角度。钢板 3 的孔 4 和折板 7 的孔 8 中可以穿入钢筋，也可以不穿入钢筋。钢板 3 上的孔 4 和折板 7 的孔 8 的形状可以是圆、椭圆和多边形等任意几何形状。钢板 3 上的孔 4 和折板 7 的孔 8 的尺寸可以相同也可以不同，钢板 3 上的孔 4 和折板 7 的孔 8 的形状相同也可以不同，它们的位置可以在同一高度也可以不在同一高度。

3.4　波形钢腹板与混凝土横隔梁的连接

波形钢腹板与混凝土横隔梁的连接方式如图 3-69～图 3-74 所示。

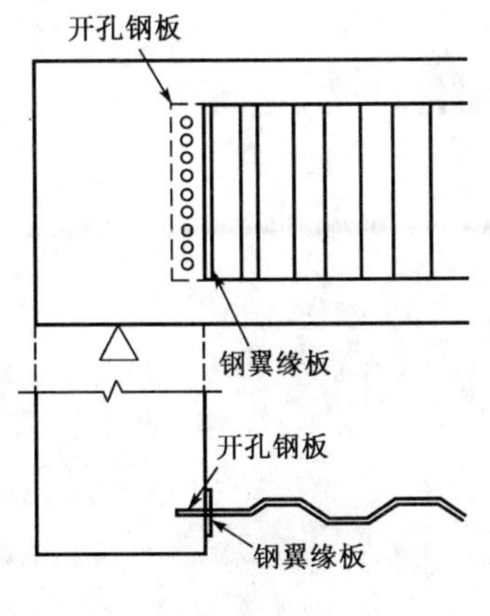

图 3-69　开孔钢板连接

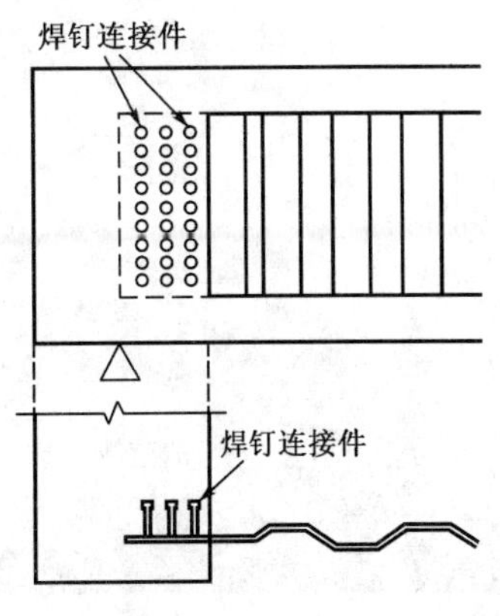

图 3-70　焊钉连接

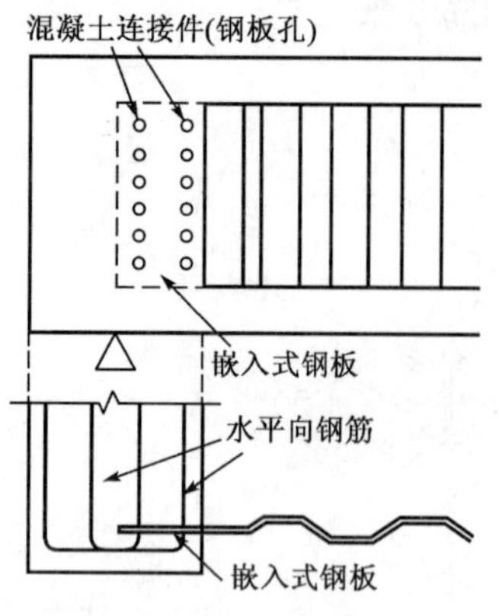

图 3-71 嵌入式钢板连接

图 3-72 钢铁路桥嵌入式钢板连接

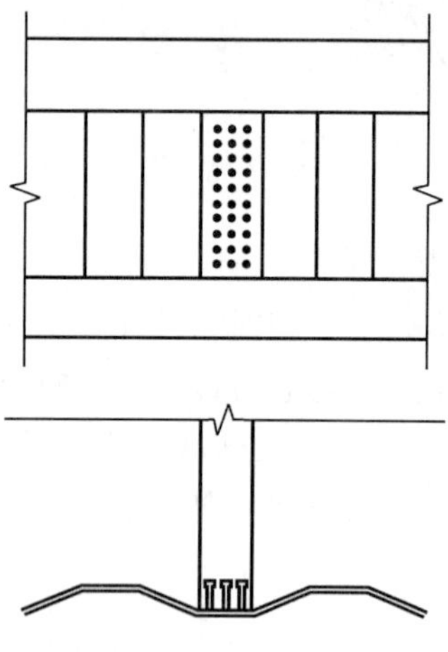

图 3-73 焊钉连接

图 3-74 焊钉连接实桥示例

在波形板节段加工后需要拼装连接。波形板在桥上安装前，需要预拼装，以便发现问题并及早处理。拼装实例如图 3-75～图 3-78 所示。

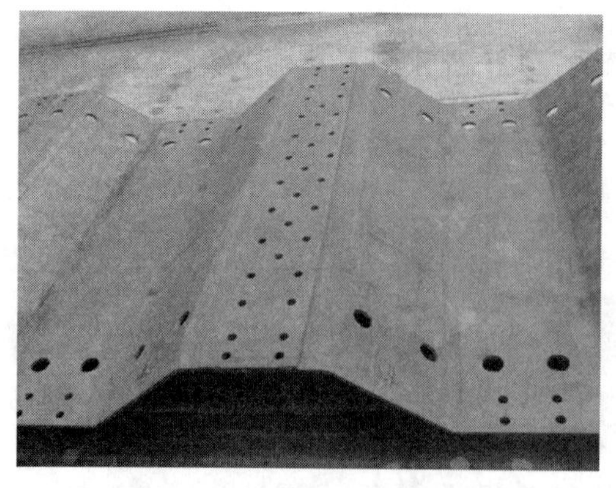

图 3-75 郭守敬桥波形板拼装

图 3-76 波形板拼装与焊接

图 3-77　波形板的预拼装

图 3-78　波形板的预拼装

第4章 波形钢腹板的防腐蚀涂装

4.1 大气腐蚀与防腐涂装标准

4.1.1 大气腐蚀

金属的腐蚀是指金属与周围环境介质之间发生的化学或电化学作用而引起的变质或破坏。根据产生腐蚀的环境，可分为大气腐蚀、海水腐蚀、土壤腐蚀、工业介质腐蚀和高温腐蚀等。金属在大气自然环境条件下发生的腐蚀称为大气腐蚀。波形钢腹板受到的腐蚀主要是大气腐蚀。

根据金属表面潮湿程度的不同，可把大气腐蚀分为三类：

(1)干大气腐蚀。干大气腐蚀是金属表面不存在液膜时的腐蚀，其特点是在金属表面形成一层保护性的氧化膜。

(2)潮湿大气腐蚀。潮湿大气腐蚀是指金属在相对湿度小于100%的大气中，表面存在肉眼看不见的薄液膜时所产生的腐蚀，如铁在没有被雨雪淋到时的生锈。

(3)湿大气腐蚀。水分在金属表面已成液滴凝聚而形成肉眼可见的液膜层时所发生的腐蚀称为湿大气腐蚀。当空气湿度在100%左右或水分以雨、雾、水等形式直接落在金属表面时就发生湿大气腐蚀。

按地理和空气中含有的化学微量成分情况，可分为工业大气腐蚀、海洋大气腐蚀和农村大气腐蚀。

(1)工业大气腐蚀。工业气体中含有 SO_2、SO_3、H_2S、Cl_2、NH_3 及 NO_2 等，这些化学成分虽然含量很小，但对钢铁的腐蚀危害却是不可忽视的，其中 SO_2 的危害最大。SO_2 溶于水中呈酸性，形成酸雨，腐蚀金属构件，Cl_2 也可使金属表面钝化膜遭到破坏。钢铁材料在工业大气环境中的平均腐蚀程度要比在干燥大气环境中(如沙漠)快50倍以上。

(2)海洋大气腐蚀。海洋大气的特点是含有大量的盐，主要成分是NaCl。当盐颗粒沉降在金属表面时，由于它具有吸湿性以及增大表面液膜的导电作用，同时 Cl^- 本身又具有很强的侵蚀性，加重了金属表面的腐蚀，钢铁结构离海岸越近，腐蚀就越严重，其腐蚀速度比内陆大气中高出许多倍。所以在海洋大气环境下的钢铁构件更需要使用可靠的长效防腐蚀方法。

4.1.2 ISO 12944 标准

1998年国际标准化组织ISO推出的ISO 12944(色漆和清漆 防护漆体系对钢结构的腐蚀防护)是针对钢结构防腐蚀涂料的选用以及涂装规格而制定的一份标准文件，也是波形钢腹板涂装系统设计的重要参照标准。ISO 12944标准共分8个部分，全面介绍了钢结构防护涂装中的所有要求，包括设计寿命、腐蚀环境、结构设计、表面处理、涂层体系、涂料产品性能、施工监理和新建维修配套方案的制定等内容，见表 4-1。

ISO 12944 标准　　表 4-1

ISO 12944	内　容
第一部分 概述	总体范围的定义：ISO 12944 其他部分的内容介绍；技术术语和概念定义；健康防护、安全和环境防护的评论
第二部分 环境分类	描述了由于大气、不同类型的水和土壤造成的腐蚀应力；限制了大气腐蚀的范畴，并指出浸入水中或埋于地下的钢结构可能会产生腐蚀应力
第三部分 设计内容	主要介绍钢结构的设计和构造，以改善腐蚀防护能力；给出了合适和不合适的设计案例，以及在运输和组装中的记录
第四部分 表面和表面处理的类型	表面描述和表面处理方法（机械、热和化学），表面处理等级
第五部分 防护涂料系统	描述了涂层材料的组成和成膜；对于第二部分中涵盖的不同腐蚀类型适用的涂层系统进行了举例说明；定义了干膜厚度（DFT）和规定干膜厚度（NDFT）
第六部分 实验室性能测试方法	当评估防护涂料系统性能时，使用指定的实验室测试方法，尤其对尚无丰富实践经验的防护涂料系统，更需要这种方法
第七部分 施工过程的执行和监督	施工过程的执行监督，现场施工和车间施工，涂层材料的处理和储存
第八部分 关于新建和维修规范的发展	制定规范的指南，用于工程计划，涂料系统，施工，监督，处理和检查；ISO12944 标准的第一部分到第七部分都是第八部分的基础

《色漆和清漆　钢结构防腐涂料的腐蚀防护　第 2 部分：环境分类》（ISO 12944—2：1998）介绍了导致腐蚀产生的大气环境、不同水质以及土壤。定义了大气腐蚀环境的级别以及钢结构在水下和埋地时的情况（表 4-2）。

腐蚀定义和环境　　表 4-2

腐蚀类别	单位面积上的质量损失（第一年暴露后）				温和气候下的典型环境（参考）	
	低碳钢		锌			
	质量损失（g/m^2）	厚度损失（g/m^2）	质量损失（g/m^2）	厚度损失（g/m^2）	内部	外部
C1 很低	≤10	≤1.3	≤0.7	≤0.1	—	加热的建筑物内部，空气洁净，如办公室、商店、学校和宾馆等
C2 低	10～200	1.3～25	0.7～5	0.1～0.7	大气污染较低，大部分是乡村地带	未加热的地方，冷凝有可能发生，如库房，体育馆

续上表

腐蚀类别	单位面积上的质量损失(第一年暴露后)				温和气候下的典型环境(参考)	
	低碳钢		锌			
	质量损失(g/m²)	厚度损失(g/m²)	质量损失(g/m²)	厚度损失(g/m²)	内部	外部
C3 中等	200~400	25~50	5~15	0.7~2.1	城市和工业大气,中等的二氧化硫污染,低盐度沿海区域	高湿度和有些污染空气的生产场所,如食品加工厂、洗衣场、酒厂和牛奶场等
C4 高	400~650	50~80	15~30	2.1~4.2	高盐度的工业区和沿海区域	化工厂、游泳池、海船和船厂等
C5-I 很高(工业)	650~1500	80~200	30~60	4.2~8.4	高盐度和恶劣大气的工业区域	总是有冷凝和高湿的建筑和地方
C5-M 很高(海洋)	650~1500	80~200	30~60	4.2~8.4	高盐度的沿海和近岸地带	总是处于高湿度污染的建筑物或其他地方
分类		环境	环境与结构的实例			
水和土壤的腐蚀分类	Im1	淡水	河流的安装结构			
	Im2	海水盐水	港口区的结构,如闸门、防波堤、防岸工程			
	Im3	土壤	埋地储罐、钢柱和钢管			

《色漆和清漆 防护漆体系对钢结构的腐蚀防护 第5部分:防护漆体系》(ISO 12944-5:2007)中,对已有涂料和涂料体系的使用进行了定义,干膜厚度的规定,根据腐蚀环境及使用寿命来确定,见表4-3,涂料的名称缩写见表4-4。

干 膜 厚 度 表4-3

腐 蚀 等 级	耐 久 性	名义干膜厚度(μm)
C2	低	80
	中	120
	高	160
C3	低	120
	中	160
	高	200/160(富锌底漆)
C4	低	200/160(富锌底漆)
	中	240
	高	280/240(富锌底漆)
C5-I	低	200
	中	240(富锌底漆)
	高	320(富锌底漆)
C5-M	中	300(两道漆)/240(富锌底漆)
	高	320(富锌底漆)

涂 料 名 称 缩 写　　　　表 4-4

缩　　写	涂 料 种 类	
AK	Alkyd	醇酸树脂涂料
CR	Chlorinated rubber	氯化橡胶涂料
AY	Acrylic	丙烯酸涂料
PVC	Polyvinyl chloride	聚氯乙烯涂料
EP	Epoxy	环氧涂料
EPC	Epoxy combination	环氧化合物
ESI	Ethyl silicate	硅酸乙酯涂料
PUR	Polyurethane, aliphatic	聚氨酯涂料，脂肪族
CTV	Coal tar vinyl	乙烯沥青
CTE	Coal tar epoxy	环氧煤沥青
CTPUR	Coal tar polyurethane	聚氨酯沥青
BIT	Bitumen	沥青
Zn(R)	Zinc rich primer	富锌底漆
Misc.	Miscellaneous	其他底漆

注：其他底漆(Misc.)包括采用磷酸锌防锈颜料或其他防锈颜料，以及不挥发成分中锌粉含量低于 80%的含锌底漆。

《色漆和清漆防护漆体系对钢结构的腐蚀防护　第 5 部分：防护漆体系》(ISO 12944—5：2007)附录 A 中的表 1～8 举例说明了基于不同黏结剂、防锈颜料、钢膜厚度，配合使用的底漆、中间漆、面漆和涂装体系。其中，表 A1 为总结性表格(表 4-3)，表 A2～表 A6 给出了钢结构在 C2、C3、C4、C5、Im1、Im2、Im3 腐蚀环境下的推荐涂料系统(表 4-5～表 4-9)，表 A7～表 A8 根据多种腐蚀环境按面漆的种类进行安排(表 4-10 ～表 4-12)。

ISO 12944—5：2007 附录表 A2(对应于腐蚀等级 C2 的涂料系统)　　　　表 4-5

底材	低合金碳钢									
表面处理	钢材锈蚀等级 A、B、C(ISO 8501—1)，Sa2.5									
系统编号	底漆涂层				后道涂层	涂料系统		期望的耐久性		
	基料	底漆类型①	涂层数	NDFT②(μm)	基料	涂层数	NDFT②(μm)	L	M	H
A2.01	AK	Misc	1	40	AK	2	80	■		
A2.02	AK	Misc	1～2	80	AK	2～3	120	■	■	
A2.03	AK	Misc	2	80	AK，AY，PVC，CR③	2～4	160	■	■	■
A2.04	AK	Misc	1～2	100	—	1～2	100	■	■	
A2.05	AY，PVC，CR	Misc	1～2	80	AY，PVC，CR③	2～4	160	■	■	■
A2.06	EP	Misc	1～2	80	EP，PUR	2～3	120	■	■	
A2.07	EP	Misc	1～2	80	EP，PUR	2～4	160	■	■	■
A2.08	EP，PUR，ESI④	Zn(R)	1	60	—	1	60	■	■	■

注：①Zn(R)为富锌底漆，Misc 为其他类型防锈颜料的防锈底漆。
②NDFT 为名义干膜厚度(Norminal dry file thickness)。
③推荐涂料生产商进行相容性检查。
④推荐在 ESI 无机硅酸锌底漆上涂覆一道后续涂层作为连接漆。
⑤选择富锌底漆时，NDFT 可以选择 40～80μm。

ISO 12944—5:2007 附录表 A3(对应于腐蚀等级 C3 的涂料系统)　　表 4-6

底材	低合金碳钢									
表面处理	钢材锈蚀等级 A、B、C(ISO 8501—1),Sa2.5									
系统编号	底漆涂层				后道涂层	涂料系统		期望的耐久性		
	基料	底漆类型①	涂层数	NDFT②(μm)	基料	涂层数	NDFT②(μm)	L	M	H
A3.01	AK	Misc	1~2	80	AK	2~3	120			
A3.02	AK	Misc	1~2	80	AK	2~4	160			
A3.03	AK	Misc	1~2	80	AK	3~5	200			
A3.04	AK	Misc	1~2	80	AY,PVC,CR③	3~5	200			
A3.05	AY,PVC,CR③	Misc	1~2	80	AY,PVC,CR③	2~4	160			
A3.06	AY,PVC,CR③	Misc	1~2	80	AY,PVC,CR③	3~5	200			
A3.07	EP	Misc	1	80	EP,PUR	2~3	120			
A3.08	EP	Misc	1	80	EP,PUR	2~4	160			
A3.09	EP	Misc	1	80	EP,PUR	3~5	200			
A3.10	EP,PUR,ESI④	Zn(R)	1	60⑤	—	1	60			
A3.11	EP,PUR,ESI④	Zn(R)	1	60⑤	EP,PUR	2	160			
A3.12	EP,PUR,ESI④	Zn(R)	1	60⑤	AY,PVC,CR③	2~3	160			
A3.13	EP,PUR	Zn(R)	1	60⑤	AY,PVC,CR③	3	200			

注:①Zn(R)为富锌底漆,Misc 为其他类型防锈颜料的防锈底漆。

②NDFT 为名义干膜厚度(Norminal dry file thickness)。

③推荐涂料生产商进行相容性检查。

④推荐在 ESI 无机硅酸锌底漆上涂覆一道后续涂层作为连接漆。

⑤选择富锌底漆时,NDFT 可以选择 40~80μm。

ISO 12944—5:2007 附录表 A4(对应于腐蚀等级 C4 的涂料系统)　　表 4-7

底材	低合金碳钢									
表面处理	钢材锈蚀等级 A、B、C(ISO 8501—1),Sa2.5									
系统编号	底漆涂层				后道涂层	涂料系统		期望的耐久性		
	基料	底漆类型①	涂层数	NDFT②(μm)	基料	涂层数	NDFT②(μm)	L	M	H
A4.01	AK	Misc	1~2	80	AK	3~5	200			
A4.02	AK	Misc	1~2	80	AY,PVC,CR①	3~5	200			
A4.03	AK	Misc	1~2	80	AY,PVC,CR③	3~5	240			
A4.04	AY,PVC,CR③	Misc	1~2	80	AY,PVC,CR③	3~5	200			
A4.05	AY,PVC,CR③	Misc	1~2	80	AY,PVC,CR③	3~5	240			
A4.06	EP	Misc	1~2	160	AY,PVC,CR③	3~5	200			
A4.07	EP	Misc	1~2	160	AY,PVC,CR③	3~5	280			
A4.08	EP	Misc	1	80	EP,PUR	3~5	240			

续上表

底材	低合金碳钢									
表面处理	钢材锈蚀等级 A、B、C(ISO 8501—1),Sa2.5									
系统编号	底漆涂层				后道涂层	涂料系统		期望的耐久性		
	基料	底漆类型①	涂层数	NDFT②(μm)	基料	涂层数	NDFT②(μm)	L	M	H
A4.09	EP	Misc	1	80	EP,PUR	3～5	280			
A4.10	EP,PUR,ESI④	Zn(R)	1	60⑤	AY,PVC,CR③	1	160			
A4.11	EP,PUR,ESI④	Zn(R)	1	60⑤	AY,PVC,CR③	2～4	200			
A4.12	EP,PUR,ESI④	Zn(R)	1	60⑤	AY,PVC,CR③	3～4	240			
A4.13	EP,PUR,ESI④	Zn(R)	1	60⑤	EP,PUR	2～3	160			
A4.14	EP,PUR,ESI④	Zn(R)	1	60	EP,PUR	2～3	200			
A4.15	EP,PUR,ESI④	Zn(R)	1	60	EP,PUR	3～4	240			
A4.16	ESI	Zn(R)	1	60	-	1	60			

注:①Zn(R)为富锌底漆,Misc 为其他类型防锈颜料的防锈底漆。

②NDFT 为名义干膜厚度(Norminal dry file thickness)。

③推荐涂料生产商进行相容性检查。

④推荐在 ESI 无机硅酸锌底漆上涂覆一道后续涂层作为连接漆。

⑤选择富锌底漆时,NDFT 可以选择 40～80μm。

ISO 12944—5:2007 附录表 A5(对应于腐蚀等级 C5-I 的涂料系统)　　表 4-8

底材	低合金碳钢									
表面处理	钢材锈蚀等级 A、B、C(ISO 8501—1),Sa2.5									
系统编号	底漆涂层				后道涂层	涂料系统		期望的耐久性		
	基料	底漆类型①	涂层数	NDFT②(μm)	基料	涂层数	NDFT②(μm)	L	M	H
A5I.01	EP,PUR	Misc	1～2	120	AY,CR,PVC①	3～4	200			
A5I.02	EP,PUR	Misc	1	80	EP,PUR	3～4	320			
A5I.03	EP,PUR	Misc	1	150	EP,PUR	2	300			
A5I.04	EP,PUR,ESI④	Zn(R)	1	60⑤	EP,PUR	3～4	240			
A5I.05	EP,PUR,ESI④	Zn(R)	1	60⑤	EP,PUR	3～5	320			
A5I.06	EP,PUR,ESI④	Zn(R)	1	60⑤	AY,CR,PVC③	4～5	320			

注:①Zn(R)为富锌底漆,Misc 为其他类型防锈颜料的防锈底漆。

②NDFT 为名义干膜厚度(Norminal dry file thickness)。

③推荐涂料生产商进行相容性检查。

④推荐在 ESI 无机硅酸锌底漆上涂覆一道后续涂层作为连接漆。

⑤选择富锌底漆时,NDFT 可以选择 40～80μm。

ISO 12944—5:2007 附录表 A5(对应于腐蚀等级 C5-M 的涂料系统)　　表 4-9

底材	低合金碳钢									
表面处理	钢材锈蚀等级 A、B、C(ISO 8501—1),Sa2.5									
系统编号	底漆涂层				后道涂层	涂料系统		期望的耐久性		
	基料	底漆类型①	涂层数	NDFT②(μm)	基料	涂层数	NDFT②(μm)	L	M	H
A5M.01	EP,PUR	Misc	1～2	150	EP,PUR	2	200			
A5M.02	EP,PUR	Misc	1	80	EP,PUR	3～4	320			

续上表

底材	低合金碳钢									
表面处理	钢材锈蚀等级 A、B、C(ISO 8501—1),Sa2.5									
系统编号	底漆涂层				后道涂层	涂料系统		期望的耐久性		
	基料	底漆类型①	涂层数	NDFT②(μm)	基料	涂层数	NDFT②(μm)	L	M	H
A5M.03	EP,PUR	Misc	1	400	—	1	300			
A5M.04	EP,PUR	Misc	1	250	EP,PUR	2	240			
A5M.05	EP,PUR,ESI③	Zn(R)	1	60④	EP,PUR	4	320			
A5M.06	EP,PUR,ESI③	Zn(R)	1	60④	EP,PUR	4～5	320			
A5M.07	EP,PUR,ESI③	Zn(R)	1	60④	EPC	3～4	400			
A5M.08	EPC	Misc	1	100	EPC	3	300			

注:①Zn(R)为富锌底漆,Misc为其他类型防锈颜料的防锈底漆。

②NDFT为名义干膜厚度(Norminal dry file thickness)。

③推荐在ESI无机硅酸锌底漆上涂覆一道后续涂层作为连接漆。

④选择富锌底漆时,NDFT可以选择40～80μm。

ISO 12944—5:2007 附录表 A6(对应于腐蚀等级 Im-1、Im-2 和 Im-3 的涂料系统)　表 4-10

底材	低合金碳钢									
表面处理	钢材锈蚀等级 A、B、C(ISO 8501—1),Sa2.5									
系统编号	底漆涂层				后道涂层	涂料系统		期望的耐久性		
	基料	底漆类型①	涂层数	NDFT②(μm)	基料	涂层数	NDFT②(μm)	L	M	H
A06.1	EP	Zn(R)	1	60④	EP,PUR	3～5	200			
A06.02	EP	Zn(R)	1	60④	EP,PURC	3～5	320			
A06.03	EP	Misc	1	80	EP,PUR	2～4	300			
A06.04	EP	Misc	1	80	EPGF,EP,PUR	3	240			
A06.05	EP	Misc	1	60④	EP	2	320			
A06.06	EP	Misc	1	800?	-	-	320			
A06.07	EP	Zn(R)	1	60④	EP	3	400			
A06.08	ESI③	Misc	1	80	EPGF	3	300			
A06.09	EP,PUR	Misc	1	—	—	1～3	400			
A06.10	EP,PUR	Misc	1	—	—	1～3	600			

注:①Zn(R)为富锌底漆,Misc为其他类型防锈颜料的防锈底漆。

②NDFT为名义干膜厚度(Norminal dry file thickness)。

③推荐在ESI无机硅酸锌底漆上涂覆一道后续涂层作为连接漆。

④选择富锌底漆时,NDFT可以选择40～80μm。

ISO 12944—5:2007 附录表 A7(对应于腐蚀等级 C2～C5-I 和 C5-M 热浸锌钢材表面涂料系统)

表 4-11

底材	热浸镀锌钢材																			
表面处理	ISO 12944—4 给出的表面处理例子。表面处理的方法取决于涂料类型,并由涂料生产商阐明																			
系统编号	底漆涂层			后道涂层	涂料系统		期望的耐久性②													
							C2			C3			C4			C5-I			C5-M	
	基料	涂层数	NDFT①(μm)	基料	涂层数	NDFT①(μm)	L	M	H	L	M	H	L	M	H	L	M	H	L	M	H
A07.01	—	—	—	PVC	1	80															

续上表

底材	热浸镀锌钢材																				
表面处理	ISO 12944—4 给出的表面处理例子。表面处理的方法取决于涂料类型，并由涂料生产商阐明																				
系统编号	底漆涂层			后道涂层	涂料系统		期望的耐久性②														
	基料	涂层数	NDFT①(μm)	基料	涂层数	NDFT①(μm)	C2			C3			C4			C5-I			C5-M		
							L	M	H	L	M	H	L	M	H	L	M	H	L	M	H
A07.02	PVC	1	40	PVC	2	120															
A07.03	PVC	1	80	PVC	2	160															
A07.04	PVC	1	80	PVC	3	240															
A07.05	—	—	—	AY	1	80															
A07.06	AY	1	40	AY	2	120															
A07.07	AY	1	80	AY	2	160															
A07.08	AY	1	80	AY	3	240															
A07.09	—	—	—	EP，PUR	1	80															
A07.10	EP，PUR	1	60	EP，PUR	2	120															
A07.11	EP，PUR	1	80	EP，PUR	2	160															
A07.12	EP，PUR	1	80	EP，PUR	3	240															
A07.13	EP，PUR	1	80	EP，PUR	3	320															

注：①NDFT 为名义干膜厚度(Norminal dry file thickness)。

②该种情况下的耐久性与涂料系统与热浸镀锌底材的附着力有关。

ISO 12944—5：2007 附录表 A8(对应于腐蚀等级 C4、C5-I 和 Im-1～Im-3 金属热喷涂表面涂料系统)

表 4-12

底材	金属热喷涂(锌、铝/铝合金和铝)														
表面处理	ISO 12944—4 给出的表面处理例子 封闭涂料或第一道涂料系统要在 4h 内进行 封闭涂料须与后道涂料系统相容														
系统编号	封闭涂层			后道涂层	涂料系统		期望的耐久性②								
	基料	涂层数	NDFT①(μm)	基料	涂层数	NDFT①(μm)	C4 C5-I			C5-M			Im-1，Im-2，Im2		
							L	M	H	L	M	H	L	M	H
A08.01	EP，PUR	1	NA③	EP，PUR	2	160									
A08.02	EP，PUR	1	NA③	EP，PUR	3	240									
A08.03	EP	1	NA③	EP，PUR	3	450									
A08.04	EP，PUR	1	NA③	EP，PUR	3	320									

注：①NDFT 为名义干膜厚度(Norminal dry file thickness)。

②该种情况下的耐久性与涂料系统与热浸镀锌底材的附着力有关。

③NA 不适用，封闭涂料的干膜厚度不计入整个系统的干膜厚度。

4.1.3 我国采用的腐蚀环境与分类标准

4.1.3.1 GB/T 19292.1

《金属和合金的腐蚀 大气腐蚀性 分类》(GB/T 19292.1—2003)等同于《金属和合金的腐蚀 大气腐蚀性 分类》(ISO 9223:1992),与《色漆和清漆 防护漆体系对钢结构的腐蚀防护 第2部分:环境分类》(ISO 12944—2—1998)对于腐蚀环境的分类也基本一致。金属和合金的大气腐蚀的关键因素包括大气潮湿时间(表4-13)、二氧化硫污染物含量和空气中盐含量这3个因素,由它们可确定大气的腐蚀等级(C),但这种确定方法不适用于特殊的化学或冶金工业中的大气。在一定的潮湿时间等级下,影响大气腐蚀最重要的因素是二氧化硫(表4-14)或空气中盐分所引起的污染水平(表4-15)。《金属和合金的腐蚀 大气腐蚀性 分类》(GB/T 19292.1—2003)中把大气腐蚀性等级分为5类,并列出了在不同腐蚀等级下暴晒第一年的腐蚀速率,见表4-16。

潮湿时间的分类 表4-13

等级	潮湿时间		举例
	h/a	%	
τ_1	$\tau \leqslant 10$	$\tau \leqslant 0.1$	有空气调节作用的内部微气候
τ_2	$10 < \tau \leqslant 250$	$0.1 < \tau \leqslant 3$	在潮湿气候中内部无空气调节的空间除外,无空气调节的内部微气候
τ_3	$250 < \tau \leqslant 2\,500$	$3 < \tau \leqslant 30$	在干冷气候或半温带气候的室外大气;温带气候下适当通风的工作间
τ_4	$2\,500 < \tau \leqslant 5\,500$	$30 < \tau \leqslant 60$	在所有气候的室外大气中(除了干冷气候外)在潮湿条件下的通风的工作间;在温带气候下不通风的工作间
τ_5	$\tau \geqslant 5\,500$	$\tau > 60$	部分潮湿气候;在潮湿气候中不通风的工作间

注:①一个指定地点的潮湿时间取决于开放型大气中温度和湿度的综合地点等级,并且按每年小时或按占暴晒时间的比例(百分数)表达。

②潮湿时间的百分数值是经过四舍五入的,并且仅作为参考。

③由于遮蔽程度不同,没有包括所有情况。

④有氯离子沉积的海洋性气候中,被遮蔽的表面实际上增加了潮湿时间,由于吸湿性盐的存在,因此被列在τ_5等级。

⑤没有空气调节的室内大气,当有水蒸气存在时,潮湿等级为$\tau_3 \sim \tau_5$。

⑥潮湿大气时间在$\tau_1 \sim \tau_2$的范围内,不洁净的表面其腐蚀的可能性较高。

以二氧化硫为代表的含硫化合物污染物分类 表4-14

二氧化硫的沉积率[mg/(m^2 · d)]	二氧化硫的浓度($\mu g/m^3$)	等级
$P_d \leqslant 10$	$P_c \leqslant 12$	P_0
$10 < P_d \leqslant 35$	$12 < P_c \leqslant 40$	P_1
$35 < P_d \leqslant 80$	$40 < P_c \leqslant 90$	P_2
$80 < P_d \leqslant 200$	$90 < P_c \leqslant 25$	P_3

注:①在《金属和合金的腐蚀 大气腐蚀性 污染物的测量》(GB/T 19292.3—2003)中规定了二氧化硫的方法。

②由于沉淀法和容量法确定的二氧化硫的值用于分类是等效的。用两种方法测量的值之间的关系可以近似表达为$P_d = 0.8P_c$。

③针对本部分,二氧化硫的沉积率和浓度是经至少一年的连续测量计算得到的,并且表达为年平均值。短期测量的结果与长期的平均值有很大差别。这些结果只作为指导。

④在等级P_0中的二氧化硫的浓度是作为背景浓度并且对于腐蚀破坏是微不足道的。

⑤在等级P_3中的二氧化硫污染被认为是极限。超出本部分范围是典型的作业微环境气候。

在遮蔽条件下,尤其是在室内空气,以二氧化硫为代表的污染物浓度与遮蔽程度呈反比关系减少。

以氯化物为代表的空气中盐类污染物分类　　表4-15

氯化物的沉积率[mg/(m² · d)]	等级	氯化物的沉积率[mg/(m² · d)]	等级
$S \leqslant 3$	S_0	$60 < S \leqslant 300$	S_2
$3 < S \leqslant 60$	S_1	$300 < S \leqslant 1500$	S_3

注：①该标准的空气中含盐量分析方法是根据《金属和合金的腐蚀 大气腐蚀性 污染物的测量》(GB/T 19292.3—2003)中的湿烛法。
②用各种不同方法确定大气中含盐量的结果通常不可以直接比较或转化。
③本标准中，氯化物的沉积率是年平均量。短期测量结果是变化无常的，并且受天气影响也很大。
④在 S_0 级内的任何氯化物沉积率被认为是背景浓度，而且对腐蚀破坏是微乎其微的。
⑤氯化物污染的极限，如以海水飞溅或喷淋为代表是超出本标准范围的。
⑥空气中含盐量受风向、风速、当地地貌、暴晒地距海洋的距离等影响。

大气腐蚀分类　　表4-16

级别	腐蚀性	金属的腐蚀率 r_{corr}				
		单位	碳钢	锌	铜	铝
C1	很低	g(m² · 年) μm	$r_{corr} \leqslant 10$ $r_{corr} \leqslant 1.3$	$r_{corr} \leqslant 0.7$ $r_{corr} \leqslant 0.1$	$r_{corr} \leqslant 0.9$ $r_{corr} \leqslant 0.1$	—
C2	低	g(m² · 年) μm	$10 < r_{corr} \leqslant 200$ $1.3 < r_{corr} \leqslant 25$	$0.7 < r_{corr} \leqslant 5$ $0.1 < r_{corr} \leqslant 0.7$	$0.9 < r_{corr} \leqslant 5$ $0.1 < r_{corr} \leqslant 0.6$	$r_{corr} \leqslant 0.6$ —
C3	中等	g(m² · 年) μm	$200 < r_{corr} \leqslant 400$ $25 < r_{corr} \leqslant 50$	$5 < r_{corr} \leqslant 15$ $0.7 < r_{corr} \leqslant 2.1$	$5 < r_{corr} \leqslant 12$ $0.6 < r_{corr} \leqslant 1.3$	$0.6 < r_{corr} \leqslant 2$ —
C4	高	g(m² · 年) μm	$400 < r_{corr} \leqslant 650$ $50 < r_{corr} \leqslant 80$	$15 < r_{corr} \leqslant 30$ $2.1 < r_{corr} \leqslant 4.2$	$12 < r_{corr} \leqslant 25$ $1.3 < r_{corr} \leqslant 2.8$	$2 < r_{corr} \leqslant 5$ —
C5	很高	g(m² · 年) μm	$650 < r_{corr} \leqslant 1500$ $80 < r_{corr} \leqslant 200$	$30 < r_{corr} \leqslant 60$ $4.2 < r_{corr} \leqslant 8.4$	$25 < r_{corr} \leqslant 50$ $2.8 < r_{corr} \leqslant 5.6$	$5 < r_{corr} \leqslant 10$ —

4.1.3.2 GB/T 15957

《大气环境腐蚀性分类》(GB/T 15957—1995)主要针对普通碳钢在不同大气环境下的腐蚀类型及其与相对湿度、空气中腐蚀性物质的对应关系做了规定(表4-17～表4-19)，它可以作为碳钢结构在在乡村大气、城市大气、工业大气(包括化工大气)和海洋大气四种大气环境下，选择防腐蚀涂料系统的依据。波形钢腹板PC组合桥梁的腐蚀环境主要是大气腐蚀，涉及所有的大气腐蚀类型，其中腐蚀性最强的是工业大气和海洋大气。所以GB/T 15957—1995可以作为我国波形钢腹板涂装方案设计时，确定大气环境腐蚀环境类型所参考的分类标准之一。

大气环境腐蚀分类　　表4-17

腐蚀类型		腐蚀速度(mm/年)	腐蚀环境		
等级	名称		环境气体类型	年平均相对湿度(%)	大气环境
I	无腐蚀	<0.001	A	<60	乡村大气
II	弱腐蚀	0.001～0.025	A B	60～75 <60	乡村大气 城市大气

续上表

腐蚀类型		腐蚀速度(mm/年)	腐蚀环境		
等级	名称		环境气体类型	年平均相对湿度(%)	大气环境
III	轻腐蚀	0.025～0.050	A B C	>70 60～75 <60	乡村大气 城市大气和 工业大气
IV	中腐蚀	0.05～0.20	B C D	>70 60～75 <60	城市大气 工业大气和 海洋大气
V	较强腐蚀	0.02～1.00	C D	>70 60～75	工业大气
VI	强腐蚀	1～5	D	>75	工业大气

注：在特殊场合与额外腐蚀负荷作用下，应将腐蚀类型等级提高，如：

①机械负荷：a. 风沙大的地区，因风携带颗粒(沙子等)使钢结构发生腐蚀的情况；

b. 钢结构上(人或车辆)或有机械重负载并定期移动的表面。

②经常有吸潮性物质沉积于钢结构表面的情况。

腐蚀气体分类 表 4-18

气体类型	腐蚀性物质名称	腐蚀物质含量	气体类型	腐蚀性物质名称	腐蚀物质含量(mg/m^3)
A	二氧化碳 二氧化硫 氟化氢 硫化氢 氮氧化物 氯 氯化氢	<2 000 <0.5 <0.05 <0.01 <0.1 <0.1 <0.05	C	二氧化硫 氟化氢 硫化氢 氮氧化物 氯 氯化氢	10～200 5～10 5～100 5～25 1～5 5～10
B	二氧化碳 二氧化硫 氟化氢 硫化氢 氮氧化物 氯 氯化氢	>2 000 0.5～10 0.05～5 0.01～5 0.1～5 0.1～1 0.05～5	D	二氧化硫 氟化氢 硫化氢 氮氧化物 氯 氯化氢	200～1 000 10～100 >100 25～100 5～10 10～100

注：当大气中同时含有多种腐蚀气体时，以腐蚀级别取最高的一种或几种为基准。

大气中腐蚀性气体的腐蚀程度 表 4-19

空气的相对湿度(%)	气体类别	腐蚀程度
≤60	A	弱腐蚀
	B	弱腐蚀
	C	中等腐蚀
	D	强腐蚀

续上表

空气的相对湿度(%)	气体类别	腐蚀程度
61～75	A	弱腐蚀
	B	中等腐蚀
	C	中等腐蚀
	D	强腐蚀
>75	A	中等腐蚀
	B	中等腐蚀
	C	强腐蚀
	D	强腐蚀

4.2　桥梁钢结构重防腐涂装体系

ISO 12944 的第一部分中，给出了涂装体系的耐久使用年限的定义，即涂装体系的耐久使用年限为施工结束后到第一次维护要求的时间。ISO 12944 标准中划分了 3 个时间间隔：短期、中长期和长期，见表 4-20，耐久年限 15 年以上的涂装体系为重防腐涂装体系。世界各国钢结构以及钢桥所采用的重防腐蚀涂装体系主要有富锌底漆体系和金属热喷涂底层体系。表 4-21 和表 4-22 分别给出了富锌底漆体系和金属热喷涂底层体系的一些典型方案。

涂装体系的耐久年限　　表 4-20

等级	耐久年限	等级	耐久年限
短期	2～5 年	长期	15 年以上
中长期	5～15 年		

富锌底漆体系　　表 4-21

方案	桥梁上部结构			
1	环氧富锌漆 1 道 70μm	环氧 MIO 1 道 100μm	氯化橡胶面漆 2 道 80μm	总厚 250μm
2	环氧富锌漆 1 道 70μm	环氧 MIO 1 道 100μm	聚氨酯面漆 2 道 80μm	总厚 250μm
3	环氧富锌漆 1 道 70μm	氯化橡胶 2 道 80μm	氯化橡胶面漆 2 道 80μm	总厚 230μm
4	环氧富锌漆 1 道 70μm	环氧沥青 2 道 250μm	—	总厚 320μm

金属热喷涂底层体系　　表 4-22

方案	桥梁上部结构			
1	热喷铝(锌)1～2 道 50～100μm	环氧 MIO 封闭底漆 1 道 50μm	氯化橡胶底漆 2 道 100μm	氯化橡胶面漆 1 道 40μm
2	热喷铝(锌)1～2 道 50～100μm	环氧 MIO 封闭底漆 1 道 80μm	聚氨酯面漆 2 道 80μm	总厚 210～260μm

在重防腐蚀涂层体系中，在锌(铝)涂层上加有机涂料做封闭处理，可大大减少腐蚀介质透过涂层孔隙形成穿孔腐蚀，从锌(铝)涂层在腐蚀介质中所产生的产物来看，锌表面腐蚀产生 ZnO，碱性较强，会影响有机涂层的结合力；铝表面腐蚀产生 Al_2O_3，具有强的钝化作用，因此

铝及其合金涂层比锌涂层具有更好的耐腐蚀性能。《色漆和清漆 防护漆体系对钢结构的腐蚀防护 第2部分:环境分类》(ISO 12944-2—1998)以C4腐蚀环境为例,给出钢结构耐久使用年限在15年以上,当采用金属热喷涂方案时可得到25年以上免维护或少维护使用年限的重防腐涂装体系,见表4-23。

钢结构重防腐涂装体系(ISO 12944-2—1998) 表4-23

腐蚀环境	ISO 12944 C4(沿海腐蚀环境)②		
涂层体系	涂层	涂料产品	干膜厚度(μm)
富锌底漆系统	底漆 中间漆 面漆	环氧富锌底漆 厚浆型环氧云铁中间漆 丙烯酸脂肪族聚氨酯面漆	75 125 80
富锌底漆系统	底漆 封闭漆 中间漆 面漆	无机富锌底漆 环氧封闭漆③ 厚浆型环氧云铁中间漆 丙烯酸脂肪族聚氨酯面漆	80 30 100 80
富锌底漆系统	底漆 面漆	厚浆型改性环氧涂料 丙烯酸脂肪族聚氨酯面漆	2×100 80
金属热喷涂系统	金属热喷涂底层 封闭漆 中间漆 面漆	锌、铝或锌铝合金 环氧封闭漆 环氧云铁中间漆 丙烯酸脂肪族聚氨酯面漆	120~160 不计厚度① 100 80
超耐候性涂装系统	底漆 中间漆 面漆	环氧富锌底漆 环氧云铁中间漆 聚硅氧烷涂料/氟碳面漆	75 125 80

注:①金属热喷涂表面的封闭漆,渗入金属层内部,因此实际使用中不计涂膜厚度。

②腐蚀环境中ISO 12944—2 C4和C5中,必须采用富锌底漆。

③上例中环氧富锌底漆用无机富锌漆来代替,但是涂层体系中要增加一道封闭漆。

我国钢桥的防腐涂装体系一般按重防腐涂装进行设计,主要依据《铁路钢桥保护涂装》(TB/T 1527—2004)见表4-24。

铁路钢桥重防腐涂装体系 表4-24

涂装体系	涂料(涂层)名称	每道干膜最小厚度(μm)	至少涂装道数	总干膜最小厚度	使用部位
1	特制红丹酚醛(醇酸)底漆灰铝粉石墨或灰云铁醇酸面漆	35 35	2 2	70 70	桥栏杆、扶手、人行道托架、墩台吊篮、围栏和桥梁检查车等桥梁附属钢结构
2	电弧喷铝层 环氧类封孔剂 棕黄聚氨酯盖板底漆 灰聚氨酯盖板面漆	— 20 50 40	— 1 2 4	200 20 100 160	钢桥明桥面的纵梁、上承板和箱型梁上盖板

续上表

涂装体系	涂料(涂层)名称	每道干膜最小厚度(μm)	至少涂装道数	总干膜最小厚度	使用部位
3	无机富锌防锈防滑涂料 或电弧喷铝层	80 —	1 —	80 100	栓焊梁连接部分摩擦面
4	环氧沥青涂料 或环氧沥青厚浆型涂料	60 120	4 2	240 240	非密封的箱形梁和箱形杆件内表面
5	特制环氧富锌底漆或水性 无机富锌底漆 棕红云铁环氧中间漆 灰铝粉石墨醇酸面漆	40 — 40 35	2 — 1 2	80 — 40 70	钢梁主体，用于气候干燥、腐蚀环境较轻的地区
6	特制无机富锌底漆或水性 无机富锌底漆 棕红云铁环氧中间漆 灰色丙烯酸脂肪族聚氨酯面漆	40 — 40 35	2 — 1 2	80 — 40 70	钢梁主体，用于气候干燥、腐蚀环境较重的地区
7	特制环氧富锌底漆或水性 无机富锌底漆 棕红云铁环氧中间漆 氟碳面漆	40 — 40 30	2 — 1 2	80 — 40 60	钢梁主体，用于酸雨、沿海等腐蚀环境严重、紫外线辐射强、有景观要求的地区

在金属热喷涂系统中，喷锌涂层常用于弱碱环境条件。由于铝表面钝化膜具有良好的耐酸性，且铝的腐蚀速率比锌要低，喷铝涂层常用于中性或弱酸条件，对于酸雨环境或城市工业大气环境(含 SO_2)，喷铝更为合适。腐蚀试验显示，厚度在 0.08～0.12mm 的铝涂层，不论是否封孔，都能保护钢铁基体在严酷的工业大气及海洋大气中 19 年不腐蚀。事实上，自 20 世纪 50 年代以来，国际上建的跨江跨海大桥钢结构中所采用的金属热喷涂重防腐体系均取得了 25 年以上的长效防腐效果。国外钢结构桥梁的热喷涂铝＋有机复合涂层防腐涂装系统实例表明，系统寿命可超过 50 年。我国的桥梁钢结构中采用金属热喷涂重防腐体系的比例也增加很快，在内陆工业大气环境下多采用电弧热喷锌防腐体系，在海洋大气环境下越来越多地采用了热喷铝底层防腐体系。表 4-25 给出了一些 2000 年以来我国桥梁钢结构所采用的防腐涂装系统实例。

我国桥梁钢结构所采用的涂装系统(2000～2009 年)实例　　表 4-25

桥　梁	部　位	涂　层	涂膜厚度(μm)
武汉军山长江大桥	钢箱梁外表面	电弧喷铝 环氧云铁封闭漆 环氧云铁中间漆 脂肪族聚氨酯面漆	≥180 20 60 60
	钢箱梁内表面	厚浆型环氧耐磨漆	125

续上表

桥　　梁	部　　位	涂　　层	涂膜厚度(μm)
南京长江大桥	钢箱梁外表面	无机硅酸富锌漆 环氧封闭漆 环氧云铁中间漆 脂肪族聚氨酯面漆	80 30 80 80
	钢箱梁内表面	环氧云铁防锈漆 环氧玻璃鳞片涂料	50 50
舟山桃夭门大桥	钢箱梁外表面	电弧喷铝 环氧云铁封闭漆 环氧云铁中间漆 脂肪族聚氨酯面漆	200 — 60 80
上海卢浦大桥	钢箱梁外表面	环氧富锌底漆 环氧云铁中间漆 丙烯酸聚氨酯面漆	180 80 60
杭州钱江四桥	钢结构外表面	电弧喷铝 881 防锈涂料 881-YM 面漆	180 40 2×25
	钢箱梁内壁	车间底漆 环氧耐磨涂料	25 2×80
江苏润扬长江大桥	钢箱梁外表面	无机富锌涂料 环氧封闭涂料 环氧云铁涂料 聚氨酯面漆	75 25 100 2×40
	钢箱梁内表面	厚浆型环氧耐磨涂料	125
	风嘴内表面	无机硅酸富锌底漆 环氧封闭涂料 环氧面漆	80 25 125
南京三桥	钢箱梁外表面	无机富锌涂料 环氧封闭涂料 环氧云铁涂料 聚氨酯面漆	70 25 150 2×40
	钢塔外表面	无机富锌涂料 环氧封闭涂料 环氧云铁涂料 氟碳面漆	75 25 200 55
苏通长江大桥	钢箱梁外表面	无机硅酸富锌底漆 环氧封闭涂料 环氧云铁中间漆 脂肪族聚氨酯面漆	75 25 140 2×40
	钢箱梁内表面	环氧厚浆涂料	2×70
	风嘴内表面	无机硅酸富锌底漆 环氧厚浆涂料 环氧面漆	80 2×75 50

续上表

桥　梁	部　位	涂　层	涂膜厚度(μm)
杭州湾跨海大桥	钢结构	金属热喷铝 环氧封闭涂料 环氧云铁涂料 氟碳面漆	200 — 50 2×40
南京大胜关大桥	钢梁杆件外表面桥面板底面和顶面外露部分	环氧富锌涂料 环氧云铁涂料 氟碳面漆	80 80 2×35
	高栓工地涂装及现场焊接接头工地涂装	喷铝 环氧磷酸锌封闭涂料 环氧云铁涂料 氟碳面漆	160 20 80 2×35

波形钢腹板防腐涂装体系可根据《公路桥梁钢结构防腐涂装技术条件》(JT/T 722—2008)进行设计。设计时根据波形钢腹板在箱梁中的位置，分别进行外表面、内表面和摩擦面的涂装设计(表 4-26～表 4-28)。其中，由于一般波形钢腹板 PC 组合箱梁内部都不是封闭环境，所以可采用配套号为 S14、S15 的涂装体系。涂装体系的性能要求见表 4-29。

公路桥梁钢结构外表面涂层配套体系　　表 4-26

配套编号	腐蚀环境	涂层	涂料品种	道数	最低干膜厚度(μm)
普　通　型					
S01	C3	底涂层	环氧磷酸锌底漆	1	160
		中间涂层	环氧(厚浆)涂料	1	80
		面涂层	丙烯酸脂肪族聚氨酯面漆	2	70
		总干厚度			210
S02	C4	底涂层	环氧磷酸锌底漆	1	60
		中间涂层	环氧(厚浆)涂料	1～2	120
		面涂层	丙烯酸脂肪族聚氨酯面漆	2	80
		总干厚度			260
S03	C5-I C5-M	底涂层	环氧富锌底漆	1	60
		中间涂层	环氧(云铁)涂料	1～2	120
		面涂层	丙烯酸脂肪族聚氨酯面漆	2	80
		总干厚度			260
长　效　型					
S04	C3	底涂层	环氧富锌底漆	1	60
		中间涂层	环氧(厚浆)涂料	1～2	100
		面涂层	丙烯酸脂肪族聚氨酯面漆	2	80
		总干厚度			240
S05	C4	底涂层	环氧富锌底漆	1	60
		中间涂层	环氧(云铁)涂料	1～2	140
		面涂层	丙烯酸脂肪族聚氨酯面漆	2	80
		总干厚度			280

续上表

普 通 型					
配套编号	腐蚀环境	涂层	涂料品种	道数	最低干膜厚度(μm)
S06	C5-I	底涂层	环氧富锌底漆	1	80
		中间涂层	环氧(云铁)涂料	1~2	120
		面涂层	聚硅氧烷面漆	1~2	100
		总干厚度			300
S07	C5-I	底涂层	环氧富锌底漆	1	80
		中间涂层	环氧(云铁)涂料	1~2	150
		面涂层(第一道)	丙烯酸脂肪族聚氨酯面漆/氟碳树脂涂料	1	40
		面涂层(第二道)	氟碳面漆	1	40
		总干厚度			300
S08	C5-M	底涂层	无机富锌底漆	1	75
		封闭涂层	环氧封闭涂料	1	25
		中间涂层	环氧(云铁)涂料	1	120
		面涂层	聚硅氧烷面漆	1~2	100
		总干厚度			320
S09	C5-M	底涂层	无机富锌底漆	1	75
		封闭涂层	环氧封闭涂料	1	25
		中间涂层	环氧(云铁)涂料	1~2	150
		面涂层(第一道)	丙烯酸脂肪族聚氨酯面漆/氟碳树脂涂料	1	40
		面涂层(第二道)	氟碳面漆	1	40
		总干厚度			330
S10	C5-M	底涂层	热喷铝或锌	1	150
		封闭涂层	环氧封闭涂料	1~2	50
		中间涂层	环氧(云铁)涂料	1~2	120
		面涂层	聚硅氧烷面漆	1~2	100
		总干厚度			270
S11	C5-M	底涂层	热喷铝或锌	1	150
		封闭涂层	环氧封闭涂料	1~2	50
		中间涂层	环氧(云铁)涂料	1~2	150
		面涂层(第一道)	丙烯酸脂肪族聚氨酯面漆/氟碳树脂涂料	1	40
		面涂层(第二道)	氟碳面漆	1	40
		总干厚度			280

公路桥梁钢结构内表面涂层配套体系　　表 4-27

封闭环境内表面					
配套编号	工况条件	涂层	涂料品种	道数	最低干膜厚度(μm)
S12	配置抽湿机	底面合一	环氧厚浆涂料(浅色)	1～2	150
		总干厚度			150
S13	未配置抽湿机	底涂层	环氧富锌底漆	1	50
		面涂层	环氧厚浆涂料(浅色)	1	200～300
		总干厚度			250～350
非封闭环境内表面					
配套编号	工况条件	涂层	涂料品种	道数	最低干膜厚度(μm)
S14	C3	底涂层	环氧磷酸锌底漆	1	60
		面涂层	环氧厚浆涂料(灰色)	1～2	100
		总干厚度			160
S15	C4 C5-I C5-M	底涂层	环氧富锌底漆	1	60
		中间涂层	环氧(云铁)涂料	1～2	120
		面涂层	环氧厚浆涂料(灰色)	1	80
		总干厚度			260

涂装体系的性能要求　　表 4-28

腐蚀环境	防腐寿命(年)	耐水性(h)	耐盐水性(h)	耐化学品性能(h)	附着力④	耐盐雾性能(h)	人工加速度老化(h)
C3	10～15	72	—	—	≥5	500	500
	15～25	144	—	—		1 000	800
C4	10～15	144	—	—		500	600
	15～25	240	—	—		1 000	1 000
C5I	10～15	240	—	168		2 000	1 000
	15～25	240	—	240		3 000	3 000
C5M	10～15	240	144	72		2 000	1 000
	15～25	240	240	72		3 000	3 000
Im1		3 000	—	72		—	—
Im2		—	3 000	72		3 000	—

注：①耐水性、耐盐水性、耐化学品性能涂层试验后不生锈、不起泡、不开裂、不剥落，允许轻微变色和失光。

②人工加速老化性能涂层试验后不生锈、不起泡、不剥落、不开裂、不粉化，允许 2 级变色和 2 级失光。

③耐雾性涂层试验后不起泡、不剥落，不生锈、不开裂。

④无机富锌涂层体系附着力大于或等于 3MPa。

无机硅酸锌涂料除了用作重防腐底漆外，还作为波形钢腹板连接处的防锈防滑涂料，涂料使钢板表面的摩擦系数不低于 0.45(表 4-29)。《铁路桥梁钢桥保护涂装》(TB/T 1527—2004)给出了无机富锌漆防锈防滑涂料技术要求(表 4-30)。

防滑摩擦面涂层配套体系　表 4-29

配套编号	工况条件	涂层	涂料品种	道数	最低干膜厚度(μm)
S22	摩擦面	防滑层	无机富锌底漆	1	80
		总干厚度			80
S23	摩擦面	防滑层	热喷铝	1	100
		总干厚度			100

注:配套 S23 不适用于相对湿度大、雨水多的环境。

无机富锌漆防锈防滑涂料技术要求　表 4-30

项　目		单　位	技术指标
涂层颜色及外观			灰色、平整、涂层较粗糙
干燥时间	表干	min	≤20
	实干	h	≤24
附着力	拉开法	MPa	≥4
耐盐雾性		h	经过 500h 烟雾试验,涂层无泡、无红锈
抗滑移系数			≥0.55(初始) ≥0.45(6 个月)
适用期		h	≥5
储存期		月	≥6

注:耐盐雾性,6 个月时的抗滑移系数,储存期作为供应商保证项目,不作为用户必验项目

4.3　波形钢腹板防腐蚀涂装体系

我国波形钢腹板的防腐蚀涂装体系广泛采用了金属热喷涂与有机涂层组成的复合涂层重防腐涂装体系,体系的结构见图 4-1,它可使波形钢腹板得到 20 年以上的长效防腐效果。

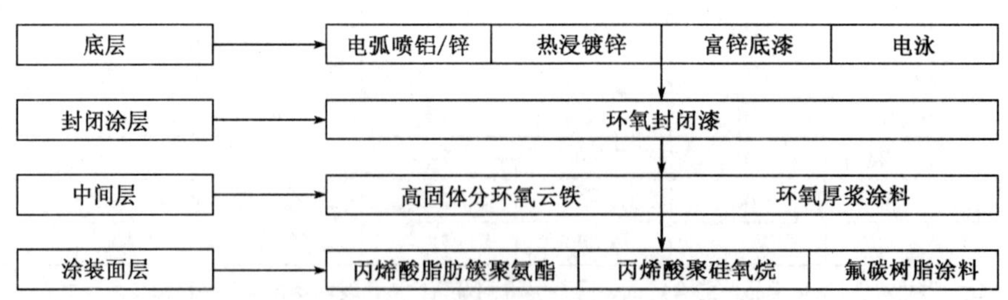

图 4-1　波形钢腹板的防腐蚀涂装体系结构

波形钢腹板的涂装体系主要采用重防腐蚀涂装体系,即由底漆[喷锌(铝)、有机富锌、无机富锌、水性富锌]+中间漆(高固体分环氧云铁、环氧厚浆涂料)+面漆(丙烯酸聚硅氧烷、丙烯酸脂肪族聚氨酯、氟碳树脂涂料)构成的复合重防腐涂装体系。富锌(铝)底漆对钢铁起阴极保护作用和屏蔽作用,当中间漆和面漆完全失效后,腐蚀介质作用于富锌(铝)涂

层，使富锌（铝）涂层以一定的腐蚀速率被腐蚀消耗。中间漆和面漆是增加一定的涂层厚度，对钢铁起屏蔽作用和对富锌（铝）涂层起封闭作用，推迟或阻止富锌（铝）涂层及钢铁的腐蚀过早发生。

桥梁的设计寿命现在要求达到100～120年，这就对防腐蚀涂装体系提出了很高的要求。目前的富锌底漆重防腐涂装体系中，底漆干膜厚度50～80μm时，就可以达到15年以上的防腐蚀使用寿命；金属热喷涂底层重防腐涂装体系，可以达到25年以上的使用寿命。

波形钢腹板的重防腐蚀涂装体系中，对于无机富锌底漆，钢材表面处理应达到《涂覆涂料前钢材表面处理　表面清洁度的目视评定　第2部分：已涂覆过的钢材表面局部清除原有深层后的处理等级》（GB/T 8923.2—2008）规定的Sa2.5级或Sa3.0级，钢材表面粗糙度应达到《涂装前钢材表面粗糙度等级的评定比较样快法》（GB/T 13288—1991）规定的Rz50～80μm；对于热喷锌、喷铝，钢材表面处理需达到GB/T 8923.2—2008规定的Sa3.0级，钢材表面粗糙度应达到GB/T 13288—1991规定的Rz60～100μm；对于环氧富锌底漆或环氧磷酸锌底漆，钢材表面处理应达到GB/T 8923.2—2008规定的Sa2.5级，钢材表面粗糙度为应达到GB/T 13288—1991规定的Rz30～75μm；在波形钢腹板与上下翼缘板交接处的不易喷射除锈部位，采用手工和动力工具除锈至GB/T 8923.2—2008规定的Sa3.0级。波形钢腹板的底层涂装要求：

（1）底层涂装总厚度80～450μm，采用静电喷涂每层厚度80～250μm。

（2）采用铝和锌防腐涂装时，涂装总厚度宜在80～250μm，每层喷涂厚度40～60μm。

（3）采用富锌系列涂装时，涂装总厚度80～250μm、每层喷涂厚度40～50μm。

波形钢腹板的中层涂装宜采用环氧云铁或环氧厚浆漆等，涂装总厚度80～200μm，每层喷涂厚度40～80μm。

波形钢腹板的面层涂装要求：

（1）采用粉体涂装时，涂装总厚度100～200μm。

（2）采用液态涂料涂装时，涂装总厚度80～120μm、每层厚度40～60μm。

4.3.1　热喷涂底层

4.3.1.1　锌与锌合金涂层

锌是热喷涂防腐施工中使用最早且最多的涂层材料。目前，热喷涂纯锌涂层仍然是保护大气、淡水环境下使用的钢铁设施的首选工艺。电弧喷锌涂层与涂料涂装适当结合，可以有效地使钢铁构件延缓腐蚀，保证达到至少20年以上的长效保护。锌的耐蚀性能前面已有详细介绍。喷锌层采用电弧喷涂或火焰喷涂等热喷涂工艺形成，涂层厚度一般为0.05～0.5mm。作为防腐层用的锌原料要求含锌99.995%以上，含铁小于0.001%。锌丝线材含锌99.9%以上，含铜小于0.05%。国产纯锌丝Zn99的纯度为含锌不小于99%，其他杂质不大于1%。

热喷涂使用的锌铝合金主要是Al含量5%～30%的锌铝二元合金。试验和实际应用表明，锌铝合金涂层的力学性能较好，它的强度和硬度均优于纯锌涂层和纯铝涂层，它的电化学性质在静特性方面与锌相似，电位也接近于锌，而在动特性方面与铝相似，腐蚀速度与铝接近，所以锌铝合金涂层是一种常温下高效的电化学阴极保护耐腐蚀涂层。

热喷涂中常用的是含锌 85%，含铝 15% 的锌铝合金，通用牌号为 Zn-Al15。目前我国有商品化的 An-Al15 合金热喷涂线材供应。Zn-Al15 作为热喷涂材料用于钢铁结构的防腐开始于 20 世纪 80 年代初，它的熔点为 440℃，涂层密度约为 5.0g/cm^3。Zn-Al15 合金的热喷涂涂层的微观组织结构是由富锌相（含锌 95%，含铝 5%）和富铝相（含铝 55%，含锌 45%）二相结构组成，富铝相在组成涂层的颗粒范围内成连续的框架网格，其硬度等力学性能以及化学稳定性较高，具有很好的耐蚀性和耐冲蚀性能，为较软的富锌相提供了一个可靠的保护框架，富锌相则以块状形式存在于富铝相的网格包围之中。在腐蚀环境下，富锌相优先被溶解，其腐蚀产物封闭了涂层中的空隙，而富锌相的阳极作用不但保护了铁基体，还减缓了富铝相的腐蚀速度，因而锌铝合金涂层是在常温大气环境下具有高效耐腐蚀性能的电化学阴极保护涂层。

4.3.1.2　铝与铝合金涂层

铝是一种很活泼的金属，纯铝的标准电极电位为－1.66V。由于铝与氧有极强的亲和力，在空气中能迅速形成厚度为 0.005～0.02μm 的致密坚硬的 Al_2O_3 氧化膜，使它在水、大部分的中性溶液和大气中都具有足够的稳定性。在潮湿大气中能形成 $Al_2O_3 \cdot nH_2O$ 氧化膜，膜的厚度随温度、空气湿度的增加而增加，其保护性降低。

热喷涂铝层主要通过屏蔽作用和阴极保护作用来防止基体腐蚀。根据电化学腐蚀原理，金属发生腐蚀必须有水、氧、离子和离子流通的途径，热喷涂铝层的屏蔽作用在于将基体和水、氧和离子隔离，这种隔离效果取决于铝层的抗渗透性。铝的耐蚀性主要靠 Al_2O_3 膜的屏蔽作用，由于 Al_2O_3 膜组织致密稳定，使铝的耐蚀性能十分优秀。

由于热喷涂方法得到的涂层都有空隙存在，它会导致腐蚀介质渗入，使涂层与基体发生电化学腐蚀，所以需要对涂层进行封闭处理。铝与锌的涂层都有一定的自封闭作用，它们的腐蚀产物具有自然封闭涂层的作用。铝的腐蚀产物可转变为不溶于水的氧化物，锌涂层的腐蚀产物则稍溶于水，因此锌涂层的保护周期取决于涂层的厚度。铝涂层表面的氧化膜总是存在于表面，一旦涂层中的空隙被不溶解的氧化物所封闭，只要涂层不受损伤，涂层就几乎不再进一步消耗。由于氧化膜的存在，铝涂层在水中的溶解速度比按其他化学势所预期的要慢得多。铝涂层的阴极保护作用较锌涂层差，其原因是铝涂层表面存在的致密的氧化膜 Al_2O_3，由于 Al_2O_3 膜导电率低，电极电位比钢铁正，所以在大气腐蚀介质中铝涂层的阴极保护作用比较弱。在海洋环境中，由于 Cl^- 对铝涂层表面氧化膜的破坏，铝相对于基体为阳极起到阴极保护作用，所以在海洋环境中，铝涂层的保护作用优于锌涂层。作为防腐层用的纯铝丝有 Al99.98（含铝≥99.98%，杂质≤0.02%）和 Al99.5（含铝≥99.5%，杂质≤0.5%）。

铝-镁合金中的镁含量在 5% 左右，即 Al-Mg5 合金。Al-Mg5 合金在生产条件下，通常为单相固熔体组织。单相过饱和固熔体的铝镁合金，其主要腐蚀形式是点蚀，没有晶间腐蚀和应力腐蚀倾向。当铝镁合金中析出的金属键化合物 Mg_2Al_3 相时，由于该金属键化合物是阳极相，有较负的电极电位，能够对钢铁基体起有效的阴极保护作用。

采用热喷涂方法形成的铝镁合金涂层在喷涂过程中，由于合金再次熔融，镁有明显烧损，过饱和固熔体量大大减少，所以它在恶劣的大气环境下具有较好的耐蚀性。常用的 Al-Mg5 合金的牌号为 LF5 合金。Al-Mg5 合金涂层常用于海洋环境防腐蚀工程中。铝镁合金喷涂涂层可用火焰喷涂或电弧喷涂工艺获得。其中电弧热喷涂工艺由于其涂层结合强度和生产效率高最为常用。在我国大气环境条件下，纯铝和铝镁合金涂层具有优良的耐蚀性，可以作为长效防护涂层用于波形钢腹板的防腐涂装体系。

4.3.1.3　金属热喷涂的涂层厚度

任何一种喷涂方法得到的涂层都有空隙存在。目前普通应用的喷涂工艺中，涂层孔隙率在 1%～15%之间，大小顺序为：火焰喷涂＞电弧喷涂＞等离子喷涂＞爆燃喷涂。在工业大气、海洋环境、化学活性物质、腐蚀气体及高温环境中，涂层表面或内在的孔洞，使涂层无法将腐蚀介质与基体隔离，造成涂层与基体发生化学或电化学反应，最终导致涂层失效。试验证明，在防腐蚀性能方面，喷涂方法不是影响防护效果的主要原因，关键因素在于封孔涂层，因此对涂层进行封闭处理是非常必要的。一般热喷锌或热喷铝涂层都作为钢铁基体复合防护体系中的底层。这种底层的封闭漆常用磷酸盐、络酸盐或混合型盐类为主的封闭剂。对封闭剂要求通常是黏度低、易渗透到涂层孔隙中去，对涂层起钝化作用，面层涂料要求与底层封闭剂有良好的相容性，与阳极性涂层或颜料不起反应，对使用环境有适应性。波形钢腹板所采用的防腐涂层常用锌、铝及它们的合金。

属于阳极性涂层的厚度对于涂层防护寿命至关重要，喷锌层和喷铝层的寿命均随着厚度的增大而上升，一般耐大气腐蚀的锌涂层的设计厚度常在 100～350μm 之间，喷铝层厚度常用 80μm、120μm、200μm 和 300μm 厚度等级。对于同样的腐蚀环境和防护寿命要求，锌—铝合金涂层的厚度要低于纯锌和纯铝涂层的厚度，Zn-Al15 涂层厚 40～80μm 就有很好的阴极保护作用，厚 80～120μm 时，直接使用就具有较长的防护寿命。我国对不同的腐蚀环境，按防护寿命的要求，均制定了行业标准。《铁路钢桥保护涂装》(TB/T 1527—2004)所推荐的涂层厚度见表 4-31。

涂层设计推荐厚度　　表 4-31

典型腐蚀环境	设计防护寿命	涂层厚度(μm)			
		喷铝(不封闭)	喷锌(不封闭)	喷铝(封闭)	喷锌(封闭)
普通干燥大气	20 年以上	100	100	—	—
潮湿大气	20 年以上 10～20 年	150 100	150 100	100 —	100 —
污染内陆大气	20 年以上 10～20 年 5～10 年	150 100 —	250 150 100	150 100 —	150 100 —
无污染海洋大气	20 年以上 10～20 年 5～10 年	150 — —	250 150 100	150 100 —	150 100 —
污染海洋大气	20 年以上 10～20 年 5～10 年	250 150 —	350 250 150	150 100 —	250 150 100
非饮用淡水	20 年以上 10～20 年	150 —	150 —	— 100	— 150

续上表

典型腐蚀环境	设计防护寿命	涂层厚度(μm)			
		喷铝(不封闭)	喷锌(不封闭)	喷铝(封闭)	喷锌(封闭)
海水浸渍	20年以上 10～20年	— —	— 250	150 —	250 150
海水飞溅区或盐雾环境	20年以上 10～20年 5～10年 5年以下	— — — —	— 250 150 100	150 — 100 —	250 175 150 —

国际标准《铁和钢结构的防腐　锌和铝涂层指南》(ISO 14713—1999)给出了金属涂层防腐蚀保护的标准,其金属热喷涂防腐蚀涂层体系见表4-32。国家标准《金属和其他无机覆盖层热喷涂 锌、铝及其合金》(GB/T 9793—1997)给出了推荐厚度,它来自于国际标准《热喷镀金属涂层和其他无机覆层 锌、铝及其合金》(ISO 2063—2005),见表4-33。在表4-32和表4-33中,腐蚀环境的分类与ISO 12944相关阐述的是一致的,这样十分方便于波形钢腹板的热喷涂装设计。

金属热喷涂防腐蚀涂层体系　　表4-32

腐蚀环境	涂层寿命	涂层体系	腐蚀环境	涂层寿命	涂层体系
C2	≥20	喷铝100μm 喷铝50～100μm+封闭	C4	≥20	喷铝100μm 喷铝100μm+封闭
			C5	≥20	喷铝150μm 喷铝150μm+封闭
C3	≥20	喷铝100μm 喷铝100μm+封闭 喷铝100μm 喷铝100μm+封闭	Im2	≥20	喷铝250μm 喷铝150μm+封闭 喷铝250μm 喷铝150μm+封闭

ISO 2063对不同使用环境推荐的最小涂层厚度(μm)　　表4-33

环境	ISO 12944-2环境分类	Zn		Al		AlMg5		ZnAl 15	
		未封闭	封闭	未封闭	封闭	未封闭	封闭	未封闭	封闭
盐水	Im2	N. R. ①	100	200	150	250②	200②	N. R. ①	100
淡水	Im3	200	100	200	150	150	100	150	100
城市环境	C2和C3	100	50	150	100	200	100	100	50
工业环境	C4,C5-I	N. R. ①	100	200	100	250	100	150	100
海洋大气	C5-M	150	100	200	100	250②	200②	150	100
干燥室内环境	C1	50	50	100	100	100	100	50	50

注:①N. R. 不推荐。

②海洋环境。

4.3.2 热浸镀锌底层

热浸镀锌是将钢铁构件浸入熔融的锌液中获得金属覆盖层的一种方法，是钢结构重要的防腐蚀处理工艺。热浸镀锌是由较古老的热镀方法发展而来的，自从 1836 年法国把热浸镀锌应用于工业以来，已经有 160 年的历史了。将钢材浸泡于 440℃左右的熔融锌液中，将于钢材表面形成铁锌合金或纯锌被覆层。将镀锌后的钢板置于腐蚀环境中，则将在其表面生成酸化膜，这个酸化膜为强力的保护膜，可以抵制腐蚀环境的进一步发展(起到保护膜的作用)，万一这个保护膜再受到损伤，损伤部位的锌阳离子可抑制腐蚀电化作用从而再度形成保护(牺牲阳极作用)，所以热浸镀锌为具有双重保护作用的优质防锈措施。热浸镀锌层形成过程是铁基体与最外面的纯锌层之间形成铁—锌合金的过程，工件表面在热浸镀锌时形成铁—锌合金层，才使得铁与纯锌层之间很好结合，其过程为：当铁工件浸入熔融的锌液时，首先在界面上形成锌与 α 铁(体心)固熔体。这是基体金属铁在固体状态下溶有锌原子所形成一种晶体，两种金属原子之间是融合，原子之间引力比较小。因此，当锌在固熔体中达到饱和后，锌铁两种元素原子相互扩散，渗入铁基体中的锌原子在基体晶格中迁移，逐渐与铁形成合金，而扩散到熔融的锌液中的铁就与锌形成金属化合物 FeZn13，沉入热浸镀锌锅底，即为锌渣。当工件从锌液中移出时表面形成纯锌层，为六方晶体。其含铁量不大于 0.003%。热浸镀锌对基体金属铁的抗大气腐蚀能力优于电镀锌。对钢铁基体来说，锌镀层经钝化处理、染色或涂覆护光剂后，能显著提高其防护性和装饰性。近年来，随着镀锌工艺的发展，高性能镀锌光亮剂的采用，镀锌已从单纯的防护目的进入防护—装饰性应用。热浸镀锌的耐用年限与锌层厚度成正比，热浸镀锌层厚度与锌质量的换算关系为 $1\mu m$ 为 $7.07g/m^2$。热浸镀锌的耐用年限与热喷锌大致相同，见表 4-34。日本热浸镀锌协会给出的镀锌层的使用年限见表 4-35。

热浸镀锌的耐用年限　　　　表 4-34

耐用年限 / 使用环境	镀锌层耗蚀量 [g/(m²·年)]	不同锌层厚度的耐蚀年限			
		210 (g/m²)	280 (g/m²)	560(g/m²)	700 (g/m²)
乡村环境	7～15	13～28	20～43	>30	>30
海洋环境	17～50	4～12	6～18	11～33	14～41
城市环境	20～43	5～10	7～15	13～28	16～38
工业区	40～80	—	—	7～14	8～18

镀锌层的使用年限(日本热镀锌协会)　　　　表 4-35

大气环境	400 (g/ m²)		500 (g/ m²)		600 (g/ m²)	
	镀锌层耗蚀量 [g/(m²·年)]	耐用年限	镀锌层耗蚀量 [g/(m²·年)]	耐用年限	镀锌层耗蚀量 [g/(m²·年)]	耐用年限
重工业带	30.1	11.8	32.8	15.7	31.1	17.4
海岸地带	12.4	29.0	12.5	36.0	12.3	43.9
郊外地带	7.1	60.7	7.2	62.6	16.7	60.6
城市地带	16.7	22.9	6.0	28.1	15.9	34.0

热浸镀锌溶液分为有氰化物镀液和无氰化物镀液两类。氰化物镀液中分微氰、低氰、中氰和高氰几类。无氰镀液有碱性锌酸盐镀液、铵盐镀液、硫酸盐镀液及无氨氯化物镀液等。氰化镀锌溶液均镀能力好，得到的镀层光滑细致，在生产中被长期采用。但由于氰化物剧毒，对环境污染严重，近年来已趋向于采用低氰、微氰、无氰镀锌溶液。热浸镀锌的镀层较厚，覆盖能力好，镀层致密，无有机物夹杂，一般为 30～60μm，镀锌层防腐能力较高，十分适合于波形钢腹板防腐涂装。虽然镀锌工艺防腐效果很好，但由于对环境污染较大，目前多采用热喷涂工艺形成波形钢腹板防腐底层涂装。

4.3.3 富锌漆底层

富锌涂料是波形钢腹板防腐蚀涂装体系中首选底漆。富锌涂料主要有无机硅酸富锌涂料和环氧富锌涂料两种。锌粉混合于环氧或聚氨酯等黏结剂中，形成有机富锌漆；锌粉混合于硅酸乙酯黏结剂中，形成无机富锌漆。富锌漆中锌粉纯度指标与含量的测定可参考《锌粉颜料》(ASTM D520—00)和《锌粉涂料与锌粉涂料硫化薄膜和富锌涂层硫化薄膜中金属锌含量测定的标准试验方法》(ASTM D6580—00)的规定。富锌涂料的干膜中，锌粉含量对防腐蚀性能具有重要的作用，在《色漆和清漆　防护漆体系对钢结构的腐蚀防护　第 5 部分　防护漆体系》(ISO12944—5:1998)中规定，无论是有机还是无机富锌底漆的锌粉含量不得小于 80%。《富锌底漆》(HG/T 3668—2000) 规定，无机富锌底漆中锌粉不低于 80%，有机富锌底漆中锌粉不低于 70%。富锌底漆的防腐蚀作用还与漆膜的附着力和防渗透性能等因素有关，并不是富锌底漆中的锌粉的含量越高，防腐蚀作用就越强。富锌涂料的分类与评价见表 4-36。

富锌涂料的分类与评价　　表 4-36

类别及名称		相应标准	性能评价
无机类	水溶性后固化无机富锌底漆	SSPC TYPE 1A	防锈性能优秀，漆膜较脆，对底材表面处理要求苛刻
	水溶性自由固化无机富锌底漆	SSPC TYPE 1B	防锈性能优秀，稍次于 1A，自固化，施工方便，对底材表面处理要求苛刻
	醇溶性自由固化无机富锌底漆	SSPC TYPE 1C	防锈性能优良，漆膜适应性好，干燥快，对底材表面处理要求高
有机类	环氧富锌底漆	SSPC TYPE 11	防锈性能良好，但低于无机类富锌底漆；漆膜柔韧，易于与面漆配套，对底材表面处理要求一般

4.3.3.1 无机富锌涂料

无机富锌涂料主要组成是金属超细锌粉、黏结剂和助剂，可与钢铁表面直接反应生成硅酸铁，属于化学结合，涂层附着力强，并且无机富锌漆涂层的孔隙电阻率比有机富锌漆涂层高，所以具有比有机富锌漆更高的耐蚀寿命。无机富锌涂料分为水溶性无机富锌漆和醇溶性(溶剂性)无机富锌漆。水溶性无机富锌漆又分为水性后固化无机富锌漆和水性自固化无机富锌漆。水性后固化无机富锌漆由硅酸钠或硅酸钾为黏结剂,与锌粉混合后涂布于钢铁表面,涂膜干燥后,需加热或加热酸性固化剂进行后处理才能固化。水性自固化无机富锌漆是以硅酸钠或硅酸钾为黏结剂为基料的自固化无机富锌涂料,涂布后吸收空气中 CO_2 而完全固化。近年来,水性无机富锌漆涂料由于其无 VOC 排放,可以满足有关法规的要求而用作钢结构的防腐蚀底漆。《铁路钢桥保护涂装》(TB/T 1527—2004)中给出了水溶性无机富锌底漆的技术要求(表4-37)。由于水溶性无机富锌漆对涂装条件和基体表面处理要求很高,目前在波形钢腹板的防腐涂装体系中应用不多。

水溶性无机富锌漆防锈底漆技术指标 表4-37

项目		单位	技术指标
涂层颜色及外观		—	锌灰色,涂层平整
不挥发物		%	≥75
黏度(6号杯)		S	≥6
干膜中锌粉含量		%	≥90
干燥时间	表干	H	≤30
	实干	H	≤2
自固化时间		H	≤6
硬度		H	≥4
附着力	画格法	H	≤2
	拉开法	MPa	≥4
耐盐雾性		H	经1 000h盐雾试验,涂层不出现红锈,划痕处120h不出现红锈
适用期		H	≥8
储存期		月	≥6

注:耐盐雾性,储存期为供应商保证项目,不作为用户必检项目。

醇溶性无机富锌漆只有自固化型无机富锌漆,它是以预先部分水解缩聚的正硅酸乙酯(溶解在醇溶液中)与锌粉配合而成。涂覆后溶剂挥发,正硅酸乙酯进一步水解、缩聚,最后形成聚硅氧高分子网络而固化,固化成膜不受环境湿度的影响。由于醇溶性自固化无机富锌漆的固化过程容易控制,在30%~85%的相对湿度下溶剂挥发较快,容易形成涂层而在我国的桥梁钢结构中得到了广泛的应用。醇溶性无机富锌漆的技术指标见表4-38。

醇溶性无机富锌漆的技术指标 表4-38

项目	技术指标	项目	技术指标
颜色	金属灰色	体积含量(固体/%)	64
理论涂布率(m^2/L)	12.8(按50μm干膜厚度计)	密度(g/cm^3)	2.65
闪点	14	指干时间(20℃)(h)	0.5
有机挥发物含量VOC(g/L)	535	完全固化时间(20℃)(h)	24
涂层与钢板最大结合力单位	2~5		

无机富锌涂料除了用作重防腐底漆外，还可以作为波形钢腹板搭接区域的防锈防滑涂料，摩擦系数不低于0.45。

4.3.3.2 环氧富锌涂料

环氧富锌涂料是以直链环氧树脂为基料，加有80%～90%以上锌粉构成，见表4-39，它的技术指标见表4-40。

环氧富锌涂料基本组成

表4-39

名　称	含 量（%）	名　称	含 量（%）
纯锌粉	80.0	环氧树脂漆	15.0
防沉剂	1.0	聚酰胺树脂	4.0

环氧富锌涂料技术指标

表4-40

项　目	技术指标	项　目	技术指标
颜色	红色、蓝色、灰色	体积固体含量（%）	55～65
闪点（℃）	32（混合后）	指干时间（min）	45～60（25℃）
密度（g/cm³）	1.95～2.90	完全固化时间（h）	24
涂层附着力（MPa）	1～3		

4.3.4 电弧喷铝/锌、热浸镀锌和富锌底漆涂装体系的性价比

以钢结构为例，对电弧喷铝/锌、热浸镀锌和富锌底漆防腐涂装体系的经济技术指标分析如表4-41所示，可见热浸镀锌的防护体系具有较高的防腐性价比，而热喷涂铝/锌底层防护体系＋中间漆＋氟碳面漆防腐体系的防护性能最好。

电弧喷铝/锌、热浸镀锌和富锌底漆涂装体系的费用比较

表4-41

序　号	基体处理要求	防护体系	涂镀层厚度（μm）	费用比较	预期寿命（a）
1	手工清理 Sa2级	铁红环氧酯底漆	50	x	5
		醇酸云铁中间漆	60		
		醇酸面漆	60		
2	喷砂清理 Sa2.5级	环氧富锌底漆	50～60	1.5x	10
		氧化橡胶中间漆	80		
		氯化橡胶云母氧化铁面漆	80		
3	喷砂清理 Sa2.5级	无机富锌漆	80	2.2x	15
		环氧密封漆	30		
		环氧云铁中间漆	100		
		脂肪族聚氨酯面漆	40		

续上表

序　号	基体处理要求	防 护 体 系	涂镀层厚度(μm)	费用比较	预期寿命(a)
4	喷砂清理 Sa2.5 级	无机富锌车间漆	20	3.0x	20
		厚膜无机富锌漆	75		
		厚膜环氧底漆	120		
		聚氨酯中间漆	40		
		聚氨酯面漆	40		
5	喷砂清理 Sa2.5 级	最后两道采用氟碳涂料	60～200	>5.0x	20～50
6	酸洗	热浸镀锌	>85	1.5x	>25
7	喷砂清理 Sa3 级	热喷铝/锌＋双层封闭	150	2.5x	>25

注：清理要求按《涂装前表面锈蚀等级和除锈等级》(GB/T 8923—1988)执行。

4.3.5　电泳底层

电泳涂装是将具有导电性的被涂物浸在装满水稀释的浓度比较低的电泳涂料槽中作为阳极(或阴极)，在槽中另设置与其对应的阴极(或阳极)，在两极间接接通直流电一段时间后，在被涂物表面沉积出均匀细密、不被水溶解的涂膜的一种特殊的涂装方法。电泳涂装过程中伴随着四种物理化学变化，即电泳、电解、电沉积和电渗。电泳涂料作为一种新型的低污染、节省能源的防腐蚀性涂料，具有涂抹平整、耐水性和耐化学性好等特点，容易实现涂装工业的机械化和自动化，适合形状复杂，有边缘棱角、孔穴工件涂装。

电泳涂料一般由基料(树脂)、颜料、填料、助溶剂、中和剂和水构成。基料是构成涂膜的主要成分之一，阳极电泳涂料的主要成膜物为酚醛树脂、环氧树脂、聚丁二烯树脂。阴极电泳涂料的主要成膜物质为双酚 A 型环氧树脂。颜料在电泳涂料中起着色作用，根据涂装的要求，选用不同颜色的涂料进行着色。填料主要作用是增强电泳涂料的硬度和强度，是涂膜中不可缺少的部分。助溶剂对电泳涂料树脂起助溶作用，可提高槽液的稳定性，促进漆膜流平，改善漆膜的外观质量，同时还可以调节漆膜的厚度。中和剂主要作用是调节电泳涂料的 pH 值，提高涂料的储存稳定性，改善漆膜的外观质量，同时还可以调节漆膜的厚度。在电泳涂料工作液的配制和补充固体含量时，需要去离子水，而且在金属表面处理，电泳前水洗，电泳后水洗液需要去离子水，水质要求：导电率≤20μs/cm (25℃)，pH≈7。

电泳涂料按被涂工件电极还可分为阳极电泳涂料和阴极电泳涂料，按成膜物在水中存在的离子形态可分为阴极电泳涂料和阳极电泳涂料，阴极电泳涂料按水分分散状态可分为单组分电泳涂料和双组分电泳涂料，还可按膜厚度分为薄膜型、中厚膜和厚膜型阴极电泳涂料。阳极电泳涂料与阴极电泳涂料的区别见表 4-42。

阳极电泳涂料与阴极电泳涂料的区别　　表 4-42

项　目		阳极电泳涂料	阴极电泳涂料
树脂		含羧基合成的树脂	环氧聚酰胺树脂
固化剂		无	封闭异氰酸脂树脂
槽液	中和剂	有机胺	有机酸
	pH 值	8.0～9.0	5.8～6.4
	导电率(μs/cm)	2 000±500	1 200±300
	固体含量(%)	10～14	16～19
耐盐雾性能		≤400h	≥500h

电泳涂料的特点和局限性如下：

(1)电泳涂装可以实现完全机械化、自动化，适用于流水作业。

(2)电泳涂料泳透率高，在水中完全溶解或乳化，配置成的槽液黏度很低，容易浸透到被涂物的袋状构造部及缝隙中，适合于异型导电材料的表面涂装。

(3)电泳槽液具有较高的导电性，涂料离子能在电场作用下快速泳动，在被涂物表面被中和后形成电中性湿漆膜，随着湿漆膜的增厚，电阻增大，涂料粒子沉积量逐渐变小，从而形成均匀细致的涂料膜。

(4)涂料的利用率高。由于槽液的固体含量低，黏度小，被涂物带出的涂料少，尤其是超滤技术的应用，实施涂装过程封闭循环，涂料回收率高。

(5)涂膜的防腐蚀能力强，电泳涂装由于在电场作用下成膜均匀，因此采用电泳涂装法能使工件的内腔和焊缝的耐腐蚀性显著提高。

(6)电泳涂料溶剂含量低，有利于环保。

(7)电泳涂料必须在通电的情况下才能进行，因此适用于具有导电性的被涂物。

(8)导电特性不一样的多种金属组合成的被涂物不宜采用电泳涂装工艺，一些电泳涂料对 Cu、Zn 等金属离子会产生过敏现象。

(9)电泳涂料湿膜须烘烤后才能形成致密的漆膜，因此非耐高温的涂物不能采用电泳涂装工艺。

(10)电泳槽底更新期为 6 个月，小批量生产场合不宜采用电泳涂装。

(11)不同底材上的电泳涂料性能有差异。

1977 年开发成功能成倍提高涂层耐腐蚀性的高渗透力阴极电泳涂料和阴极电泳涂装工艺后，现代电泳涂装以高泳透率的阴极电泳涂装逐步替代阳极电泳涂装，至今采用阴极电泳涂装法涂底漆的汽车车身达 90%以上。阴极电泳涂装工艺经过近些年的不断完善，现已成为汽车涂装中最成熟的涂底漆(或底面合一涂层)的先进技术之一，阴极电泳涂料也正处于成熟的一代。为适应日益严格的环保法规、防止公害和降低成本的要求，阴极电泳涂装工艺如下：

(1)通过原材料的成本分析、采购计划、制造工艺的合理化及产品的新配方等各种途径，使电泳涂料在保证标准质量的基础上更廉价化。在保持现行的漆膜质量和操作性能不变的同时，用这种涂料可降低涂装成本。

(2)开发采用无重金属、挥发性有机物(VOC)含量低和无高层空气污染(HAPS)的阴极电泳作料。无铅阴极电泳涂料(有的甚至不含锡)在欧洲已有几条车身涂装线采用。为减轻大气污染而努力降低VOC含量,目标是降到零,并消除HAPS。

(3)为节能和降成本,开发采用低温快速固化型阴极电泳涂料和低发烟、低油腻、低臭、低加热减量的阴极电泳涂料,可降低烘干室的维护成本,减少臭气,改善操作环境和地区环境。

(4)不断改善阴极电泳漆膜的性能。如为提高零部件的边角的耐腐蚀性,开发边角覆盖型与厚膜型配合车用零部件的电泳涂装。

(5)采用超滤(UF)与反渗透(RO)配套装置,实现电泳后清洗完全循环封闭,进一步提高电泳涂料的利用率,减少纯水量。

电泳涂装具有传统溶剂涂料无可比拟的无污染的突出优点。世界各工业国家的汽车车身的底漆大多采用电泳涂装工艺。电泳涂装采用的超滤装置(UF)解决了产品电泳水洗后的污水处理问题,实现了闭路循环水洗,同时也降低了电泳漆的消耗。

4.3.6 封闭漆与中间层漆

无机富锌底漆中富含锌粉,其粒子之间存在着孔隙,当直接使用厚浆型涂料进行覆盖时,会使锌粉粒子之间的空气穿透涂膜逸出,造成针孔现象。金属热喷涂底层也不可避免地有一定的孔隙率(一般约2%~10%)。孔隙的存在不仅破坏了涂层的完整性,而且更重要的是在使用过程中腐蚀性的液体和气体介质可以通过这些孔隙渗入,甚至会通过联通孔隙直接延伸到涂层与基体的界面,从而使涂层和基体表面发生腐蚀破坏而导致防腐体系失效。波形钢腹板处于工业大气环境、海洋大气中,为提高涂层的使用性能和使用寿命,在涂装中间层漆前,需对底层的固有孔隙进行填充封闭处理。常采用的封闭处理是利用有防护性能的封闭剂(涂料)渗入涂层孔隙中,使其与外部环境隔绝,进一步提高涂层对基体的保护效果。封闭剂分有机封闭剂和无机封闭剂两类。有机封闭剂一般是由树脂、溶剂和颜料以适当的比例组成,常用的是低黏度的乙烯树脂、硝基涂料、醋酸共聚物、苯酚树脂、改性醇酸树脂、酚醛树脂和改性环氧树脂等。无机封闭漆主要有硅酸盐和铬酸盐等无机物。

对于金属热喷涂以及无机富锌底漆,通常采用干膜厚度20~30μm的环氧封闭漆,它的主要作用是对金属热喷涂和无机富锌底漆的多孔表面进行渗透封闭,起到防止起泡针孔的作用,也为后继的中间涂层起到良好的连接作用。环氧封闭漆的技术指标应符合《公路桥梁钢结构防腐涂装技术条件》(JT/T 722—2008)规定,见表4-43。

环氧封闭漆的技术指标 表4-43

序 号	项 目	技术指标	试验方法
1	在容器中的状态	搅拌后无硬块,呈均匀状态	目测
2	不挥发物含量(%)	50~70	GB/T 1725(色漆、清漆和塑料不挥发物含量的测定)
3	黏度,ISO-4杯(s)	≤60	GB/T 6753.4(色漆和清漆 用流出杯测定流出时间)
4	细度(μm)	≤60	GB/T 6753.1(色漆、清漆和印刷油墨 研磨细度的测定)

续上表

序号	项目		技术指标	试验方法
5	干燥时间	表干(h)	≤2	GB/T 1728(漆膜、腻子膜干燥时间测定法)
		实干(h)	≤12	
6	附着力(MPa)		≥5	GB/T 5210(色漆和清漆拉开法附着力试验)

中间层漆在波形钢腹板的防腐体系中起到承上启下的作用,它与底层往往不一定是同种涂料。为使各层漆间黏结良好,形成一个整体防护体系,要求中间层漆与底层和面漆之间具有相容性,以获得良好的层间附着力。设计中间层漆时,一般尽量选择与底层和面漆相同或相近的基料,同时采用较厚的中间涂层厚度,以增强屏蔽效果。环氧中间漆的技术指标应符合《公路桥梁钢结构防腐涂装技术条件》(JT/T 722—2008)规定(表4-44)。

环氧中间漆的技术指标 表4-44

序号	项目		技术指标			试验方法
			环氧(厚浆)漆	环氧(云铁)漆	环氧玻璃磷片漆	
1	在容器中的状态		搅拌后无硬块,呈均匀状态			目测
2	不挥发物含量(%)		≥75	≥75	≥80	GB/T 1725(色漆、清漆和塑料 不挥发物含量的测定)
3	干燥时间	表干(h)	≤4	≤4	≤4	GB/T 1728(漆膜、腻子膜干燥时间测定法)
		实干(h)	≤24	≤24	≤24	
4	弯曲性(mm)		≤2	≤2	—	GB/T 6742[色漆和清漆弯曲试验(圆柱轴)]
5	耐冲击性(cm)		50		—	GB/T 1732(漆膜耐冲击测定法)
6	附着力(MPa)		≥5			GB/T 5210(色漆和清漆拉开法附着力试验)

在波形钢腹板的涂装体系中,中间漆通常选用环氧云铁中间漆。云铁是云母氧化铁的简称,它由硫铁矿加工而成,是一种呈片状的颜料,它在涂膜中和底材平行重叠排列,能有效地阻止腐蚀介质渗透,对阳光反射能力强,加上云铁涂层表面粗糙,具有长期重涂性,可在中间漆涂装完成后把波形钢腹板运送到施工现场,在安装完成后再涂覆面漆。目前所采用的环氧云铁中间漆的云母氧化铁含量在60%~80%左右,高固体分环氧云铁中间漆在喷涂施工时,单道涂层喷涂可达到75~250μm。

4.3.7 面漆

用于波形钢腹板防腐涂装体系的面漆主要作用是遮蔽太阳紫外线以及污染大气等对涂层

的破坏作用，抵挡风雪与水，且具有良好的美观装饰性，目前使用的主要有经济有效的丙烯酸脂肪族聚氨酯面漆、耐候性优异且环保的聚硅氧烷面漆和高耐候性氟碳面漆。面漆的技术指标应符合《公路桥梁钢结构防腐涂装技术条件》(JT/T 722—2008)规定，如表 4-45 所示，它们的性能比较见表 4-46，性能测试数据见表 4-47。

面漆的技术指标　　表 4-45

序号	项目		技术指标			试验方法
			丙烯酸脂肪族聚氨酯面漆	氟碳面漆	聚硅氧烷面漆	
1	不挥发物含量(%)		≥60	≥55	≥70	目测
2	细度(μm)		≤35			GB/T 1725(色漆、清漆和塑料 不挥发物含量的测定)
3	溶剂可溶物氟含量(%)		—	≥24(优等品) ≥24(一等品)	—	GB/T 6753.1(色漆、清漆和印刷油墨 研磨细度的测定)
4	干燥时间	表干(h)	≤2			GB/T 1728(漆膜、腻子膜干燥时间测定法)
		实干(h)	≤24			
5	弯曲性(mm)		≤2			GB/T 6742[色漆和清漆 弯曲试验(圆柱轴)]
6	耐冲击性(cm)		50			GB/T 1732(漆膜耐冲击性测定法)
7	耐磨性 500r/500g(g)		≤0.06	≤0.05	≤0.04	GB/T 1768(漆膜耐磨性测定法)
8	硬度		≥0.6			GB/T 1730 B 法(漆膜硬度测定法 摆杆阻尼试验)
9	附着力(MPa)		≥0.6			GB/T 5210(色漆和清漆拉开法附着力试验)
10	适用期(h)		≥5			HG/T 3792 (交联型氟树脂涂料)— 2006 中 5.11
11	重涂性		重涂无障碍			HG/T 3792(交联型氟树脂涂料)—2006 中 3.12

防腐面漆性能比较 表 4-46

项目 \ 防腐面漆品种	丙烯酸脂肪族聚氨酯面漆	聚硅氧烷面漆	氟 碳 面 漆
基料	含羟基丙烯酸酯	聚硅氧烷	FEVE 氟树酯
固化剂	异氰酸酯	聚胺	异氰酸酯
键能	C—C 键 358kJ/mol	Si—O 键 445kJ/mol	C—F 键 485kJ/mol
保色保光性	好	非常好	非常好
固体分体积分数(%)	50	70～90	40
干膜厚度范围	40～50	60～150	30～40

聚氨酯、氟碳、聚硅氧烷涂层的性能测试数据 表 4-47

参数 \ 防腐面漆品种	聚合硅氧烷	氟 碳	聚 氨 酯
光泽	≥90	≥70	≥60
硬度	4H(ASTM D 2263)	3H(ASTM D 2263)	>0.5 GB/T1730-93B 法
附着力	25MPa (ASTM D 4541)	1 画格试验	7.5MPa (ASTM D 4541)
耐磨性	ASTM D 4060 128mg/1 000r	≤0.1(GB 1768—89)	ASTM D 4060 128mg/1 000r
柔韧性	无裂痕，伸长 1.6%. ISO1519(在 125μm 厚下用 25mm 轴测试)	1mm(GB/T 1731—93)	无裂痕，伸长 0.75%. ISO 1519(在 40μm 厚下用 4mm 轴测试)
人工老化试验	ASTM G 53—93 10 000h：保持 35%光泽	1 500h，粉化 1 级，失光 11%。综合评定一级	ASTM G 53—93 10 000h：10%光泽保持

4.3.7.1 丙烯酸改性聚氨酯漆

分子结构中含有氨基甲酸酯键的涂料称为聚氨酯涂料。聚氨酯涂料的常用单体有芳香族异氰酸酯和脂肪族异氰酸酯。芳香族异氰酸酯为原料的聚氨酯涂料综合性能好，但它的涂膜受太阳光照射后会泛黄失光，常作为室内涂料使用。丙烯酸脂肪族聚氨酯涂料具有聚氨酯涂料优良的物理力学性能、耐化学性能和低温固化性能，又具有聚丙烯酸酯涂料出色的保光、保色和耐候性，因而常与富锌底漆和环氧厚浆中间漆配套成为波形钢腹板防腐涂装体系中常用的面漆。表 4-48 给出了依据 NORSOK M501(挪威海上平台防腐测试方法及标准)规定的循环试验测试的以聚氨酯为面漆的涂装体系的耐腐蚀性能指标，可以看出聚氨酯面漆配套涂装体系具有突出的耐腐蚀性能。《铁路钢桥保护涂装》(TB/T 1527—2004)中给出了丙烯酸脂肪族聚氨酯面漆的技术要求，见表 4-49。

聚氨酯面漆配套涂装体系耐腐蚀性能　　表 4-48

<table>
<tr><th>产 品 名 称</th><th>干 膜 厚 度</th><th>测　试</th><th>结　果</th></tr>
<tr><td>环氧富锌底漆</td><td>75</td><td rowspan="4">NORSOK M501 循环测试，25 个循环，共 4 200h</td><td rowspan="4">无粉化
无开裂
无锈蚀
无气泡</td></tr>
<tr><td>环氧云铁防锈中间漆</td><td>175</td></tr>
<tr><td>丙烯酸聚氨酯面漆</td><td>50</td></tr>
<tr><td>总的干膜厚度</td><td>300</td></tr>
<tr><td colspan="4">注：NORSOK M501 循环测试</td></tr>
<tr><td rowspan="5">1 个循环＝</td><td>时间</td><td colspan="2">试验方法</td></tr>
<tr><td>72h</td><td colspan="2">ISO 7253（色漆及清漆 耐中性盐雾试验）</td></tr>
<tr><td>16h</td><td colspan="2">空气中干燥</td></tr>
<tr><td>80h</td><td colspan="2">ASTM G53-(UV-A)[非金属材料暴晒用光、水曝晒仪标准操作规程(紫外光耐气候试验)]</td></tr>
<tr><td>共计：168h</td><td colspan="2"></td></tr>
</table>

丙烯酸脂肪族聚氨酯面漆　　表 4-49

<table>
<tr><th colspan="2">项　目</th><th>单　位</th><th>技 术 指 标</th></tr>
<tr><td colspan="2">涂层颜色及外观</td><td>—</td><td>灰色，半光，表面色调均匀一致，涂膜平整</td></tr>
<tr><td colspan="2">不挥发物</td><td>%</td><td>≥60</td></tr>
<tr><td colspan="2">流出时间</td><td>s</td><td>≥50</td></tr>
<tr><td colspan="2">细度</td><td>μm</td><td>50</td></tr>
<tr><td rowspan="2">干燥时间</td><td>表干</td><td>h</td><td>≤2</td></tr>
<tr><td>实干</td><td>h</td><td>≤24</td></tr>
<tr><td colspan="2">弯曲性能</td><td>Mm</td><td>≤2</td></tr>
<tr><td colspan="2">耐冲击性能</td><td>cm</td><td>≥50</td></tr>
<tr><td colspan="2">附着力(拉开法)</td><td>MPa</td><td>≥5</td></tr>
<tr><td colspan="2">耐碱性(5%NaOH)</td><td>h</td><td>240h 涂层无异常</td></tr>
<tr><td colspan="2">耐酸性(5%H_2SO_4)</td><td>h</td><td>240h 涂层无异常</td></tr>
<tr><td colspan="2">耐水性</td><td>h</td><td>≥12</td></tr>
<tr><td colspan="2">耐人工加速老化性能</td><td>h</td><td>1 000h 试验涂膜无明显变色，无粉化、无泡、无裂纹</td></tr>
<tr><td colspan="2">适用期</td><td>h</td><td>≥5</td></tr>
<tr><td colspan="2">施工性能</td><td></td><td>可复涂，每道干膜厚度不小于 35μm</td></tr>
</table>

4.3.7.2　聚硅氧烷面漆

聚硅氧烷涂料在钢结构中有着广泛的应用，其优点是不用乙氰酸固化剂，高固体分低VOC，单道涂层厚膜型施工可达 150μm 左右，耐候性优于丙烯酸聚氨酯涂料。聚硅氧烷涂料主要由环氧聚硅氧烷涂料、单组分丙烯酸聚硅氧烷涂料和双组分聚硅氧烷涂料。聚硅氧烷涂料中的 Si—O 键的键能高达 452kJ/mol，大大高于有机聚合物典型的 C—C 键的键能358kJ/mol，所以需要很强的活化能才能破坏聚硅氧烷聚合物，所以环氧聚硅氧烷涂料具有十分杰出的耐腐蚀性能，要优于丙烯酸聚硅氧烷涂料，可用于腐蚀环境非常恶劣的石油化工和海洋工程中。双组分丙烯酸聚硅氧烷涂料具有良好的耐候性和柔韧性，且装饰性比环氧聚硅氧烷涂料要好，是波形钢腹板的重要选用面漆。

4.3.7.3　氟碳树脂面漆

氟碳树脂涂料是指由于氟烯烃聚合或氟烯烃和其他单体共聚而合成的高分子聚合物，主要有以下4种类型：聚四氟乙烯(PTFE)、聚偏二氟二烯(PVDF)、聚氟乙烯(PVF)和氟烯烃乙烯基醚共聚树脂(FEVE)。氟碳树脂涂料的耐候性能很好，超过了丙烯酸改性聚氨酯涂料，由于价格比较贵，通常作为比较严酷使用环境下的超长效耐候性面漆使用。氟碳漆中C—F键能(485kJ/mol)，高于聚硅氧烷涂料中的Si—O键的键能，且不易受紫外线破坏，所以它具有很强的耐候性能。氟碳漆中的氟含量十分重要，用于波形钢腹板的氟碳面漆需满足铁道部桥梁保护涂装标准《交联型氟树脂涂料》(TB/T 3792—2005)规定的含氟量应大于18%要求。《铁路钢桥保护涂装》(TB/T 1527—2004)中给出了氟碳面漆的技术指标要求，见表4-50。氟碳面漆已列入日本的重防腐涂装体系的涂装规格书中，见表4-51所示。

氟碳面漆技术指标　　表4-50

项　目		单　位	技术指标
氟含量		%	≥15
涂层颜色及外观		—	表面色调均匀一致，涂膜平整
不挥发物		%	≥55
流出时间		s	≥30
细度		μm	30
干燥时间	表干	H	≤2
	实干	H	≤24
弯曲性能		mm	≤2
耐冲击性能		cm	≥50
附着力(拉开法)		MPa	≥6
耐碱性(5%NaOH)		h	240h涂层无异常
耐酸性(5%H_2SO_4)		h	240h涂层无异常
耐水性		h	≥12
耐人工加速老化性能		h	1 000h试验涂膜无明显变色，无粉化、无泡、无裂纹 保光率≥80%
适用期		h	≥5
施工性能			可复涂，每道干膜厚度不小于30μm

注：氟含量是指生产氟碳涂料所用原料含氟树脂中的含量。

日本典型的重防腐涂装体系　　表4-51

工　序	涂料名称	使用量(g/m²)	膜厚(μm)	涂装间隔
一次表面处理	钢板喷砂到SIS Sa2.5			
车间底漆	无机富锌底漆	200	20	
二次表面处理	构件喷砂到SIS Sa2.5			

续上表

工　序	涂 料 名 称	使用量(g/m²)	膜厚(μm)	涂 装 间 隔
第一层	厚膜型无机富锌底漆	700	75	1～6 个月
第二层	雾喷涂层	160		2d 内
第三层	厚膜型环氧底漆	500	100	1d～1 个月
第四层	厚膜型环氧底漆	500	100	1～3 个月
第五层	氟树脂中涂漆	170	30	1～7d
第六层	氟树脂面漆	140	20～30	

4.3.8　粉末涂料

粉末涂料是新发展起来的一种特殊的涂料品种，它的防腐作用，就是在金属表面形成一层致密的涂膜，防止水和氧气及其他电解质与金属内部接触。大部分粉末涂料的树脂形成的涂膜都具有吸水性小、透气性小的特点，水分、氧气和电解质溶液很难渗透到金属内部，一旦涂层和基材结合牢固，就阻碍了涂膜内电解质的移动，因而金属的腐蚀速度就大大降低了。与溶剂型涂装相比，粉末涂装具有如下优点：

(1)无污染。由于涂料中不含有机溶剂，在制粉和涂装过程中，从根本上消除了废水、废气、废渣和火灾对大气环境和人体健康的危害。

(2)省材料。涂装过程中喷逸的涂料都可回收再用，涂料的利用率高，如果回收设备利用得当，粉末涂料的利用率可达 99%以上。

(3)效率高。粉末涂装一道次就可以获得几十至几百微米厚的厚涂层，并可实现自动流水线生产，涂装生产效率很高。

(4)质量好。粉末涂装用的粉末涂料一般都用分子量较高的树脂做成，涂膜的物理机械性能和耐化学介质腐蚀性能比溶剂型和水性涂料好。

粉末涂料按树脂的热性能可分为热塑性粉末和热固性粉末涂料。热塑性粉末涂料所用的树脂的分子量较大，熔融黏度高，不用固化剂，受热软化，冷却后变硬，这个过程可以反复进行。热塑性粉末涂料按树脂可分为聚乙烯(PE)粉末涂料、聚氯乙烯(PVC)粉末涂料、聚丙烯(PP)粉末涂料、聚酰胺(PA)粉末涂料、乙烯—醋酸乙烯共聚物(EVA)粉末涂料、聚苯硫醚(PPS)粉末涂料等。我国用得最多的是聚乙烯(PE)粉末涂料，其次是聚氯乙烯(PVC)粉末涂料和聚酰胺(PA)粉末涂料。《公路用防腐蚀粉末涂料及涂层 第 2 部分：热塑性聚乙烯粉末涂料及涂层》(JT/T 600.2—2004)给出热塑性聚乙烯粉末涂料与涂层的技术指标见表 4-52。

热塑性聚乙烯粉末涂料粉体与涂层的技术指标　　表 4-52

粉体理化性能			
序号	项目	单位	技术要求
3.1.2.1	挥发物含量	%	≤1
3.1.2.2	表观密度	g/cm³	0.35～0.50
3.1.2.3	筛余物(50 目)	%	<5
3.1.2.4	熔融指数	g/10min	5～10

续上表

涂层理化性能			
序号	项目	单位	技术要求
3.2.2.1	物理力学性能		
3.2.2.1.1	光泽度(60°表头)，	%	≥40
3.2.2.1.2	拉伸强度	MPa	≥13
3.2.2.1.3	断裂延伸率	%	≥300
3.2.2.1.4	涂层硬度(邵氏 D 型)	—	40～55
3.2.2.1.5	维卡软化点	℃	≥80
3.2.2.1.6	耐环境应力开裂(F50)	hr	≥500
3.2.2.2	涂层厚度	—	符合 JT/T 600.1—2004 中 4.2.2.2 要求
3.2.2.3	涂层附着性能	—	不低于 1 级
3.2.2.4	涂层耐冲击性(0.5kg·m)	—	符合 JT/T 600.1-2004 中 4.2.2.4 要求
3.2.2.5	涂层抗弯曲性	—	符合 JT/T 600.1—2004 中 4.2.2.5 要求
3.2.2.6	涂层耐化学腐蚀性	—	符合 JT/T 600.1—2004 中 4.2.2.6 要求
3.2.2.7	涂层耐盐雾性能	—	符合 JT/T 600.1—2004 中 4.2.2.7 要求
3.2.2.8	涂层耐湿热性能	—	符合 JT/T 600.1—2004 中 4.2.2.8 要求
3.2.2.9	涂层耐低温脆化性	—	符合 JT/T 600.1—2004 中 4.2.2.9 要求

热固性粉末涂料所用的树脂的分子量较低，在涂料中必须有固化剂，受热达到一定温度时树脂与固化剂发生化学交联反应，硬化成膜后再加热也不会软化。热固性粉末涂料按所用树脂可分为环氧粉末涂料、聚酯粉末涂料、环氧—聚酯粉末涂料、聚氨酯粉末涂料、丙烯酸粉末涂料、氟树脂粉末涂料。目前用得最多的是环氧—聚酯粉末涂料，其次是聚酯粉末涂料和环氧粉末涂料。热固性粉末涂料的技术要求如表 4-53 所示，《热固性粉末涂料》(HG/T 2006—2006)对热塑性粉末涂料与热固性粉末涂料进行了性能比较见表 4-54。

热固性粉末涂料的技术指标 表 4-53

项　目	指　标			
	室内用		室外用	
	合格品	优等品	合格品	优等品
在容器中状态	色泽均匀，无异物，呈松散粉末状		色泽均匀，无异物，呈松散粉末状	
筛余物(125μm)	全部通过		全部通过	
粒度分布	商定		商定	
胶化时间	商定		商定	
流动性	商定		商定	
涂膜外观	涂膜外观正常		涂膜外观正常	
硬度(擦伤)≥	F	H	F	H
附着力，级≤	1		1	
耐冲击性(cm) 光泽(60°)，≤60 光泽(60°)，>60	 ≥40 50	 50 正冲 50，反冲 50	 ≥40 50	 50 正冲 50，反冲 50

续上表

项　　目	指　　标			
	室内用		室外用	
	合格品	优等品	合格品	优等品
弯曲试验(mm) 光泽(60°),≤60 光泽(60°),>60	 ≤4 2	 2 2	 ≤4 2	 2 2
杯突试验(mm) 光泽(60°),≤60　≥ 光泽(60°),>60　≥	 4 6	 6 8	 4 6	 6 8
光泽(60°)	商定		商定	
耐碱性(5% NaOH)	168h 无异常		商定	
耐酸性(3% HCl)	240h 无异常		240h 无异常	500h 无异常
耐沸水性(时间商定)	无异常		无异常	
耐湿热性	500h 无异常		500h 无异常	1 000h 无异常
耐盐雾性	500h,画线处:单向锈蚀≤2.0mm 未画线处:无异常		500h,画线处:单向锈蚀≤2.0mm 未画线处:无异常	
耐人工气候老化性			500h,变色≤2 级失光①≤2 级,无粉化、起泡、开裂、剥落异常现象	800h,变色≤2 级失光①≤2 级,无粉化、起泡、开裂、剥落异常现象
重金属(mg/kg) 可溶性铅,≤ 可溶性镉,≤ 可溶性铬,≤ 可溶性汞,≤		 90 75 60 60		 90 75 60 60

注:①光泽(60^0)≤30 单位值时不考察涂膜失光情况。

热塑性粉末涂料与热固性粉末涂料的性能比较　　表 4-54

项　　目	热塑性粉末涂料	热固性粉末涂料	项　　目	热塑性粉末涂料	热固性粉末涂料
树脂类型	热塑性树脂	热固性树脂	粉碎加工	困难	容易
树脂分子量	大	较小	粉末粒度分布	较宽	较窄
树脂软化点	高	低	主要涂装方法	浸塑为主	喷塑为主
颜料分散性	困难	容易	涂膜厚度	较厚	较薄
颜料和填料添加量	较少	较多	涂膜硬度	较软	较硬
固化剂	不需要	需要			

第5章　波形钢腹板的涂装工艺

波形钢腹板的涂装是提高其耐腐蚀性能的重要措施。波形钢腹板的涂装防锈体系的选择应根据经济性、施工性、美观及其他的技术要求综合判定来选定。

波形钢腹板的涂装工艺流程为表面清理、除油除锈→涂底漆→中间漆1～2道→面漆1～2道→堆放→包装交验。每个工序都需进行检验，若检验不合格，应及时返工，不能进入到下一道工序。

5.1　波形钢腹板的表面处理标准

表面处理的级别评定，引用到很多的标准，国内表面处理的主要标准如下：

(1)《涂装前钢材表面锈蚀等级和除锈等级》(GB/T 8923—1988)。

(2)《除锈术语》(GB/T 11372—1989)。

(3)《表面粗糙度等级的评定(比较样块法)》(GB/T 13288—1991)。

(4)《涂覆涂料前钢材表面处理　喷射清理用非金属磨料的技术要求导则与分类》(GB/T 17850.1—2002)。

(5)《涂覆涂料前钢材表面处理　喷射清理用金属磨料的技术要求 导则与分类》(GB/T 18838—2002)。

(6)《涂覆涂料前钢材表面处理　表面处理方法　总则》(GB/T 18839.1—2002)。

(7)《涂覆涂料前钢材表面处理　表面处理方法　磨料喷射清理》(GB/T 18839.2—2002)。

(8)《涂覆涂料前钢材表面处理　表面处理方法　手工和动力工具清理》(GB/T 18839.3—2002)。

(9)《涂装前钢材表面预处理规范》(SY/T 0407—1997)。

常用的表面处理国际标准如下：

(1)ISO 8501 表面清洁直观评定(Visual assessment for surface cleanliness)。

(2)ISO 8502 表面清洁的试验评定(Tests assessment for surface cleanliness)。

(3)ISO 8503 喷砂清洁表面的表面粗糙特性(Characteristic of surface profile for blast cleaned surface)。

(4)ISO 8504 表面制备方法(Methods for surface preparation)。

(5)ISO 11124 表面制备的喷砂材料(Blasting media for surface preparation)。

(6)ISO 11126 表面粗糙度比较仪 Rugotest 3 号(Rugotest No. 3. surface profile comparator)。

(7)SSPC-SP 表面制备规范(Surface preparation specifications)。

(8)SIS 05 5900 钢表面油漆时表面制备标准(Surface preparations standards for painting steel surface)。

(9)BS 4232 Surface finish of blast-cleaned steel for painting (Now replaced by BS7079-1990 indentical to ISO 8501-1:1988)。

(10)DIN 55928　Protection of steel structures from corrosion by organic and metallic coatings, preparation and testing of surfaces。

一些主要国家和组织的标准及对照见表 5-1。

一些主要国家和组织的标准　　表 5-1

NACE (美国腐蚀工程师协会标准)	SSPC (美国防护涂料协会标准)	SIS05 5900 (瑞典标准)	BS 4232 (英国标准)	ISO 8501(国际标准化组织标准)	GB 8923 (国家标准)
1 号,白色金属	SP5	Sa3	1 级	Sa3	Sa3
2 号,出白	SP10	Sa2.5	2 级	Sa2.5	Sa2.5
3 号,工业级	SP6	Sa2	3 级	Sa2	Sa2
	SP11,动力工具,裸露金属				
	SP8,酸洗				
4 号,扫砂	SP7	Sa1		Sa1	Sa1
	SP3,动力工具	St3		St3	St3
	SP2,手工工具	St2		St2	St2
	SP1,溶剂擦洗				
5 号,高压水喷射	SP12				
6 号,混凝土表面处理	SP13				

在实际工作中经常会遇到的除锈表面处理标准主要有:《涂装前钢材表面锈蚀等级和除锈等级》(GB/T 8923—1988)、ISO 8501(涂装油漆和有关产品前钢材的预处理.表面清洁度的目视评定)、SIS 055900(涂装前钢材表面除锈标准)和 SSPC 标准。我国的国家标准《涂装前钢材表面腐蚀等级及除锈等级》(GB/T 8923—1988),等效于现在普遍采用的国际标准《涂装油漆和有关产品前钢材预处理　表面清洁度的目视评定》(ISO 8501—1:1988)。在北美地区,主要采用的标准是NACE / SSPC标准。表面处理中影响最人的标准是瑞典标准 SIS05 5900(钢材喷涂表面的预处理),该标准最早由瑞典腐蚀研究所、ASTM(美国测试和材料协会)和 SSPC(美国防腐蚀涂料协会)联合制定。其他国家的标准,比如德国 DIN 55928(钢构件的涂覆层和镀层防腐蚀)等都是在此基础上建立起来的。瑞典标准现在已经与国际标准 ISO 8501—1:1988 合并且由后者取代。标准中的照片和定义、描述得到了最大限度地保留。

《涂装前钢材表面锈蚀等级和除锈等级》(GB/T 8923—1988)规定了涂装前钢材表面锈蚀程度和除锈质量的目视评定等级。它适用于以喷射或抛射除锈、手工和动力工具除锈以及火焰除锈方式处理过的热轧钢材表面。冷轧钢材表面除锈等级的评定也可参照使用。该标准等效采用国际标准 ISO 8501—1:1988 的第一部分:未涂装过的钢材和全面清除原有涂层后的钢材的锈蚀等级和除锈等级。标准 GB 8923—1988 将未涂装过的钢材表面原始锈蚀程度分为四个“锈蚀等级”,将未涂装过的钢材表面及全面清除过原有涂层的钢材表面除锈后的质量分为若干个“除锈等级”。钢材表面的锈蚀等级和除锈等级均以文字叙述和典型样板的照片共同确定。评定这些等级时,应在适度照明条件下,不借助放大镜等器具,以正常视力直接进行观察。钢材表面的四个锈蚀等级,分别以 A、B、C、D 表示,这些锈蚀等级有相应的照片对照,其文字叙述见表 5-2。

钢材锈蚀等级分类　　表 5-2

锈 蚀 等 级	锈 蚀 程 度
A	全面覆盖着氧化皮面,几乎没有铁锈的钢材表面
B	已经发生锈蚀,并且部分氧化皮已经剥落的钢材表面
C	氧化皮已因锈蚀剥落,或可以刮除,并有少量点蚀的钢材表面
D	氧化皮已因锈蚀而全面剥落,并且表面已经普遍发生点蚀的钢材表面

钢材表面除锈等级以代表所采用的除锈方法的字母“Sa”“St”或“F1”表示。如果字母后有阿拉伯数字,则其表示清除氧化皮、铁锈和涂层等附着物的程度等级。

各除锈等级定义中,“附着物”这个术语可包括焊渣、焊接飞溅物,可溶性盐类等。当氧化皮、铁锈或涂层能以金属腻子刮刀从钢材表面剥离时,均应看成附着不牢。用手工和动力工具,如用铲刀、手工或动力钢丝刷、动力砂纸盘或砂轮等工具除锈,以字母“St”表示。手工和动力工具除锈前,厚的锈层应铲除,可用的油脂和污垢应清除。手工和动力清理后,钢材表面应清除浮灰和碎屑。

5.2 锈蚀等级与除锈质量等级

5.2.1 钢材表面原始锈蚀等级

钢材表面除锈后的形貌与表面未涂装过的原始锈蚀情况有关。在表面处理时,应首先了解需要除锈表面的锈蚀等级。表面原始锈蚀等级见表 5-2。

5.2.2 除锈等级

波形钢腹板基体表面状态的优劣直接影响防腐涂装的施工和保护效果,基体表面状态可以从清洁度和粗糙度两个方面描述。清洁度是指基体表面材质本体裸露程度,即基体表面清除杂物污染后的洁净程度;粗糙度反映了基体表面的粗糙度,适当地将基体表面粗糙化,可以提高涂层、衬层与基体表面的黏结强度。表面处理方法包括机械方法、化学方法和火焰法三大类。国家标准《涂装前钢材表面锈蚀等级和除锈等级》(GB 8923—1988),行业标准《工业设备、管道防腐蚀工程施工及验收规范》(HGJ 229—1991)是表面预处理的依据。钢材表面的除锈质量等级与除锈方法有关,除锈方法包括喷砂或抛丸除锈(用 Sa 表示)、手工和动力工具除锈(用 St 表示)、火焰除锈(用 Fl 表示)和化学除锈等,除锈质量等级见表 5-3。

除锈质量等级　　表 5-3

质量等级	表面质量表述	标准来源
St2	彻底的手工和动力工具除锈。钢材表面应无可见的油脂和污垢,并且没有附着不牢的氧化皮、铁锈和油漆涂层附着物	GB 8923—1988
St3	非常彻底的手工和动力工具除锈,钢材表面应无可见的油脂和污垢,并且没有附着不牢的氧化皮、铁锈和油漆涂层附着物。除锈应比 St2 更彻底,基材的表面应具有金属光泽	GB 8923—1988
Sa1	轻度的喷射或抛射除锈。钢材表面应无可见的油脂和污垢,并且没有附着不牢的氧化皮、铁锈和油漆涂层等附着物	GB 8923—1988
Sa2	彻底的喷射或抛射除锈。钢材表面应无可见的油脂和污垢,并且氧化皮、铁锈和油漆涂层等附着物已基本清除,其残留物应是牢固附着的	GB 8923—1988
Sa2.5	非常彻底的喷射或抛射除锈。钢材表面应无可见的油脂、污垢、氧化皮、铁锈和油漆涂层等附着物。任何残留的痕迹应仅是点状或条纹状的轻微色斑	GB 8923—1988
Sa3	是钢材表观洁净的喷射或抛射除锈。钢材表面应无可见的油脂、污垢、氧化皮、铁锈和油漆涂层等附着物。该表面应显示均匀的金属光泽	GB 8923—1988
F1	钢材表面应无氧化皮、铁锈和油漆涂层等附着物,任何残留的痕迹应仅为表面变色(不同颜色的暗影)	GB 8923—1988
F2	经酸洗、中和、钝化和干燥后的金属表面,应完全除去油脂、氧化皮、锈蚀产物等一切杂物。附着与金属表面的电解质应用水洗净,使金属表面呈现均一的色泽,并不得出现黄色锈斑	HGJ 229—1991

国家标准中,给出了原始锈蚀等级 1∶1 的彩色照片 4 张,分别为 A、B、C、D 级。关于除锈质量等级标准,给出了 24 张 1∶1 的彩色照片,其中喷抛射除锈时,除锈等级照片有 14 张,即 A 级锈蚀表面的有 ASa2.5、ASa3 两张;B、C、D 级锈蚀表面的有 BSa1、BSa2、BSa2.5、BSa3、CSa1、CSa2、CSa2.5、BSa3、CSa1、CSa2、CSa2.5、CSa3、DSa1、DSa2、DSa2.5、DSa3 共 12 张。手动和动力工具除锈时,除锈等级照片有 6 张,即 B、C、D 级锈蚀表面的,有 BSt2、BSt3、CSt2、CSt3、DSt2、DSt3。火焰除锈时,除锈等级照片有 4 张,即 AF1、BF1、CF1、DF1。在国家标准中,由于 A 级锈蚀表面基本无锈蚀,不含有 Sa1、Sa2 和 St1、St2 的除锈处理。

5.3　除锈工艺

波形钢腹板的除锈工艺包括物理除锈、化学除锈和火焰除锈几种。

5.3.1　物理除锈工艺

通常采用物理除锈的方法对波形钢腹板进行除锈,即采用冲击、摩擦和敲打等方法去除钢板基体表面的氧化皮、铁锈、旧漆膜、焊渣等附着物。常用的物理除锈方法有手动除锈、抛丸处理、喷砂除锈、高压水除锈等。

手动和动力工具除锈是人工手持钢丝刷、钢铲刀、纱布、废旧砂轮或使用各种电动工具、风动工具等打磨钢材表面，除去铁锈、氧化皮、污物和旧涂层、电焊熔渣、焊疤、焊瘤和飞溅物，最后用毛刷或压缩空气清除表面的尘土和污物。手动除锈工具还包括手持式电动直向砂轮机、电动砂轮机、电动软轴砂轮机、角向磨光机、角向风动磨光机和电动针束除锈机等。手动除锈具有操作灵活方便的特点，但因除锈质量差，目前已逐步淘汰，仅作为喷抛射除锈的补充，常用于焊缝、死角及破旧设备的处理。动力工具清洁和手工工具清洁的要求与适用范围见表 5-4。

动力工具清洁和手工工具清洁要求 表 5-4

清洁等级	要求	使用工具	适用范围
St3，动力工具清洁	允许表面留有坚固的氧化皮、锈片和旧涂层。这些污物无法用油灰刀去除	风动针枪、旋转型冲击枪、动力砂磨轮	小部位的修理，无法用其他方法清洁的地方
St2，手工工具清洁	除去厚的锈片和其他疏松的污染物	尖状锤、钢丝刷、凿子、金刚砂布（纸）	小面积的维修、缺少其他清洁工具

喷射除锈是利用经过油、水分离处理的压缩空气将磨料带入并通过喷嘴以高速度连续喷向钢材表面，利用磨料喷出时的冲击摩擦力将氧化铁皮、铁锈及其他附着物清除掉，同时使钢材表面获得一定的粗糙度，以利于漆膜的附着。喷射压力应根据所用磨料来确定，一般应控制在 5 个大气压为宜，喷射距离在 300mm 为佳，喷射角度为 75°。磨料的质量应符合质量标准和工艺要求，且符合下面规定：

(1)重度大、韧性强，有一定的粒度要求。

(2)使用时不易破裂。

(3)喷射后不应残留在构件表面。

(4)磨料不能有污染。

常用的喷射磨料的品种、粒径及喷射工艺应符合表 5-5 的规定。喷砂清洁表面达到的等级见表 5-6。

常用的喷射磨料的品种、粒径 表 5-5

磨料名称	磨料粒径(mm)	喷射气压(MPa)	喷射直径(mm)	喷射角(°)	喷距(mm)
石英砂	3.2～0.63 0.8 筛余量不小于 40%	0.5～0.6	6～8	35～70	100～200
金刚砂	2.0～0.63 0.8 筛余量不小于 40%	0.35～0.45	4～5	35～70	100～200
钢线砂	线粒直径 1.0，长度等于直径，其偏差不大于直径的 40%	0.5～0.6	4～5	35～70	100～200
河、海砂	3.2～0.63 0.8 筛余量不小于 40%	0.5～0.6	6～8	35～70	100～200
铝丸	1.6～0.63 0.8 筛余量不小于 40%	0.5～0.6	4～5	35～70	100～200

喷砂清洁表面达到的等级　　表 5-6

喷砂清洁度等级	表 面 状 态
Sa3，白色金属	最高表面处理等级。不用放大镜观察，表面没有所有的油脂，氧化皮，锈，旧涂层，氧化物，腐蚀物和其他外来物质
Sa2.5，出白	第二级和比较实际的等级。清洁要求与白色金属一样，但单位面积(每 $6400mm^2$)容许最大不超过 5%的污染物。如由锈、氧化皮和旧涂层所产生的轻微的阴影、釉色或失色
Sa2，工业级	用于轻微腐蚀环境的最低要求等级。清洁要求与白色金属一样，但单位面积容许最大不超过 33%的污染物
3Sa1，扫砂	允许表面留有坚牢的氧化皮、锈片和旧涂层，这些污染物无法用油灰刀去除

抛丸除锈是指依靠高速旋转的抛丸器叶轮，以一定角度抛出钢、铁丸，冲击、摩擦、敲打被处理的基体表面，从而达到清除氧化皮、铁锈、旧漆膜等附着物的目的。磨料在抛丸机的叶轮内，由于自重的作用，经漏斗进入分料轮，而同叶轮一起高速旋转的分料轮使丸料分散，并从定向套的口中飞出。从定向套口飞出的丸料被叶轮再次加速后，射向构件表面，以高速的冲击和摩擦除去钢构件表面的铁锈和氧化层。在实际应用中，工件在抛丸处理室经自动化、全方位处理后输出进行喷漆、烘干的抛丸流水线作业已形成规模。抛丸处理是目前波形钢腹板最常用的除锈方法，具有除锈彻底、速度快、粗糙度高、除锈成本低的特点与优势，能充分满足除锈高标准 Sa2.5～3 的要求，克服了手动除锈和喷砂除锈效率低，劳动强度大的缺点。抛丸处理还可以提高钢材的疲劳强度和抗腐蚀应力，并对钢材表面硬度有不同程度的提高，是当前波形钢腹板除锈的最为理想的机械除锈方法。

仅能完成抛丸除锈功能的设备称为抛丸清理机。抛丸清理机结构简单，设备造价低，安装该设备所需场地也不太大。抛丸清理机一般有抛丸室、清扫室、弹丸循环系统、工件输送系统和电气系统组成。根据工件进出抛丸室的方式不同，清理机可分辊道式、吊钩式、台车式和悬链式等。抛丸处理线规格很多，主要由抛丸室的尺寸来决定，抛丸室的尺寸决定了该处理线的处理工作范围，用户可根据需要向设备生产厂家订做。抛丸设备应符合《抛喷丸设备 通用技术条件》[JB/T 8355—1996(2009)]和《抛(喷)丸设备 安全要求》[JB 10144—1999(2009)]规定的技术与安全要求。对设备处理能力的评价指标有表面清洁度、表面粗糙度和表面覆盖率等。处理后工件表面清洁度和表面粗糙度应能达到处理工件用途的要求，表面覆盖率即弹痕占据面积与工件要求面积的比值，一般要求达到 100%以上，对于锈蚀较严重的工件，需要成倍增加工件抛喷丸的时间，覆盖率达到 200%以上。在实际的抛丸处理中，还需要根据所需处理工件的材料、锈蚀程度、技术要求、除锈效率要求和设备抛丸器的类型，选择合适的弹丸材质和粒度。波形钢腹板的抛丸处理见图 5-1 和图 5-2。

喷砂除锈使用压缩空气带动固体颗粒直接喷射到金属表面，用冲击力和摩擦方式来达到除锈目的；喷砂除锈是以压缩空气为动力，带动磨料通过专用的喷嘴，高速喷射于金属表面，达到清理目的。喷砂除锈具有设备简单、除锈质量好的特点，其缺点是工作效率低、沙雾污染环境、工人劳动强度大。

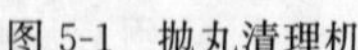

图 5-1　抛丸清理机

图 5-2　完成抛丸处理后的波形钢板

高压水除锈实质上是湿喷的发展，它是通过专用设备产生 30～70MPa 的压力，将水或加砂水打击设备或管道内表面，对其堵塞物、结垢、铁锈、旧漆皮等进行切割、破碎、挤压、冲刷，达到清洗除锈的目的。高压水除锈需专用设备，清理效果好，水除锈后钝化，风干处理不容易返锈。高压水除锈的特点是没有砂尘的产生，可以方便地清除腐蚀后产生的麻点锈，且不用担心基体表面的损坏。当高压水加入一定量的砂后（这时的水压一般不大于10MPa)，除锈能力还可得到显著提高。

5.3.2　化学除锈工艺

化学除锈主要是采用无机稀酸溶液刷（喷）、浸泡锈蚀表面，对于波形钢腹板来说，主要是用于溶解反应铁的氧化物（Fe_3O_4，Fe_2O_3，FeO)，酸洗时需添加缓蚀剂，以保护钢铁基体，在酸洗后及时进行碱液中和与钝化处理，以避免出现二次锈蚀。化学除锈方法十分适用于波形钢腹板的除锈。化学除锈质量受到除锈剂质量、操作人员技术水平和施工条件的影响而不够稳定。化学除锈剂主要是硫酸、盐酸、硝酸、磷酸和氢氟酸。氢氟酸溶解氧化物的能力强，且能溶解硅垢，但氟离子的毒性大，对环境的污染比较大，现在用的不多，有时把氢氟酸与盐酸或硝酸配成混酸进行酸洗作业。常用酸的主要理化特性见表 5-7。

常用酸的主要理化特性　　表 5-7

名称＼项目	分子式	相对分子质量	密度(g/cm³)	沸点(℃)	熔点(℃)	主要化学性能
硫酸	H_2SO_4	98.07	1.84	336.6		浓度 98% 的硫酸 340℃ 分解。浓度 98%硫酸有极强的脱水性和氧化性，能与多种金属及氧化物和氢氧化物反应生成硫酸盐，与大多数有机物发生磺化反应，78%以下的硫酸对钢铁有强烈的腐蚀作用
盐酸	HCl	36.46	1.19			强无机酸，腐蚀性很强，能溶解很多金属及化合物而生成氯化物

续上表

项目 名称	分子式	相对分子质量	密度(g/cm^3)	沸点(℃)	熔点(℃)	主要化学性能
硝酸	HNO_3	63.01	1.502	86	−42	强氧化剂，很多非金属都能被氧化成相应的盐，很多有机物与浓硝酸接触，即能引起激烈的燃烧，除金、铂外，浓硝酸几乎可以使所有金属转变为硝酸盐，浓硝酸可使铝钝化

硫酸酸洗配方及工艺条件见表 5-8，可见浓度最大时对应的酸液浓度为 25%。为防止腐蚀过度，最好用小于 20%浓度的硫酸。另外可加缓蚀剂喹啉碱、动物蛋白或乌洛托品。实践表明，提高溶液的温度比提高溶液浓度更能提高酸洗速度，所以酸洗作业时硫酸溶液的温度一般控制在 60～80℃，浓度低时可加热至 90℃。

硫酸酸洗配方及工艺条件　　表 5-8

被酸洗工件	水(L)	硫酸(密度 $1.84g/cm^3$)(L)	缓蚀剂(kg)	温度(℃)	处理时间(min)
生锈严重、不具抛光面	850	150	3	60～80	约 25～40 (以氧化物去掉为准)
生锈一般、具抛光面	900	100	56	60～80	约 25～40 (以氧化物去掉为准)

盐酸酸洗浓度以 18%～20%为宜，温度高则酸雾大，环境污染严重。在实际应用中，为提高酸洗速度，常采用保持洗液浓度的方法，温度一般控制 30～40℃，不超过 50℃。缓蚀剂采用乌洛托品与苯胺类的聚合物。盐酸酸洗配方和工艺条件见表 5-9。

盐酸酸洗配方和工艺条件　　表 5-9

酸洗前工件表面状态	水(L)	盐酸(密度 $1.19g/cm^3$)(L)	缓蚀剂(kg)	工艺条件	
				温度(℃)	处理时间
生锈严重、不具抛光面	700	300	3	30～40	以氧化物去除为准
生锈严重、具抛光面	750	250	5	30～40	以氧化物去除为准
生锈严重、具有高质量抛光面、尺寸要求不严	800	200	20	30～40	以氧化物去除为准

取5%～10%硫酸与10%～15%盐酸混合即构成混酸。以喹啉碱和乌洛托品与苯胺的缩合物作缓蚀剂，加入浓度0.1%～0.3%，即构成混酸洗液，酸洗时温度为40～50℃。波形钢腹板的混酸酸洗过程见图5-3和图5-4。

图5-3　波形钢腹板置于酸洗槽中

图5-4　酸洗后的波形钢腹板

5.3.3　火焰除锈

利用火焰产生的高温、使金属表面的油脂、旧涂膜和有机物等燃烧碳化，并利用氧化皮，铁锈等与金属基体的膨胀系数的差异，使其开裂、拱起和剥落。火焰除锈蚀用于现场除锈，对于带有污垢的锈层的处理效果更好，也常与高压水清理结合进行。在大量金属表面的除锈作业中，通常不采用火焰除锈，因为火焰除锈并不彻底，粗糙度也低。

5.4　表 面 防 锈

经除锈后，特别是经过酸洗后，金属的金相组织显露，新表面的原子特别活泼，在空气中暴露后极易重新氧化而生锈。为了保证防腐蚀效果，延缓生锈时间，对金属表面须进行防锈处理。

5.4.1　表面防锈处理方法

防锈处理的方法主要有磷化处理和钝化处理。

(1)磷化处理就是用磷酸或锰、铁、锌、镉的磷酸盐溶液处理金属(黑色金属)表面，使金属表面形成磷酸盐覆盖层的处理过程。磷酸盐覆盖层就是磷化膜，其特点是厚度一般在5～10μm之间的多孔晶体结构，提高了对涂料的吸附性，增强了结合力、不导电性，能有效抑制金属的电化学腐蚀，通常用于螺栓、螺母的防锈处理。磷化处理可分为浸渍法、喷射法、电化学法。根据处理温度又可分为热磷化和常温磷化。磷化前应保证表面无油无涂层。常温磷化处理配方见表5-10。

(2)钝化处理也是铬化处理，主要是金属与铬酸盐溶液作用，生成三价或六价的铬化层—铬酸盐转化膜。它具有一定的防腐能力，可以延缓金属和氧的作用，它与涂料的结合能力强，是理想的涂料基底。一般作为金属氧化、磷化后的补充处理，也可以直接应用于有色金属的涂装前表面处理。

常温磷化处理配方　　表 5-10

配方序号	磷化材料	用量(g/L)	工作条件	
			温度(℃)	时间(min)
1	马日夫盐 硝酸锌 硝酸钠 磷酸	30 60 4～5 0.5～1.0	常温	30～40
2	马日夫盐 硝酸锌 氧化锌 氟化钠	60～65 60～100 6～8 3～6	20～30	30～40
3	磷酸 氟化钠 铬酸 TX-10 乳化剂	24 3～5 4～6 1～2	20～30	3～5

5.4.2　表面处理质量要求

基体表面的处理级别应符合设计技术要求，处理质量要符合《涂装前钢材表面锈蚀等级和除锈等级》(GB/T 8923—1988)，当设计无要求时，对防腐蚀涂层或衬里的金属表面预处理的质量，应符合表 5-11 的要求，表中可见对于热喷涂表面预处理质量要求为 Sa2.5 级。

防腐蚀涂层或衬里对金属表面预处理的质量要求　　表 5-11

序　号	防腐蚀涂层或衬里类别	表面预处理质量要求
1	油性酚醛、醇酸等底漆或防锈涂料	St2 以上
2	高氯化聚乙烯、氯化橡胶、氯磺化聚乙烯、环氧树脂、聚氨酯等底漆或防锈漆	Sa2 以上
3	无机富锌、有机硅、过氯乙烯等底漆	Sa2.5 以上
4	金属喷镀、热固化酚醛树脂涂料	Sa3 级
5	橡胶衬里、搪铅、纤维增强树脂衬里、树脂胶泥砖板衬里、化工设备内壁防腐蚀涂层、软聚氯乙烯板黏结衬里	Sa2.5 级
6	硅质胶泥砖板衬里、油基、沥青基或焦油基涂层	Sa2 级或 Sa1 级或 F1 级
7	衬铅板、软聚氯乙烯板空铺衬里或螺钉扁钢压条衬里	Sa1 级或 St2 级或 Pi 级

注：Pi 级仅适用于搪铅、硅质胶泥砖板衬里或喷射处理无法进行的场合。

5.5　防腐涂料的涂装工艺

涂装方法的选择根据被涂物体的材质、形状、尺寸、表面状态和涂料的品种以及施工工具等因素确定，一般有刷涂、滚涂法、浸涂法、气体喷涂法和高压无气喷涂法几种，见表 5-12。

涂料涂装方法的适用性

表 5-12

涂装方法	醇酸树脂	丙烯酸树脂	环氧树脂	聚氨	无机涂料	油性涂料	氯化橡胶
刷涂	好	—	好	—	—	很好	好
滚涂	好	好	好	好	—	很好	好
空气喷涂	好	很好	很好	很好	很好	好	很好
高压无气喷涂	好	很好	很好	很好	很好	好	很好

(1)刷涂法是人工用刷子涂漆的一种方法,具有省料、工具简单和施工不受涂装场地限制的优点。刷涂施工的劳动强度大,生产效率比较低,施工过程和涂装质量很大程度上取决于操作者的熟练程度和经验。

(2)滚涂法施工是在空心的圆筒辊子上黏附的羊毛或合成纤维做成的多孔吸附材料,醮漆后在被漆物表面进行来回滚动涂刷。滚涂法操作方便,施工效率高,主要用于结构安装后的垂直面的二次涂装,适用于水性漆、油性漆、酚醛漆和醇酸漆的涂装工程。

(3)浸涂法是将待涂物件放入油漆槽中进行浸渍,经一定时间取出后吊起,多余的涂料滴尽后采用自然干燥或烘干的方法。这种方法在钢结构工程中也有不少应用,如对转向器内壁的涂装以及形状复杂的被涂物涂装等。浸涂工艺条件见表 5-13。

浸 涂 工 艺 条 件

表 5-13

项　　目	工 艺 参 数
一次浸涂漆膜厚度	30μm
涂料黏度	20～30s(涂-4 杯,20℃)
涂料温度	20～30℃

(4)气体喷涂法是利用压缩空气的气流将涂料由喷嘴吹散成雾化状后涂装到被涂物件的表面上,其优点是漆膜均匀一致、光滑平整、生产效率高。采用该法时,所用的涂料应符合下列要求:涂料在低黏度时,颜料应不沉淀,涂料在油漆槽中和物件吊起后的干燥过程中,不得有结皮现象产生,涂料在油漆槽中长期储存和使用过程中不变质、不产生胶化,性能稳定。进行喷涂之前,先用压缩空气将构件表面上的灰尘和沙粒吹掉,并将空气压力、喷出量和喷雾幅度等参数调整到适当程度,以保证喷涂质量。喷涂施工时,喷枪离工件的距离应根据喷涂压力和喷嘴大小来确定,一般使用大口径喷枪的喷涂距离为 200～300mm,使用小口径喷枪时,喷涂的距离为 150～250mm。喷枪的运行速度应控制在 300～600mm/s 范围内,并应匀速运行。喷枪垂直于被涂物表面。如果喷枪产生倾斜,漆膜产生条纹和斑痕,喷幅的搭接一般应为有效喷雾幅度的 1/3 并保持一致。如果喷涂两层时,第二层喷枪运行的路线应垂直于第一层运行的路线。

(5)高压无气喷涂法是利用特殊形式的气动、电动或其他动力驱动的液压泵,将涂料增至高压,当涂料经管路通过喷枪的喷嘴喷出时,其速度可达到 100m/s,随着冲击空气和高压的急速下降,使喷出的涂料体积骤然膨胀而雾化,高速分散在被涂物件的表面上形成漆膜。高压无气喷漆不需要借助空气雾化涂料,直接给涂料施加高压,使涂料喷出雾化。高压无漆喷漆工艺具有喷涂速度快,效益高,涂装效率比刷漆高 10 倍以上,比空气喷涂高 3 倍以上,可达到400～1 000m²/h。

5.5.1　高压无气喷漆工艺

波形钢腹板常采用高压无气喷漆工艺。高压无气喷漆不需要借助空气雾化涂料，直接给涂料施加高压，使涂料喷出雾化。高压无漆喷涂设备由动力、高压泵、蓄压过滤器、输漆管和喷枪组成。高压无漆喷漆工艺具有喷涂速度快，效益高，无气喷涂避免了压缩空气中的水分，油滴和灰尘对漆膜造成的不利影响，确保了漆膜的质量。由于漆雾中未混有压缩空气，漆雾飞散少，且涂料喷涂黏度较高，稀释剂用量降低，减少了对环境的污染。表 5-14 给出了高压无气喷涂与空气喷涂的技术性能比较。

高压无气喷涂与空气喷涂的技术性能比较　　表 5-14

喷涂方法 技术性能	高压无气喷涂	空 气 喷 涂
雾化方式	高压使液体涂料从小喷孔急速流出，减压后雾化	高压空气射流将液体涂料击碎
喷雾形状的控制	喷孔形状和大小影响喷雾形状	控制液压和气压，可对喷雾图形实现全面控制
耗气量	大约是空气雾化方式的 1/4～1/2(689kPa 时)	0.113～0.566m³/min
对气压的要求	需要 689kPa 高气压	中压至低压，最好在 345～517kPa 之间
对液压的要求	4.14～27.6MPa	低液压，在喷嘴处不超过 124kPa
涂料流量	大到中等流量，涂装速度快，适用于大面积涂装	中等到小流量，一般不超过946mL/min，生产效率较低，控制量多

5.5.1.1　常用涂料的高压无气喷涂工艺条件

高压无气喷涂适用于各种涂料。除选择合适的无气喷涂设备外，根据涂料的品种、黏度等合理地选择喷嘴口径和喷涂压力等工艺条件是十分重要的。喷涂漆膜厚度较薄时，应选用口径小的喷嘴，喷涂漆膜厚度较厚时，应选用口径较大的喷嘴，选用条件见表 5-15，常用涂料高压无气喷涂工艺条件见表 5-16。

喷嘴口径及其应用　　表 5-15

喷嘴口径(mm)	涂料流动性	适用涂料	喷嘴口径(mm)	涂料流动性	适用涂料
0.17～0.25	非常稀	溶剂、水	0.37～0.77	黏	各类中间漆
0.27～0.33	稀	硝基漆	0.65～1.80	非常黏	厚浆型漆
0.33～0.45	中等黏度	底漆、油性漆			

常用涂料高压无气喷涂工艺条件　　表 5-16

涂 料 品 种	喷嘴等效口径(mm)	涂料喷出量(L/min)	喷雾图形幅宽(mm)	涂料黏度(福特杯-4)(s)	涂料压力(MPa)
磷化底漆	0.28～0.38	0.42～0.80	200～360	10～20	8～12
油性红丹底漆	0.33～0.43	0.61～1.02	200～360	30～90	11 以上
胺固化环氧树脂富锌底漆	0.43～0.48	1.02～1.29	250～410	12～15	10～14
烷基硅酸盐富锌底漆	0.43～0.48	1.02～1.29	250～410	10～12	10～14

续上表

涂料品种	喷嘴等效口径(mm)	涂料喷出量(L/min)	喷雾图形幅宽(mm)	涂料黏度(福特杯-4)(s)	涂料压力(MPa)
烷基硅酸盐厚膜富锌底漆	0.43～0.48	1.02～1.29	250～410	12～15	10～14
云母氧化铁酚醛树脂漆	0.43～0.48	1.02～1.29	250～410	30～70	10～14
丙烯酸改性醇酸树脂	0.33～0.38	0.61～0.80	200～310	30～80	10～14
长油醇酸树脂面漆	0.33～0.38	0.61～0.80	200～310	30～80	12～14
厚膜乙烯树脂漆	0.38～0.48	0.80～1.29	250～360	—	12～15
聚氨酯树脂面漆	0.33～0.38	0.61～0.80	250～310	30～50	11～15
氯化橡胶底漆	0.33～0.38	0.61～0.80	250～360	30～70	12～15
氯化橡胶面漆	0.33～0.38	0.61～0.80	250～360	30～70	12～15
聚酰胺固化环氧树脂底漆	0.38～0.43	0.80～1.02	250～360	50～90	12～15
聚酰胺固化环氧树脂面漆	0.33～0.38	0.61～0.80	250～360	30～50	12～15
胺固化煤焦油沥青环氧树脂漆	0.48～0.64	1.29～2.27	310～360	—	12～18
异氰酸固化煤焦油沥青环氧树脂	0.48～0.64	1.29～2.27	310～360	—	12～18

5.5.1.2 高压无气喷涂的施工

高压无气喷涂的操作步骤可分为启动、喷涂和停机三步。在喷涂时，应采用正确的喷枪操作方式，枪身应与喷涂表面保持垂直，喷嘴与物件表面的喷射角应为30°～80°，喷枪与施涂工件表面间的距离一般在25～40cm，且整个喷涂过程应保持距离不变。每一次的喷涂行程，喷枪都应保持一个合理的移动速度(300～100mm/s)，保持合适的涂料流量以保持涂层厚度均匀。在高压无气喷涂时，每次喷涂行程喷枪的喷涂位置有一定的搭接，搭接宽度应为喷幅的1/5左右，形成均匀的涂层。图5-5显示了波形钢腹板的高压无气喷漆实例。

图5-5 波形钢腹板的高压无气喷漆施工

富锌涂料高压无气喷涂时，由于涂料沉淀速度快，易结块，容易堵塞喷涂系统，且由于锌粉在涂料中含量高，很容易损伤高压泵等压送机构，所以需要用专用的富锌涂料高压无气喷涂设备。这种设备中配有专用的搅拌装置，可有效地减少涂料沉淀和结块，同时提高了高压泵等送压机构的耐磨性，配备了专用的喷枪、喷嘴和高压软管，增大了压缩空气进气管和涂料输送管的口径，将高压泵的加压活塞系统与高压柱塞系统设计成分体式，便于清洗、保养和更换易损件。在喷涂施工中，驱动空气压力不小于0.4MPa，涂料输送管道长度不大于50m，喷涂过程中，应不断搅拌涂料，防止沉淀结块。对于厚浆型无机富锌涂料，应在连续喷涂作业一段时间后进行停机清理。

5.5.2　金属热喷涂工艺

在我国的波形钢腹板 PC 组合箱梁桥中，均采用了热喷涂工艺进行波形钢腹板的防腐涂装。热喷涂层的形成原理是用喷枪及压缩空气将熔融的金属喷涂到经过喷砂处理的钢材表面形成喷涂金属薄膜的技术。通常根据热源的不同可将热喷涂工艺分类，见表 5-17。

热喷涂工艺分类　　表 5-17

<table>
<tr><td rowspan="11">热喷涂</td><td rowspan="5">电弧类</td><td rowspan="2">电弧喷涂</td><td>直流电弧喷涂</td></tr>
<tr><td>交流电弧喷涂</td></tr>
<tr><td rowspan="3">等离子喷涂</td><td>常压喷涂</td></tr>
<tr><td>低压喷涂</td></tr>
<tr><td>水下喷涂</td></tr>
<tr><td rowspan="5">火焰类</td><td rowspan="3">火焰喷涂</td><td>粉末火焰喷涂</td></tr>
<tr><td>丝材火焰喷涂</td></tr>
<tr><td>棒材喷涂</td></tr>
<tr><td colspan="2">爆炸喷涂</td></tr>
<tr><td colspan="2">超音速喷涂</td></tr>
<tr><td colspan="3">激光类</td></tr>
</table>

5.5.2.1　金属热喷涂涂层设计命名

根据 GB/T 12607-2003(热喷涂涂层设计命名方法)的规定，热喷涂层的命名由 4 个部分组成，各个部分之间用短横线“-”隔开，表示形式和每个部分的含义如图 5-6 所示。

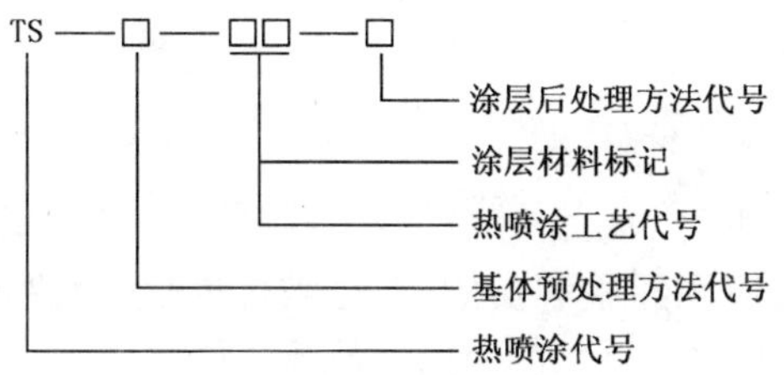

图 5-6　热喷涂涂层命名形式

TS 为热喷涂的英文(thermal spraying)词首的大写字母，基体预处理方法的数字代号如表 5-18 所示。如果有两种或两种以上的预处理方法，则按预处理的先后次序，分别按表 5-18 中对应的阿拉伯数字表示，各数字之间用“＋”号连接；热喷涂工艺代号按《热喷涂术语、分类》(GB/T 18719 —2002)的规定，用表 5-19 中的英文字母表示；标明涂层材料标记时，粉末材料用《热喷涂 粉末 成分和供货技术条件》(GB/T 19356—2003)中第 4 章中的材料编号作为标记，线材和柔性线材用《热喷涂 火焰和电弧喷涂用线材、棒材和芯材分类和供货技术条件》(GB/T 12608—2003)中第 3.2 中的材料编号作为标记；涂层后处理方法代号见表 5-18 中所列的后处理方法所对应的阿拉伯数字代码表示。如果有两种或两种以上的后处理方法，则依后处理的先后次序，分别用表 5-20 中对应的阿拉伯数字表示，各数字之间用“＋”号连接；对复合涂层或阶梯涂层，可分别用上述方法标记各层涂层，并按喷涂涂层的先后次序用“/”线隔开。

基体表面预处理方法代号 表5-18

基体预处理方法	清洗净化	喷砂	机械加工	电拉毛	化学腐蚀	预热	其他
代号	1	2	3	4	5	6	7

热喷涂工艺代号(GB/T 18719—2002) 表5-19

热喷涂工艺	英 文	代 号
溶液喷涂	Molten-bath spraying	M
线材火焰喷涂	Wire flame sparying	W
棒材火焰喷涂	Rod flame spraying	R
粉末火焰喷涂	Powder flame spraying	P
高速火焰喷涂	High velocity flame spraying	H
爆炸喷涂	Detonation spraying	D
电弧喷涂	Are spraying	A
大气等离子喷涂	Plasma spraying in air	PA
可控气氛等离子喷涂	Plasma spraying in chambers	PC
液稳等离子喷涂	Liquid-stabilized plasma spraying	PL
激光喷涂	Laser spraying	L

涂层后处理方法代号 表5-20

后处理方法	封孔处理	涂装	机械加工	重溶	化学处理	热处理	其他
代号	1	2	3	4	5	6	7

5.5.2.2 金属热喷涂底层材料

热喷锌/铝底层作为一项非常成熟可靠的技术，已用于桥梁钢结构件长效防腐蚀涂装体系中，世界各国都有很多成功应用经验和实例，并已被标准化，对涂层使用环境、设计、材料、施工、检查和验收都做了详细规定。金属的耐腐蚀热喷涂底层所选择的材料一般按如下原则：

(1)涂层及其腐蚀产物膜应致密无孔、韧性好且附着牢固。

(2)涂层应进行封闭处理，能确保基材与腐蚀介质的有效隔离。

(3)在电化学腐蚀条件下，采用阳极保护层。

热喷涂层均匀腐蚀的评价等级见表5-21。

热喷涂层均匀腐蚀的评价等级 表5-21

等 级	腐蚀率(mm/年)	金属型涂层评价
1	<0.05	耐蚀性优良
2	0.05～0.5	耐蚀性良好
3	0.5～1.5	可用，但腐蚀较严重
4	>1.5	不适用，腐蚀严重

用于防腐蚀目的的热喷涂涂层材料主要有：金属及合金（Zn 及 Zn 合金、Al 及 Al 合金、Ni 及 Ni 合金、不锈钢等）、陶瓷、塑料（聚乙烯树脂、尼龙、EVA 树脂、环氧树脂等）。由于热喷涂金属表面凹凸不平，有利于涂料的附着，故采用金属喷涂作为涂装的底层是较好的。用作波形钢腹板表面热喷涂的金属有锌、铝、锌铝合金等。所用锌丝材料的化学成分应在《锌锭》（GB/T 470—2008）中 Zn-1 的要求以上（表 5-22），否则会造成涂层电极电位变化，或涂层本身存在电偶，使其腐蚀速率增大，涂层耐蚀寿命降低。热喷涂铝丝材料应符合《变形铝及铝合金化学成分》（GB/T 3190—2008）中的成分规定（表 5-23）。

锌化学成分　表 5-22

化学成分		杂质含量（不大于）（%）				
Zn-1	Zn	Pb	Fe	Cd	Cu	合计
	≥99.99	0.005	0.003	0.002	0.001	0.01

铝化学成分（GB/T 3190）　表 5-23

化学成分	Al	杂质含量（不大于）（%）								
		Si	Fe	Cu	Mn	Zn	V	Ti	Mg	其他
1060	≥99.60	0.25	0.35	0.05	0.03	0.05	0.05	0.03	0.03	0.03

常用于热喷涂的锌铝合金为 85%Zn-15%Al，另外 87%Zn-13%Al 和 65%Zn-35Al 合金也有少量应用，铝镁合金常用 95%Al-5%Mg 合金，它们主要用于少数海洋环境要求较高的钢铁基材的防护。

5.5.2.3　电弧喷涂工艺

电弧喷涂是利用 2 根形成涂层材料的消耗性电极之间产生的电弧为热源，将消耗性电极顶端热熔化，经一束压缩气体射流将其雾化，并喷射到经过预处理的基体表面形成涂层的热喷涂工艺方法。电弧喷涂技术特点是：

（1）涂层质量及其与基体结合强度高。电弧温度高达 5 000℃，为获得高质量涂层提供了良好的条件。

（2）生产效率高。在通常条件下，电弧喷涂的生产效率约为火焰喷涂效率的 4～6 倍，十分适合于像波形钢腹板这样的大面积长效防腐工程。表 5-24 给出了在 100A 喷涂电流时各种材料的电弧生产率。

各种材料的电弧生产率　表 5-24

喷 涂 材 料	每 100A 的生产率（kg・h）	喷 涂 材 料	每 100A 的生产率（kg・h）
锌	10	锡青铜	5
铝	2.7	铜	4.7～5.1
巴氏合金	20～28	80/20NiCr	5.4
铝青铜	4	钼	3

(3)使用成本较低,能源利用率高。电弧喷涂直接利用电能转化为热能加热熔化金属,能源利用率约为60%～70%,最高可达90%,是所有热喷涂方法中最高的,其施工成本也是最低的(表5-25)。

热喷涂方法的能源利用率比较 表5-25

热喷涂方法	能源利用率(%)
电弧喷涂	60～70
等离子喷涂	12
火焰喷涂	5～15

(4)设备投资较少,操作简单,安全性好,易于维护使用。

电弧喷涂也存在一些局限性,如下:

(1)喷涂材料必须是能导电的线材,因而对喷涂加工性不良或导电性差的材料有限制;

(2)电弧喷涂与等离子弧喷涂相比,温度较低,不适于高熔点材料的喷涂。

(3)喷涂过程中,元素蒸发和氧化烧损较大,使得在相同材料喷涂时,电弧喷涂层中合金元素含量比火焰喷涂层低。

电弧喷涂工艺流程包括工件表面预处理、喷涂和喷后处理等几个主要工序。工件表面的清洁度和粗糙度对涂层质量和结合力有重要的影响,所以电弧喷涂与其他喷涂方法一样,必须进行工件表面的预处理。然后根据工件的服役条件和设计要求,针对预期的性能选择材质。考虑到电弧喷涂使用的是能导电的丝材,一般应采用合乎喷涂条件的规格产品。对于波形钢腹板所用的丝材通常是铝、锌等以及锌铝和铝镁合金。

在进行电弧喷涂施工时,需要根据喷涂材料和喷枪的特性选择喷涂工艺参数,并考虑各工艺参数对电弧稳定性和涂层性能的影响。电弧热喷涂的主要工艺参数有电弧电压、电弧电流、雾化气体的压力和喷涂距离等。其中电弧电压、电弧电流、雾化气体压力是设备参数,喷涂距离是操作参数。表5-26给出了一些材料的喷涂工作电压。

一些材料的喷涂工作电压 表5-26

材　料	工作电压	材　料	工作电压
锌	26～28	碳钢及不锈钢	30～32
铝	30～32	锡合金	23～25
锌铝合金	28～30	镍合金	30～33
铝镁合金	30～32	铜合金	29～32
稀土铝合金	30～32	铝青铜(黏结层)	34～38
锌铝伪合金	28～30	镍铝合金(黏结层)	34～38

电弧喷涂可以在相当宽的工作电流范围内顺利进行,但如果电流过小,电弧也不能稳定燃烧。在一定条件下,工作电流决定电弧喷涂的生产率,提高工作电流,不仅可以获得高的喷涂效率,而且可以提高喷涂层的结合力及降低孔隙率和氧化物的夹杂含量,改善涂层质量。电弧喷涂的所用的雾化气体是压缩空气,因为它经济便宜,使用方便。在波形钢腹板的大面积电弧喷涂施工中,一般都以压缩空气作为雾化气源电弧喷涂。常用的雾化气体压力一般在0.3～

0.55MPa 之间,工作层选用 0.45～0.55MPa,黏结底层可用 0.3～0.4MPa。常用的电弧喷涂距离范围是 100～200mm。对于大面积钢结构的防腐施工,适当增加喷涂距离会有利于改善喷涂沉积的均匀程度,但也不能距离过大。在波形钢腹板的喷锌/铝涂层时,常用的喷涂距离是 150～250mm。表 5-27 给出了常用丝材(ϕ3mm)电弧喷涂的工艺参数,图 5-7 和图 5-8 显示了电弧喷涂实例。

常用丝材电弧喷涂的工艺参数　　表 5-27

线材名称	线材直径(mm)	电弧电压(V)	工作电流(A)	压缩空气压力(MPa)	喷涂速度(kg/h)		
					100A	200A	400A
铝	3	34	150	>0.55	3.2	5.0	10.0
锌		28	120	>0.5	8.2	15.9	40.9
铝青铜		35	200	>0.5	3.6	7.3	15.0
碳钢				>0.5	3.9	7.7	18.2

图 5-7　电弧喷铝(新密桥)

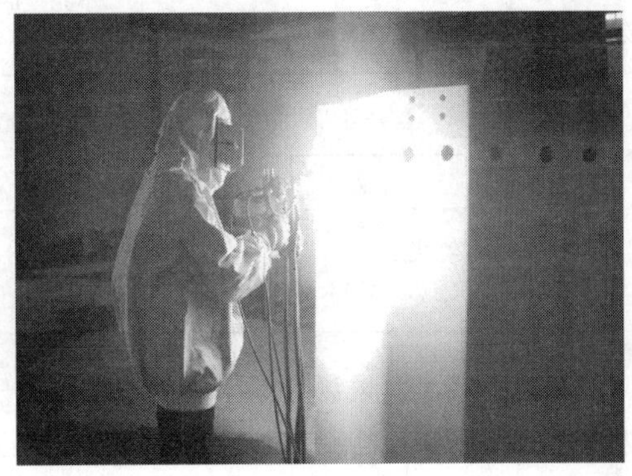

图 5-8　电弧喷锌(郭守敬桥)

电弧喷涂的涂层一般都不可避免地有一定的孔隙率(一般在 2%～10%),它的存在破坏了涂层的完整性,并且腐蚀性的介质可以由孔隙渗入,甚至会通过连通孔隙直接延伸到涂层与基体的界面,从而使涂层和基体表面发生腐蚀破坏而导致部件失效。所以,电弧喷涂后应根据涂层的要求需要进行后处理,以提高其防腐性能和使用寿命。常用的热喷涂层后处理方式有封闭处理、面漆涂装和恢复尺寸等。波形钢腹板的电弧喷涂后处理主要是封闭(孔)处理。封闭处理在热喷涂后应尽快进行,通常采用毛刷涂抹,操作要点是应当保证封闭剂能充分渗入涂层的孔隙中。一般封闭剂都需要稀释以降低黏度。

5.6　热浸镀锌工艺

波形钢腹板的热浸镀锌工艺流程为:装挂波形钢腹板 → 脱脂(除油) → 水洗 → 酸洗除锈 → 水洗 → 助镀 → 烘干 → 热浸镀锌 → 冷却 → 钝化 → 卸挂具 → 整修 → 检验。

5.6.1　热浸镀锌的前处理工艺

钢铁制件在镀锌前表面通常都有一层覆盖物。它可分为物理覆盖物(尘埃、油污、固体颗粒、水垢、油垢等)、化学覆盖物(氧化铁、铁锈)、生物覆盖物(藻类、菌类等生物垢)和混合覆盖物(物理、化学和生物共同形成)。常见的钢铁制件状态见表 5-28 所示。为保证浸镀过程的正常进行和得到高质量的镀层,必须具备一个洁净的活化的基体表面,所以在热浸镀锌之前,需进行脱脂、酸洗和溶剂处理。脱脂和酸洗是完成清洁金属表面覆盖物的任务,溶剂处理是为了活化金属表面,脱脂处理的主要方法见表 5-29 所示。

钢铁制件状态 表 5-28

序号	形成原因	去除物名称	去除方法
1	金属的氧化和腐蚀产物	氧化铁皮和铁锈	酸洗和喷砂
2	涂覆的油脂膜层及分解物	油膜、油污、碳渣	脱脂
3	热加工残存物	氧化铁皮、焊皮、砂皮	机械清理、喷砂(丸)
4	冷热加工的特定清除物	毛口、毛边、毛刷、瘤状残留物及飞溅物、油漆标志	机械维修、滚筒抛光、喷砂(丸)
5	陈旧涂漆层(返修、重镀件)	不完整的涂层或镀层、锈蚀物、尘土、油污	热碱脱漆(或用脱漆剂)、脱脂、酸洗等

脱脂处理的主要方法 表 5-29

序号	工艺方法	所用化工原料	作用	应用范围
1	燃烧法 400~500℃	—	高温氧化、分解	连续热浸镀
2	电解清洗法	碱、无机盐、表面活性剂	皂化、乳化、 气泡剥离、分解	连续热浸镀
3	热碱脱脂法 (常温、中温)	碱、无机盐、表面活性剂	皂化、乳化分解	普通热浸镀(常用方法)
4	有机溶剂清洗法	石油溶剂、苯类、醇类	溶解、剥离	小型特种零件(很少用)
5	乳化液清洗法	有机溶剂、表面活性剂、水	溶解、乳化分解	用于重油垢的去除
6	生物除油法	水基除油剂	细菌分解油脂、 彻底、连续、均匀	普通热浸镀(新技术)
7	常温酸性脱脂法	磷酸、表面活化剂	乳化、磷化	普通热浸镀

注:大面积的除旧漆可用序号 1、3、4、方法,局部去除可用机械磨除和脱漆剂。

酸洗是将钢铁制件浸到酸溶液中,依靠界面化学反应来去除钢铁表面氧化物(氧化物及锈皮)的过程。常用的酸是盐酸和硫酸,它们的主要理化特性见表 5-7,酸洗配方及工艺条件分别见表 5-8 和表 5-9,酸洗特性指标见表 5-30。由表 5-30 可见,与硫酸酸洗相比,盐酸酸洗的优点是:在常温下对氧化铁皮和铁锈具有较强的溶解能力,酸洗速度快,对钢铁基体的溶解量较少,钢铁表面上的酸洗反应物容易清洗干净,从而保证了酸洗质量。在钢铁制件热浸镀工艺中,多采用盐酸酸洗。

盐酸酸洗与硫酸酸洗特性指标比较　　表 5-30

特性指标	盐酸	硫酸
常温下使用的酸洗速度	能有效去除氧化皮及铁锈	较大(在高温下使用时)
高温下使用的酸洗速度	去除效果提高,但挥发严重,易过腐蚀	温度 50℃以上效果良好
槽液中亚铁离子影响	允许较高溶解度,Fe^{2+}可达 110g/L(相当于 $FeCl_2$ 250g/L)	$FeSO_4$ 80g/L 时,酸洗能力降至最低,在增加,影响不大。允许使用浓度为 160g/L
对过腐蚀和氢脆的影响	较小(在常温下使用时)	较大(在高温下使用时)
可清洗性	$FeCl_2$ 溶解性好,容易水洗。酸液表面状态好,呈浅灰色,采用冷水清洗	$FeSO_4$ 溶解性差,易在钢基体表面形成沉淀物,使清洗后表面状态不良。应先用热水清洗为宜。
对厚氧化皮的剥离作用	作用弱,仅占氧化皮总量 33%	作用强,可占氧化皮总量 78%
酸液的可除油性	差	较强
使用危险性	低	高
酸液成本	高	低
废酸回收	较难	较易
酸液加热措施	难以实现	容易实现

钢铁制件在酸洗后,表面残存有一定量的酸和铁盐等物质,残存数量的多少与酸液的种类、浓度、铁盐含量密切相关。如不将其清洗干净,就会带入下道工序中的助镀剂溶液中,从而增加助镀剂含酸量和亚铁离子含量,最终进入锌锅,大量造渣,增加锌耗,降低锌层质量,所以在酸洗后必须进行彻底的清洗。

钢铁制件在脱脂、酸洗后,虽然获得了比较洁净的活性表面,但停留在空气中,即使很短时间表面也要氧化,这些氧化物的残存的铁盐会妨碍热浸镀的正常进行,明显降低锌层质量,并会增加锌耗。所以必须紧接着进入到浸助镀剂工序中,即将脱脂和酸洗后的钢铁制件浸入到有氯化铵和氯化锌按一定比例组成的水溶液中,浸渍后应进行烘干处理。

5.6.2　热浸镀锌温度与时间

工件的热浸镀锌温度在 445～460℃。浸镀温度越高,工件达到锌液温度的时间越短,工件表面上的助镀剂和锌液反应能较快完成,浸镀时间可缩短。工件的厚度变大后,浸镀时间较长。如对于厚 10mm 的钢板需要 5～6min 的浸镀锌时间,对于厚 20mm 的钢板则需约 10min。一般说,把工件放入锌锅中,直到锌液面的“沸腾”现象停止,锌灰充分返出液面,即应打灰,取出工件。在正常浸镀后,镀层厚度未达到国家标准的最低要求时,应适当增加浸镀时间。工件浸入前,应检查脱脂酸洗是否彻底,是否还有局部的锈迹或其他覆盖物,如发现个别部位存在问题,应予以排除后才能浸镀。在工件浸入前,还应将锌液面的浮渣和锌灰打净,在工件浸没后应反复提动工件,以促进工件上的助镀剂与锌液充分接触,使反应物尽快浮出,工件的最佳浸入位置是沉入液面以下 100mm 左右。由于锌液的密度与钢铁相近,所以锌液对工件的浮力较大。挂件时,应使工件处于所受浮力最小的方位进入锌液。在取出工件时,使锌液能够顺利地从工件表面流回锌锅,尽量减少锌液在工件表面上的滞留。吊挂部位应有利于工件浸镀时减少热应力变形，吊挂应牢固可靠。浸入速度要适中，过慢或发生中途停顿可能会造成助镀剂膜层局部烧损失败，出现漏镀现象。浸入速度过慢还会使工件因受热时间的差异产生翘曲现象，快速进入通常变形比较小。工件浸入速度过快时，如果工件干燥不彻底或对于干燥程度出现意想不到的情况，浸镀时会加重锌液飞溅或爆炸现象，危害人身安全，也会破坏锌锅内壁的合金保护层，降低锌锅的使用寿命。

将工件从锌液中取出的速度对浸镀的外观质量和镀锌层厚度会产生重要的影响，在常规镀锌温度下(445～465℃)可采用2.5～4.0m/min的取出速度。在取出前，需要将锌液面上的锌灰彻底清除，呈现明亮锌液表面时方可将工件取出。在工件全部离开锌液时，应将工件最底部的余锌刮除干净，并进行适当的敲击振动，使余锌落入锌锅。图5-9和图5-10分别显示了锌锅和热浸镀锌完成后的波形钢腹板。

图5-9　锌锅

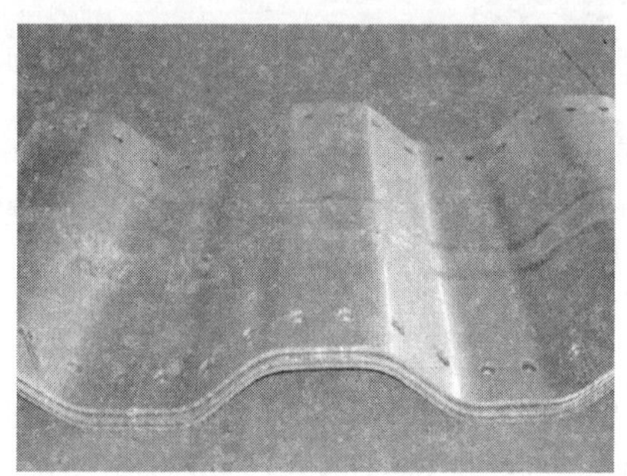

图5-10　镀锌完成后的波形钢腹板

5.7　电泳涂装

电泳涂装又称为电沉积涂装，它是将具有导电性的被涂物浸渍在装满水稀释的、固性分比较低的电泳涂料工作液的电泳槽中，被涂物作为阳极(或阴极)，在电泳槽中另设置与其相对应的阴极(阳极)，在两极间通直流电，在被涂物表面上析出均一、不溶于水的涂膜的一种涂装方法。根据被涂物在电泳槽中的极性和电泳涂料的种类，可将电泳涂装分为阳极电泳涂装和阴极电泳涂装2类。阳极涂装方法中，被涂物在电槽阳极，所采用的电泳涂料为阴离子型(带负电荷)，工作液为碱性。阴极涂装方法中，被涂物在电槽阴极，所采用的电泳涂料为阳离子型(带正电荷)，工作液为酸性。阴极电泳涂料具有高质量、节能、环保等优点，因而在汽车工业中得到了广泛的应用。波形钢腹板也采用阴极电泳涂装工艺。阴极电泳涂料的组成及其功能见表5-31。

波形钢腹板的阴极电泳涂装的工艺流程为：预清理→上线→脱脂→水洗→除锈→水洗→中和→水洗→磷化→水洗→钝化→电泳涂装→槽上清洗→超滤水洗→烘干→下线。波形钢腹板的电泳涂装的工艺过程中包括漆前表面处理(图5-11)、电泳涂装(图5-12、图5-13)、电泳后水洗(图5-14)和烘干堆放(图5-15、图5-16)四种主要工艺。钢铁路桥和郭守敬桥的波形钢腹板的涂装中，除了热喷锌外，增加了一道电泳涂装工艺，以进一步提高波形钢腹板的耐腐蚀性能。电泳涂装的优点见表5-32。

阴极电泳涂料的组成及功能　　表 5-31

<table>
<tr><th colspan="2">原 漆 组 成</th><th rowspan="2">槽液的组成</th><th rowspan="2">功　能</th><th rowspan="2">电泳后湿涂膜组成</th><th rowspan="2">烘干后干膜组成</th></tr>
<tr><th>色浆</th><th>乳液</th></tr>
<tr><td>树脂</td><td>树脂</td><td>树脂</td><td>是涂膜形成物，用它保护颜料，并使涂料带正电荷，电泳涂着在被涂物上</td><td>树脂</td><td>树脂</td></tr>
<tr><td>颜料</td><td>—</td><td>颜料</td><td>是涂膜形成物，提高涂膜的防锈、着色和物理性能</td><td>颜料</td><td>颜料</td></tr>
<tr><td>固化剂</td><td>固化剂</td><td>固化剂</td><td>与树脂粒子结合，促进固化，提高涂膜物性</td><td>固化剂</td><td rowspan="5">烘干时排出体系外呈油烟状（即为加热减量）</td></tr>
<tr><td>溶剂</td><td>溶剂</td><td>溶剂</td><td>使树脂水溶性化，控制烘干固化时的涂膜流动性</td><td>溶剂</td></tr>
<tr><td>中和剂</td><td>中和剂</td><td>中和剂</td><td>将树脂制成水溶性化所用的中和酸（醋酸水溶液）</td><td>中和剂（少量）</td></tr>
<tr><td>添加剂</td><td>添加剂</td><td>添加剂</td><td>改善涂料性能，以提高涂装性、涂膜性能</td><td></td></tr>
<tr><td>去离子水</td><td>去离子水</td><td>去离子水
（75%）</td><td>使涂料溶液化、分散、防止杂质离子混入</td><td>水（少量）</td></tr>
<tr><td>固体分
（NV）
50%～60%</td><td>（NV）
35%～40%</td><td>（NV）
18%～20%</td><td></td><td></td><td></td></tr>
</table>

图 5-11　槽中清洗

图 5-12　电泳

图 5-13 电泳完毕

图 5-14 电泳后水洗

图 5-15 烘干

图 5-16 堆放

电泳涂装的优点 表 5-32

项　目	内　容
涂底漆工艺可实现完全自动化、无人化	从漆前处理到电泳底漆烘干有可能实现生产线化，适用于大量流水连续生产
可得到均一的膜厚	依靠调整电量容易得到均一目标的膜厚。靠选择电泳漆的品种和调整泳涂工艺参数，膜厚可控制在 10～35μm 范围内，工件间和不同日期所沉积的漆膜(膜厚及性能)能重现。与浸法不同，在烘干时缝隙间的涂膜不产生“溶落”现象
泳透(力)性好，提高工件内腔的防腐性，尤其是阴极电泳涂膜的耐腐蚀性好	喷涂、浸涂等涂装法涂装不到的部位和涂料难进入的部位也能上漆，且缝隙间的涂膜在烘干时不会被蒸汽洗掉，使工件的内腔、焊缝、边缘等处的耐腐蚀性显著提高。阴极电泳漆膜的耐盐雾性在 500h 以上，高的达 1 000 多小时
涂料的利用率高	与喷涂法等相比，涂料的有效利用率可高达 95%。槽内涂料是低固体分的水稀释液，黏度小，带出槽外的少，泳涂的湿漆膜是水不溶性的，电泳后可采用 UF 液封闭水洗回收带出槽的漆液
安全性比较高，是低公害涂装(涂料)，无火灾危险性	与其他水溶性涂料相比，溶剂含量少且低浓度，所以无火灾危险。涂料回收好，溶剂含量低，对水质和大气污染少。电泳涂料属低公害涂料。采用 UF 和 RO 装置，实现电泳后的全封闭水洗，可大大减少废水处理量
电泳涂膜的外观好，烘干时有较好的展平性	电泳涂装所得涂膜的含水量少，溶剂含量也少，在烘干过程中，不会像其他涂料那样产生流痕、溶落、积漆等弊病。电泳水洗后的涂膜是干的，甚至手摸也不黏手。晾干时间短，可直接进入高温烘干

电泳涂装工艺中须注意的事项：

(1)预前处理对电泳涂膜有很大的影响。钢铁表面采用除油和除锈处理，对表面要求过高时，进行磷化和钝化表面处理。黑色金属工件在阳极电泳前必须进行磷化处理，否则漆膜的耐腐蚀性能较差。磷化处理时，一般选用锌盐磷化膜，厚度约1～2μm，要求磷化膜结晶细而均匀。

(2)在过滤系统中，一般采用一级过滤，过滤器为网袋式结构，孔径为25～75μm。电泳涂料通过立式泵输送到过滤器进行过滤。从综合更换周期和漆膜质量等因素考虑，孔径50μm的过滤袋最佳，它不但能满足漆膜的质量要求，而且解决了过滤袋的堵塞问题。

(3)电泳涂装的循环系统循环量的大小，直接影响着槽液的稳定性和漆膜的质量。加大循环量，槽液的沉淀和气泡减少；但槽液老化加快，能源消耗增加，槽液的稳定性变差。将槽液的循环次数控制6～8次/h较为理想，不但保证漆膜质量，而且确保槽液的稳定运行。随着生产时间的延长，阳极隔膜的阻抗会增加，有效的工作电压下降。因此，生产中应根据电压的损失情况，逐步调高电源的工作电压，以补偿阳极隔膜的电压降。

(4)超滤系统控制工件带入的杂质离子的浓度，保证涂装质量。在此系统的运行中应注意，系统一经运行后应连续运行，严禁间断运行，以防超滤膜干枯。干枯后的树脂和颜料附着在超滤膜上，无法彻底清洗，将严重影响超滤膜的透水率和使用寿命。超滤膜的出水率随运行时间而呈下降趋势，连续工作30～40d应清洗一次，以保证超滤浸洗和冲洗所需的超滤水。

(5)电泳涂装法适用于大量流水线的生产工艺。电泳槽液的更新周期应在3个月以内。对槽液的科学管理极为重要，对槽液的各种参数定期进行检测，并根据检测结果对槽液进行调整和更换。一般按如下频率测量槽液的参数：电泳液、超滤液及超滤清洗液、阴(阳)极液、循环洗液、去离子清洗液的pH值、固体含量和电导率每天1次；颜基比、有机溶剂含量、试验室小槽试验每周2次。

(6)对漆膜质量的管理，应经常检查涂膜的均一性和膜厚，外观不应有针孔、流挂、橘皮、皱纹等现象，定期检查涂膜的附着力、耐腐蚀性能等物理化学指标。检验周期按生产厂家的检验标准，一般每个批次都需检测。

阴极电泳涂装工序控制应符合《阴极电泳涂装通用技术规范》(JB/T 10242—2001)的要求，见表5-33。

阴极电泳涂装工序控制　　表5-33

工　序	管 理 条 件	控 制 范 围
电泳	槽液温度(℃)	涂料品种规定的范围内
	每段电压(V)	涂料品种规定的范围内
	每段电流值(max)(A)	涂料品种规定的范围内
	电泳时间(工件全浸没的时间)	底层涂料涂装：2～3 装饰性涂料涂装；视实际情况而定
	主槽与副槽液面差(cm)	＜10
	阳极液电导率(μS/cm) 阳极液状态	300～1 000 无混浊
	循环泵压力(压差)(MPa)	设备设计要求

续上表

工 序	管 理 条 件	控 制 范 围
超滤(UF)	UF 滤液透过量(L/min)	设计规定指标范围内[一般 1.0～1.2L/(m²·min)]
	膜件压差(MPa)	设备要求的范围内 0.13～0.15
	温度(℃)	<30
	UF 滤液器压差(MPa)	根据设备要求
	UF 泵压力(MPa)	0.28～3.0
0 次水洗	流量(L/min)	出槽 1min 内喷雾清洗,能够均匀地喷淋到整个工件表面
UF 水洗	多级 UF 水洗 喷淋压力(MPa) 过滤器压差(MPa)	0.1±0.02 根据设备要求
	新鲜 UF 水洗 喷淋压力(MPa) 过滤器压差(MPa) UF 滤液供给量(L/min)	0.12±0.05 根据设备要求根据产量定[一般 1.0～1.2L(m²·min)]
纯水洗	多级纯水洗 出槽喷淋压力(MPa) 过滤器压差(MPa) pH	0.12±0.05 根据设备要求 6.0～7.0
	新鲜纯水洗 出槽喷淋压力(MPa) 过滤器压差(MPa)	0.1±0.02 根据设备要求
	新鲜纯水供给量(L/min)	根据产量定[一般 1.0～1.2L/(m²·min)]
沥水	自然滴干	
烘干	分段设定温度(℃)	涂料品种要求的设定值
	清扫频率	根据实际情况

5.8 富锌底漆的涂装施工

5.8.1 环氧富锌底漆的施工

环氧富锌底漆的干膜中锌粉含量不小于 80%(ISO 12944-5:1998),由于有大量的锌粉,要求有一定的机械搅拌器彻底搅拌,倒入固化剂后再搅拌均匀。环氧富锌漆的干燥时间很快,25℃时,只需要 3～4h 即可涂下道涂层。为了达到良好的防腐效果,建议最小的涂膜厚度为 60μm(ISO 12944-5:1998)。在重涂前应注意去除涂层表面的锌盐。如果温度低于 5℃,可使用固化剂，但要注意在冰点以下时表面可能会结冰。环氧富锌底漆可与除醇酸外的大多数涂料配套使用。

5.8.2 无机富锌底漆的施工

采用无机硅酸富锌底漆的底材，固化后的涂膜与钢材的附着力强，与高性能涂料相配合，涂层寿命可达15年以上。在涂装前，应对焊缝进行打磨光顺、咬边气孔的补焊打磨、飞溅的产除打磨和锐边的倒角处理等。为保证锌粉与钢材的充分接触，保持良好的导电性，钢材的表面处理达到Sa2.5。无机富锌涂料的固化依靠相对湿度和温度，在20℃和RH65%～75%时，固化约需要3d。在低温和低湿度环境下，涂膜的固化时间会延长。相对湿度最好保持在65%以上，最低温度可以低至－10℃。波形钢腹板无机富锌底漆的涂膜厚度，通常在80μm以上，水溶性无机富锌漆涂料的涂膜设计在100μm以上。过厚的干膜厚度会导致涂膜的开裂，通常应不大于150μm，在波形钢腹板与上下翼缘板的连接拐角处，过厚的干膜很容易造成龟裂。涂装施工时，如发现涂膜有过厚流挂现象时，应马上用刷子刷平。

5.9 波形钢腹板的现场涂装施工

波形钢腹板在现场安装时，尽管表面已经经过防腐蚀处理，但是通过焊接等方式连接后，会有大面积的烧蚀损伤，必须重新进行打磨处理到Sa2.5级(ISO 8501-1：1988)，然后再进行电弧喷铝/锌或用富锌漆重新涂装。波形钢腹板的涂装有时也会受到搬运时的垫木损伤或混凝土浇灌时所黏着的混凝土等的污染。作为对策，表5-34给出了表面保护方法的实施实例。

涂装面的保护方法 表5-34

种　类	涂抹系保护材料	罩布系保护材料
摘要	可以作表面喷涂，主要采用电镀制品的运送时用的表面上保护所使用的涂层方法	黏性薄膜，主要是在机动车的涂装面的保护上使用
注意要点	由于涂装面的凸凹，保护材料上会产生斑纹。经过涂抹后3个月，发生恶化的情况比较多，由于这些因素，剥离作业就比较困难且需要时间 材料费比较贵 由于对热非常敏感，不能在现场焊接线附近进行涂抹	若进入空气，形成皱折等，黏贴比较困难，外观也不太好 因标准尺寸，在细微部分的黏贴会比较难 若黏贴力比较弱，遇风雨会迅速剥落，若比较强则又担心对涂装面产生影响 对于黏贴后经过较长时间，气温比较高时，涂装面上就剩下了黏性材料 由于对热非常敏感，不能在现场焊接线附近

波形钢腹板的现场涂装的质量管理依据《公路桥涵施工技术规范》(JTJ 041—2000)及《钢结构工程施工质量验收规范》(GB 50205—2001)进行。现场涂装作业中，必须充分考虑对涂装质量产生较大影响的气候、温度、湿度等的涂装环境以及涂装工序间隔等，由对钢桥的涂装工事具有丰富经验的涂装作业者进行。另外，必须提出作业管理记录及涂层厚度管理记录，接受检查。在检查现场涂装时，可根据表5-35所示的作业管理项目进行作业管理记录。在现场涂装完成时，进行抽样检查。涂装作业完成后，应进行涂膜的外观以及色调的确认检查。

作业管理项目提出的作业管理记录 表 5-35

工 程 项 目	作业管理项目
表面处理	防锈程度与表面粗糙度 底层表面处理后的经过时间
涂装	样品涂料的状态 作业的环境条件 被涂面的涂装条件 涂层的外观 涂装工序间隔(时间与条件) 涂层厚 涂料的使用量

第 6 章　波形钢腹板的质量检验

波形钢腹板的检验包括外观质量检验、钢材质量检验、螺栓连接检验、焊缝质量检验和防腐涂装的质量检验等内容。

6.1　波形钢腹板的外观质量检验

波形钢腹板外观质量和制作精度应符合《组合结构桥梁用波形钢腹板》(JT/T 784—2010)的规定，见表 6-1 和表 6-2，波形钢腹板的波长、波高的测试使用标定的钢直尺进行(图 6-1、图 6-2)。

波形钢腹板的外观质量　　表 6-1

序号	项　目	要　求
1	转角处	转角处圆弧平滑，不产生裂纹，无纤维状暗筋出现
2	切口	平直，无明显锯齿
3	颜色	表面色泽均匀、无明显缺损和色泽灰暗现象
4	锈蚀、麻点或划痕	深度不得大于该钢材厚度允许偏差值的 1/2
5	其他外观质量	表面顺滑平整

波形钢腹板制作精度(mm)　　表 6-2

编　号	项　目	精　度	测 定 位 置
1	翼缘板宽及开孔锚固板高 b	±2	h, b
2	波形钢腹板高度 h	±2	
3	节段长 L 和节段对角线长 L_1	±3	L_1, L

续上表

编　号	项　　目	精　　度	测 定 位 置
4	翼缘板的平整度 Δ	$\pm l/1\,000$	Δ 1/2
5	腹板高方向平整度 e	$\pm h/750$	e h
6	波高 d	± 3	d
7	波长 l	± 5	l
8	平面挠曲量(带翼缘板的波形钢腹板单个节段)a	± 3	b a
9	翼缘板的垂直度 k	$\pm b/200$	k h b

图 6-1　波形钢腹板尺寸测量(郭守敬桥)

图 6-2　波形钢腹板尺寸测量

波形钢腹板制造前按《铁路钢桥制造规范》(TB 10212—2009)、《公路桥梁钢结构防腐涂装技术》(JT/T 722—2008)、《钢结构工程施工质量验收规范》(GB 50205—2001)、设计文件和《组合结构桥梁用波形钢腹板》(JT/T 784—2010)的要求，编制制造工艺指导书，确保制作和运输任务的完成。制作过程中的质量控制见表6-3。

波形钢腹板制作质量控制

表6-3

序	工序名称	检验项目	检验设备	通用要求
1	钢板入库	原材料检验	超声波探伤仪及检尺工具	探伤、规格尺寸及化学物理性能检测
2	钢板下料	各部件下料尺寸误差	检尺工具	±2mm
3	钢板磨边	毛刺	检尺工具	≤1mm
4	坡口加工	坡口角度尺寸	检尺工具	±5°
5	锚固孔加工	孔径及位置	检尺工具	±1mm
6	节段内焊接	裂纹	超声波探伤仪	TB 10212（铁路钢桥制造规范）
		未熔合	超声波探伤仪	
		夹渣	超声波探伤仪	
		气孔	超声波探伤仪	
		未填满弧坑	目测、触觉和样块	
		焊瘤	目测、触觉和样块	
		咬边	目测、触觉和样块	
		余高	检尺工具	≤1mm
7	焊钉及螺栓孔	焊钉焊接	抗拉检测	GB/T 10433(电弧螺柱焊用圆柱头焊钉)
			抗弯检测	
		安装孔中心距	检尺工具	≤1mm
		螺栓孔径	检尺工具	+0.2mm
8	抛丸及喷砂	表面除锈等级	标准样板	Sa2.5～Sa3.0
		表面粗糙度	粗糙度检测仪	40～150μm

6.2　钢材与连接件的质量检验

6.2.1　钢板质量检验

波形钢腹板PC组合桥梁用的结构钢的力学性能应满足《金属材料　室温拉伸试验方法》(GB/T 228—2002)和《金属材料　夏比摆锤冲击试验方法》(GB/T 229—2007)的规定，化学成分等应满足《低合金高强度结构钢》(GB/T 1591—2008)、《碳素结构钢》(GB/T 700—2006)、《桥梁用结构钢》(GB/T 714—2008)的相关要求和设计图纸的相关规定。钢板的几何尺寸应符合《热轧钢板和钢带的尺寸、外形、重量及允许偏差》(GB/T 709—2006)的要求，表面质量应符合《热轧钢板表面质量的一般要求》(GB/T 14977—2008)的规定。钢板的厚度测定可按

《厚钢板超声波检验方法》(GB/T 2970—2004)进行。钢材应有产品检测报告及质量证明书，当钢板为不同炉批号时，应按炉批次提供检测报告及质量证明书。

对于耐候钢材的检验应符合《耐候结构钢》(GB/T 4171—2008)的要求，钢材的力学性能和工艺性能应符合表6-4的规定，钢材的冲击性能应符合表6-5的规定。钢材的外观应目视检查，钢材的尺寸、外形应用合适的测量工具测量，每批钢材的检验项目、试样数量、取样方法应符合表6-6的规定。

耐候结构钢的力学和工艺性能　表6-4

牌号	拉伸试验									180°弯曲试验 弯心直径		
	下屈服强度 R_{el}(MPa) 不小于				抗拉强度 R_m(MPa)	断后伸长率 A(%)不小于						
	≤16	>16~40	>40~60	>60		≤16	>16~40	>40~60	>60	≤6	>16~40	>40~60
Q235 NH	235	225	215	215	360~510	25	25	24	23	a	a	$2a$
Q295 NH	295	285	275	255	430~560	24	24	23	22	a	$2a$	$3a$
Q295 GNH	295	285	—	—	430~560	24	24	—	—	a	$2a$	$3a$
Q355 NH	355	345	335	325	490~630	22	22	21	20	a	$2a$	$3a$
Q355 GNH	355	345	—	—	490~630	22	22	—	—	a	$2a$	$3a$
Q415 NH	415	405	395	—	520~680	22	22	20	—	a	$2a$	$3a$
Q460 NH	460	450	440	—	570~730	20	20	19	—	a	$2a$	$3a$
Q500 NH	500	490	480	—	600~760	18	16	15	—	a	$2a$	$3a$
Q550 NH	550	540	530	—	620~780	16	16	15	—	a	$2a$	$3a$
Q265 GNH	265	—	—	—	≥410	27	—	—	—	a	—	—
Q310 GNH	310	—	—	—	≥450	26	—	—	—	a	—	—

注：①a 为钢材厚度。

②当屈服现象不明显时，可以采用 $R_{P0.2}$。

耐候钢材的冲击性能　表 6-5

质量等级	V 形缺口冲击试验[①]		
	试样方向	温度(℃)	冲击吸收能量 KV_2(J)
A	纵向	—	—
B		+20	≥47
C		0	≥34
D		−20	≥34
E		−40	≥27[②]

注:①冲击试样尺寸为 10mm×10mm×55mm。
②经工序双方协商,平均冲击功值可以≥60J。

耐 候 钢 材 检 验　表 6-6

序号	试样项目	试样数量	取样方法	试验方法
1	化学分析	1 个/炉	GB/T 2006(钢和铁 化学成分测定用试样的取样方法)	GB/T 223(钢铁及合金化学分析方法)、GB/T 4336(碳素钢和中低合金钢火花源原子发射光谱分析方法)、GB/T 20125(低合金钢 多元素含量的测定 电感耦合等离子体原子发射光谱法)
2	拉伸试验	1 个/批	GB/T 2975(钢及钢产品 力学性能试样取样位置及试样制备)	GB/T 228(金属材料 室温拉伸试验方法)
3	弯曲试验	1 个/批	GB/T 2975(钢及钢产品 力学性能试样取样位置及试样制备)	GB/T 232(金属材料 弯曲试验方法)
4	冲击试验	1 组(3 个)/批	GB/T 2975(钢及钢产品 力学性能试样取样位置及试样制备)	GB/T 229(金属材料 夏比摆锤冲击试验方法)
5	晶粒度	1 个/批	GB/T 6394(金属平均晶粒度测定法)	GB/T 6394(金属平均晶粒度测定法)
6	非金属夹杂物	1 个/批	GB/T 10561(钢中非金属夹杂含量的测定 标准评级图显微检验法)	GB/T 10561(钢中非金属夹杂含量的测定 标准评级图显微检验法)

6.2.2　高强螺栓连接质量验收

高强度大六角螺栓连接副和扭剪型高强度螺栓连接副应随箱带有扭矩系数和紧固轴力(预拉力)的检验报告,高强度螺栓、螺母、垫圈成品应按批配套,且有产品出厂质量证明书,高强度大六角螺栓连接副、扭剪型高强度螺栓连接副等标准配件的品种、规格、性能等应符合表 3-4 的规定。

高强螺栓连接检验按标准《钢结构工程施工质量验收规范》(GB 50205—2001)进行。

(1)测定螺栓实物的抗拉强度是否满足国家标准《紧固件机械性能螺栓、螺钉和螺柱》(GB 3098.1—2000)的要求。检验方法:用专用卡具将螺栓实物置于拉力试验机上进行拉力试验,为避免试件承受横向载荷,试验机的夹具应能自动调正中心,试验时夹头张拉的移动速度不应超过 25mm/min。

(2)螺栓实物的抗拉强度应根据螺纹应力截面积 A_s 的计算确定,其取值应按国家标准《紧固件机械性能螺栓、螺钉和螺柱》(GB 3098.1—2000)的规定取值。进行试验时,承受拉力载荷的为旋合的螺纹长度应为 6 倍以上螺距;当试验拉力达到《紧固件机械性能螺栓、螺钉和螺柱》(GB 3098.1—2000)中规定的最小拉力($A_s \cdot \sigma_b$)时不得断裂。当超过最小拉力载荷直至拉断时,断裂应发生在杆部或螺纹部分,而不应发生在螺头与杆部的交界处。

(3)扭剪型高强度螺栓连接副预拉力复验。复验用的螺栓应在施工现场待安装的螺栓批中随机抽取,每批应抽取 8 套连接副进行复验。

连接副预拉力可采用经计量检定、校准合格的轴力计进行测试。试验用的电测轴力计、油压轴力计、电阻应变仪、扭矩扳手等计量器具,应在试验前进行标定,其误差不得超过 2%。采用轴力计方法复验连接副预拉力时,应将螺栓直接插入轴力计。紧固螺栓分初拧、终拧 2 次进行,初拧应采用手动扭矩扳手或专用定扭电动扳手;初扭值应为预拉力标准值的 50%左右。终拧应采用专用电动扳手,至尾部梅花头拧掉,读出预拉力值。每套连接副只应做 1 次试验,不得重复使用。在紧固中垫圈发生转动时,应更换连接副,重新试验。高强螺栓连接主控项目检验见表 6-7,一般性项目检验见表 6-8。

高强螺栓连接主控项目检验 表 6-7

序号	项　目	合格质量标准	检验方法	检查数量
1	成品进场	钢结构连接用高强度大六角头螺栓连接副、扭剪型高强度螺栓连接副、钢网架用高强螺栓、普通螺栓、铆栓、自攻钉、拉铆钉、射钉、锚栓(机械型和化学试剂型)、地脚锚栓等紧固标准件及螺母、垫圈等标准配件,其品种、规格、性能等应符合现行国家产品标准和设计要求。高强大六角头螺栓连接副和扭剪型高强度螺栓连接副出厂时应分别随箱带有扭矩系数和紧固轴力(预拉力)的检验报告 高强度大六角头螺栓连接副的扭矩系数和扭剪型高强度螺栓连接副的紧固轴力(预拉力)是影响高强螺栓连接质量最主要的因素,也是施工的重要依据,因此要求厂家在出厂前要进行检验,且出具检验报告,施工单位应在使用前及产品质量保证期内及时复检,该复验应为见证取样,选样检验项目。本条为强制性条文	检查产品的质量合格证明文件、中文标志及检验报告等	全数检查
2	扭矩系数	高强度大六角头螺栓连接副应按 GB 50205—2001 附录 3 中的规定检验其扭矩系数	检查复验报告	按 GB 50205—2001 附录 3 中"紧固件连接工程检验项目"规定
	预拉力复验	扭剪型高强螺栓连接副应按 GB 50205—2001 附录 3 中的规定检验预拉力		
3	抗滑移系数试验	钢结构制作和安装单位应按 GB 50205—2001 附录 3 中的规定分别进行高强度螺栓连接摩擦面的抗滑移系数试验和复验,现场处理的构件摩擦面应单独进行摩擦面抗滑移系数试验,其结果应符合设计要求	检查摩擦面抗滑移系数试验报告和复验报告	

续上表

序号	项　目	合格质量标准	检 验 方 法	检 查 数 量
4	高强度达六角头螺栓连接副终拧扭矩	高强度大六角螺栓连接副终拧完成 1h 后、48h 内应进行终拧扭矩检查，检查结果应符合 GB 50205—2001 中的规定	扭矩法和转角法检测	按节点数抽查 10%，且应不少于 10 个；每个被抽查节点按螺栓数抽查 10%，且应不少于 2 个
	扭剪型高强螺栓连接副终拧扭矩	扭剪型高强度螺栓连接副终拧后，除因构造原因无法使用专用扳手终拧掉梅花头外，未在终拧中拧掉梅花头的螺栓数应不大于该节点螺栓数的 5%。对所有梅花头未拧掉的扭剪型高强度螺栓连接应采用扭矩法或转角法进行终拧并做标记，且按上条标准的规定进行终拧扭矩检查	观察检查	按节点数抽查 10%，且应不少于 10 个节点；被抽查节点按中梅花头未拧掉的扭剪型高强度螺栓连接副全数进行终拧扭矩检查

一般性项目检验　　表 6-8

序号	项　目	合格质量标准	检 验 方 法	检 查 数 量
1	成品进场检验	高强度螺栓连接副，应按包装箱配套供货，包装箱上应标注明批号、规格、数量及生产日期。螺栓、螺母、垫圈外观表面应涂油保护，不应出现生锈和沾染脏物，螺纹不应损伤	观察检查	按包装箱数抽查 5%，且应不少于 3 箱
2	表面硬度试验	对建筑结构安全等级为一级，跨度 40m 及以上的螺栓球节点钢网架结构，其连接高强度螺栓应进行表面硬度应为 21～29HRC；10.9 级高强度螺栓其硬度为 32～36HRC，且不得有裂纹或损伤	硬度计、10 倍放大镜或磁粉探伤	按规格抽查 8 只
3	初拧、复拧扭矩	高强度螺栓连接副的旋拧顺序和初拧、复拧扭矩应符合设计要求和国家现行行业标准《钢结构高强度螺栓连接的设计、施工及验收规程》(JGJ 82—1991)的规定	检查扭矩扳手标定记录和螺栓施工记录	全数检查资料
4	连接外观质量	高强度螺栓连接副终拧后，螺栓螺纹外露应为 2～3 个螺距，其中允许有 10%的螺栓螺纹外露 1 个螺距或 4 个螺距	观察记录	按节点数抽查 5%，且应不少于 10 个
5	摩擦面外观	高强度螺栓连接摩擦面应保持干燥、整洁，不应有飞边、毛刺、焊接飞溅物，焊疤、氧化铁皮、污垢等，除设计要求外摩擦面不应涂漆	观察检查	全数检查
6	扩孔	高强度螺栓应自由穿入螺栓孔、高强度螺栓孔不应采用气割扩孔，扩孔数量应征得涉及同意，扩孔后的孔径不应超过 1.2d(d 为螺栓直径)	观察检查用卡尺检查	被扩螺栓孔全数检查

6.2.3　摩擦面抗滑移系数检测

抗滑移系数是高强螺栓的主要技术指标，它应符合表 6-9 的规定。

摩擦面的抗滑移系数 表 6-9

连接处接触面的处理方法		钢材		
		Q235	Q345 或 16Mn 钢	15MnV 或 15MnVq 钢
普通钢构件	喷砂	0.45	0.55	0.55
	喷砂后涂无机富锌漆	0.35	0.40	0.40
	喷砂后赤锈	0.45	0.55	0.55
	钢丝刷清除浮锈或未经处理的干净轧制表面	0.30	0.35	0.35

一般情况下应采用图 6-3 和图 6-4 的尺寸形式和表 6-10 中规定的尺寸，根据《钢结构工程施工质量验收规范》(GB 50205—2001)规定，进行抗滑移系数检验。

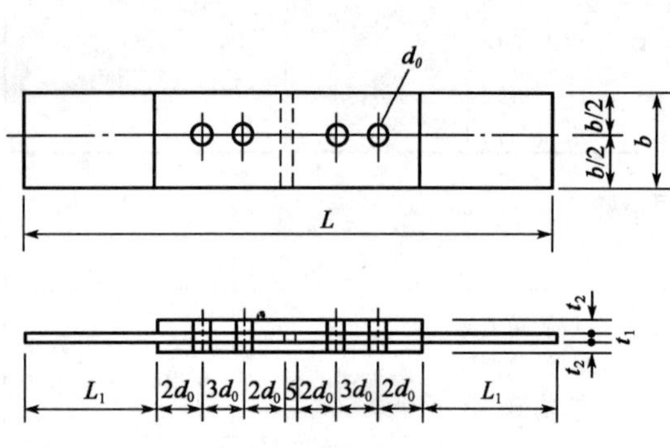

图 6-3 摩擦面抗滑移系数试件尺寸

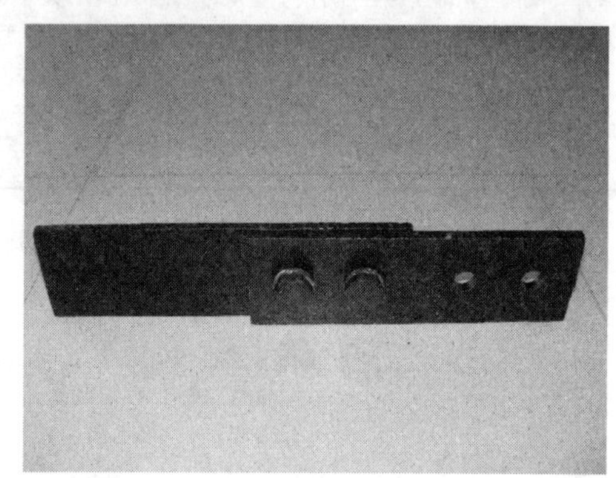

图 6-4 摩擦面抗滑移系数试验样品

抗滑移系数试件尺寸 表 6-10

性能级别	公称尺寸	孔径	心板厚度 T_1	盖板厚度 t_2	板宽 B	端距 $2d_0$	螺孔中心距 $3d_0$
8.8S	16	17.5	14	8	75	40	60
	20	22	18	10	90	50	70
	(22)	24	20	12	95	55	80
	24	26	22	12	100	60	90
	(27)	30	24	14	105	65	100
	30	33	24	14	110	70	110
10.9S	16	17.5	14	8	95	40	60
	20	22	18	10	110	50	70
	(22)	24	22	12	115	55	80
	24	26	25	16	120	60	90
	(27)	30	28	18	125	65	100
	30	33	32	20	130	70	110

对于大六角高强螺栓，施工时必须把施工轴力换算成施工扭矩作为施工控制参数，大六角高强度螺栓施工扭矩由式(6-1)进行计算。

$$T_c = KP_c d \tag{6-1}$$

式中：T_c——施工扭矩，N·mm；

K——高强度螺栓连接副的扭矩系数平均值，由复验测得的合格的平均扭矩系数代入；

P_c——高强螺栓施工预拉力，kN；

d——高强度螺栓螺杆直径，mm。

6.2.4　焊钉焊接质量检验

圆柱头焊钉应符合《电弧螺柱焊用圆柱头焊钉》(GB/T 10433—2002)中的规定。栓钉的化学成分见表 6-11，栓钉焊接头外观检验应符合表 6-12 的要求。

栓钉的化学成分　　表 6-11

材料牌号	化学成分(质量分数%)				
	C_{max}	S_{max}	Mn	P_{max}	Si_{max}
碳钢	0.20	0.10	0.30～0.60	0.04	0.04

焊钉焊接头外观检验标准　　表 6-12

序　号	检 查 项 目	判断标准与允许偏差	检 验 方 法
1	焊缝形状	360°范围内：焊缝高大于 1mm，焊缝宽大于 0.5mm	目测
2	焊缝质量	无气泡与夹渣	
3	咬肉	咬肉深度小于或等于 0.5mm，并已打磨去掉咬肉处锋锐部位	
4	焊后高度	焊后高度偏差小于±2mm	用钢直尺量测

栓钉焊接性能的检验主要有拉伸试验和弯曲试验。

(1)焊钉的拉伸试验

栓钉拉伸试验如图 6-5 所示。拉伸荷载达到规定数值时，栓钉不得断裂，继续增大荷载直至拉断时，断裂不应发生在焊缝和热影响区内。

(2)焊钉的弯曲试验

弯曲试验如图 6-6 所示。对 $d \leqslant 22$mm 的栓钉，可进行焊接端部的弯曲试验。试验时可采

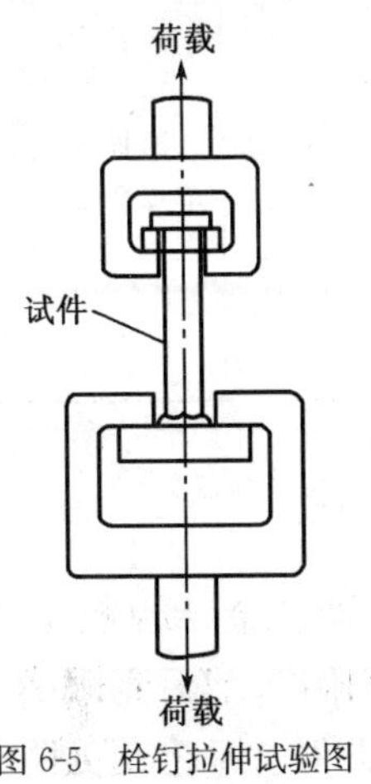

图 6-5　栓钉拉伸试验图

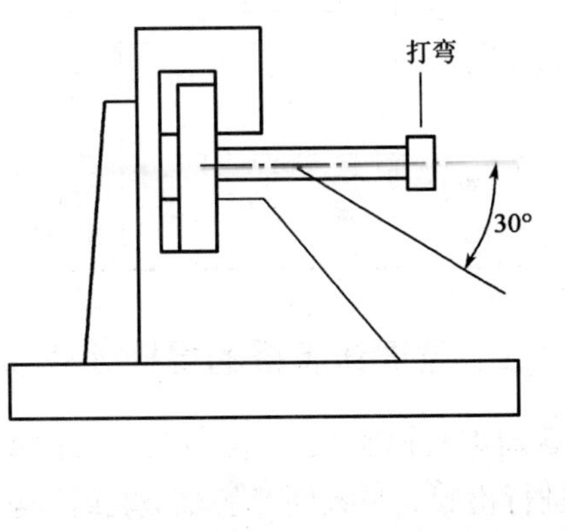

图 6-6　栓钉弯曲试验图

用手锤敲击栓钉试件头部,迫使其弯曲30°。弯曲试验后,在试件焊缝和热影响区,不得产生肉眼可见的裂纹。焊钉的冲击弯曲试验方法按《电弧螺柱焊用圆柱头焊钉》(GB/T 10433—2002)中的规定执行。

6.3 波形钢腹板的焊接质量检验

波形钢腹板的焊接材料的选用应根据设计要求和焊接工艺评定试验结果确定。焊接材料进场时应提供检测报告及质量证明书,并进行复验。焊接材料采用的型号以及力学性能的试验方法应符合《铁路钢桥制造规范》(TB 10212—2009)的相关规定要求,焊接材料的质量管理应按《焊接材料质量管理规程》(JB/T 3223—1996)的规定执行。焊缝的焊接质量和力学性能应符合《铁路钢桥制造规范》(TB 10212—2009)的规定,母材的拉伸性能依据《金属材料 室温拉伸试验方法》(GB/T 228—2002)进行检验。焊接接头的常规力学性能检验方法及依据的标准见表6-13。

焊接接头的常规力学性能检验方法与标准 表6-13

标准名称	标准代号	主要内容	适用范围
焊接接头机械性能试验取样方法	GB/T 2649—1989	规定了金属材料焊接接头的拉伸、冲击、弯曲、压扁、硬度及点焊剪切等试验的取样方法	熔焊及压焊的焊接接头
焊接接头冲击试验方法	GB/T 2650—2008	规定了金属材料焊接接头的夏比试验方法,以测定试样的冲击吸收功	熔焊及压焊的对接接头
焊接接头拉伸试验方法	GB/T 2651—2008	规定了金属材料焊接接头横向拉伸试验和点焊接头的剪切试验方法,以分别测定接头的抗拉强度和抗剪荷载	熔焊及压焊的对接接头
焊缝及熔敷金属拉伸试验方法	GB/T 2652—2008	规定了金属材料焊缝及熔敷金属的拉伸试验方法,以测定其拉伸强度和塑性	采用焊条或填充焊丝的熔化焊接
焊接接头弯曲试验方法	GB/T 2653—2008	规定了金属材料焊接接头的横向正弯和背弯试验,横向侧弯试验,纵向正弯及背弯试验,管材压扁试验方法,以检验接头拉伸面上的塑性及显示缺陷	熔焊及压焊对接接头
焊接接头硬度试验方法	GB/T 2654—2008	规定了金属材料焊接接头和堆焊金属的硬度试验方法,用以测定洛氏、布氏、维氏硬度	熔焊及压焊焊接接头和堆焊金属
焊接接头应变时效敏感性试验方法	GB/T 2655—1989	规定了用夏比冲击试验测定金属材料焊接接头的应变时效敏感性的试验方法	熔焊对接接头

6.3.1 波形钢腹板的焊接外观质量检验

对普通碳素钢应在焊缝冷却到工作地点温度后进行检验,低合金结构钢应在完成焊接24h后进行检验。进行焊缝外观检验时,要将焊缝上的污垢处理干净,然后用眼睛和配备5~10倍的低倍放大镜,查看焊缝是否有咬边、焊瘤、弧坑、裂纹、夹渣和未焊透等质量缺陷。用硝酸酒精检查焊缝裂纹时，在待查处表面处理清洁并打光，用丙酮洗净，滴上浓度为5%～10%的硝酸酒精，观察是否有褐色出现，如有褐色出现表明有裂纹。一级焊缝不得存在未焊满、根部收缩、咬边和接头不良等缺陷，且不得存在表面气孔、夹渣、裂纹和电弧擦伤等缺陷。二级、三级焊缝外观质量标准应符合表6-14规定。

焊缝外观质量标准(mm)　　表6-14

缺陷类型	允许偏差	
	二级	三级
未焊满	≤0.2+0.02t，且小于或等于1.0	≤0.2+0.04t，且小于或等于2.0
	每100焊缝内缺陷总长小于或等于25	
根部收缩	≤0.2+0.02t，且小于或等于1.0	≤0.2+0.04t，且小于或等于2.0
	长度不限	
咬边	≤0.05t，且≤0.5，连续长度小于或等于100且焊缝两侧咬边总长小于或等于10%焊缝总长	≤0.1t，且小于或等于1.0，长度不限
弧坑裂纹	不允许	允许存在个别长度小于或等于5.0的弧坑裂纹
电弧擦伤	不允许	允许存在个别弧坑擦伤
接头不良	缺口深度0.05t，且小于或等于0.5	缺口深度0.1t，且小于或等于1.0
	每1 000焊缝不应超过1处	
表面夹渣	不允许	深小于或等于0.2t，长小于或等于0.5t，且小于或等于20.0
表面气孔	不允许	每50焊缝长度内允许直径小于或等于0.4t，且小于或等于3.0的气孔2个，孔距大于或等于6倍半径

注：t为连接处较薄的板厚。

波形钢腹板的焊接质量检验是保证其结构质量的重要技术措施，它涉及焊接工作的全过程，包括焊前检验、焊中检验和焊后检验。

(1)焊前检验

焊前检验是保证焊接质量的基础。它包括对波形钢腹板施工图的检验，焊接工艺的检验以及焊接材料、波形钢腹板的拼装和坡口加工等各项技术指标的检验。

(2)焊中检验

焊中检验是保证焊接质量的重要措施，它包括对焊接设备的运行情况，焊接参数是否正确，焊缝成形是否符合要求等各项焊接活动的检验。

(3)焊后检验

焊后检验主要是焊缝外观检查和焊缝内部缺陷的检验。焊缝应冷却到环境温度后，在全长范围内进行焊缝外观检查(可采用磁粉等方法进行外观检查)，不得有裂纹、未熔合、夹渣、未填满弧坑和焊瘤等缺陷。外观检查时，主要是通过目视，或借助直尺、焊缝检验尺和放大镜等简易工具进行检查，内部缺陷的检验主要是采用射线探伤和超声探伤。对接、角接及T形接头焊缝的外观检验见表6-15。

对接、角接及T形接头焊缝外形尺寸允许偏差(mm)　　表6-15

<table>
<tr><td colspan="3">焊缝余高偏差</td><td rowspan="2">焊缝宽度比坡口每侧增宽</td><td colspan="2">角焊缝焊脚尺寸偏差</td><td>焊缝表面凹凸高低差</td><td>焊缝表面宽度差</td></tr>
<tr><td>不同宽度 B 的对接焊缝</td><td>角焊缝</td><td>对接与角接组合焊缝</td><td>差值</td><td>不对称</td><td>在25mm焊缝长度内</td><td>在150mm焊缝长度内</td></tr>
<tr><td>B<15时为0～3,
15≤B≤25时为0～4,
25<B时为0～5</td><td>0～3</td><td>0～5</td><td>1～3</td><td>0～3</td><td>(0～1+0.1)倍焊脚尺寸</td><td>≤2.5</td><td>≤5</td></tr>
</table>

6.3.2 焊缝的超声波和射线检测

超声检测是利用压电换能器通过瞬间的电激发产生脉冲机械振动,借助于声耦合介质传入到焊缝金属中,形成脉冲超声波。超声波在传播时,如遇到缺陷就会产生反射并返回到换能器,利用压电效应的可逆性,将声脉冲信号转换成电脉冲信号,通过测量该信号的幅度和传播时间,就可评定工件中缺陷的位置及其严重程度。超声检测适合于平面型缺陷,如裂纹、未焊透和未熔合等,在焊缝厚度较大时(例如大于或等于20mm),其优点更为突出。焊缝超声检测的流程如图6-7所示。国外焊缝超声检测依据的标准为欧洲的EN 1714:997+A1:2002(焊接接头的超声波检测+补充附件A1),它规定了厚度大于或等于8mm的铁素体材料熔化焊全焊透焊接接头的手工超声波探伤的工艺方法。我国采用的标准有《钢结构超声波探伤及质量分级法》(JG/T 203—2007)和《钢焊缝手工超声波探伤方法和探伤结果分级》(GB/T 11345—1989)。

射线检测是利用射线源发出的贯穿性辐射线穿过焊缝后,使胶片感光,焊缝中的缺陷影像便显示在经过暗室处理后的射线照片上。焊接结构射线照相检测中,射线源种类很多,主要分X射线机、γ射线机和电子加速器。射线照相的主要参数之一是射线能量与射线源尺寸,射线源尺寸越小,缺陷影像越清晰。在能保证穿透焊件使胶片感光的前提下,应尽量选择较低的射线能量,以提高缺陷影像的反差。在对焊接结构进行射线照相检测前,首先需要充分了解被检测焊接件的材质、焊接方法和几何尺寸等参数,确定检测要求与验收标准,然后根据相应标准来选择适当的射源、胶片、增感屏与像质计等,同时应进一步确定该焊接构件的透照方式和几何条件。射线照相检测流程见图6-8所示,检测标准依据《钢熔化焊对接接头射线照相和质量分级》(GB/T 3323—2005)进行。GB/T 3323—2005等效于《无损检测焊缝射线照相检验》(EN 1435:1997),它们之间的主要差别是EN 1435:1997中不包含焊缝的缺陷等级评定内容。当采用EN 1435:1997时,可采用专用的焊缝质量评定标准《焊缝无损检验焊接接头射线照相检验验收等级》(EN 12517:1998)进行评定。

波形钢腹板的焊缝超声波检测应符合国家标准《钢焊缝手工超声波探伤方法和探伤结果分级》(GB 11345—1989)、《钢结构超声波探伤及质量分级法》(JG/T 203—2007)的规定。一级、二级焊缝应采用超声波探伤进行内部缺陷的检验。超声波探伤不能对缺陷做出判断时,应采用射线探伤或其他方法进行检验。其内部缺陷分级及探伤方法应符合《钢焊缝手工超声波探伤方法和探伤结果分级》(GB/T 111345—1989)、《钢熔化焊对接接头射线照相和质量分级》(GB/T 3323—2005)的规定。一、二级焊缝质量等级及缺陷分级见表6-16。探伤比例的计算方法,应按以下原则确定:

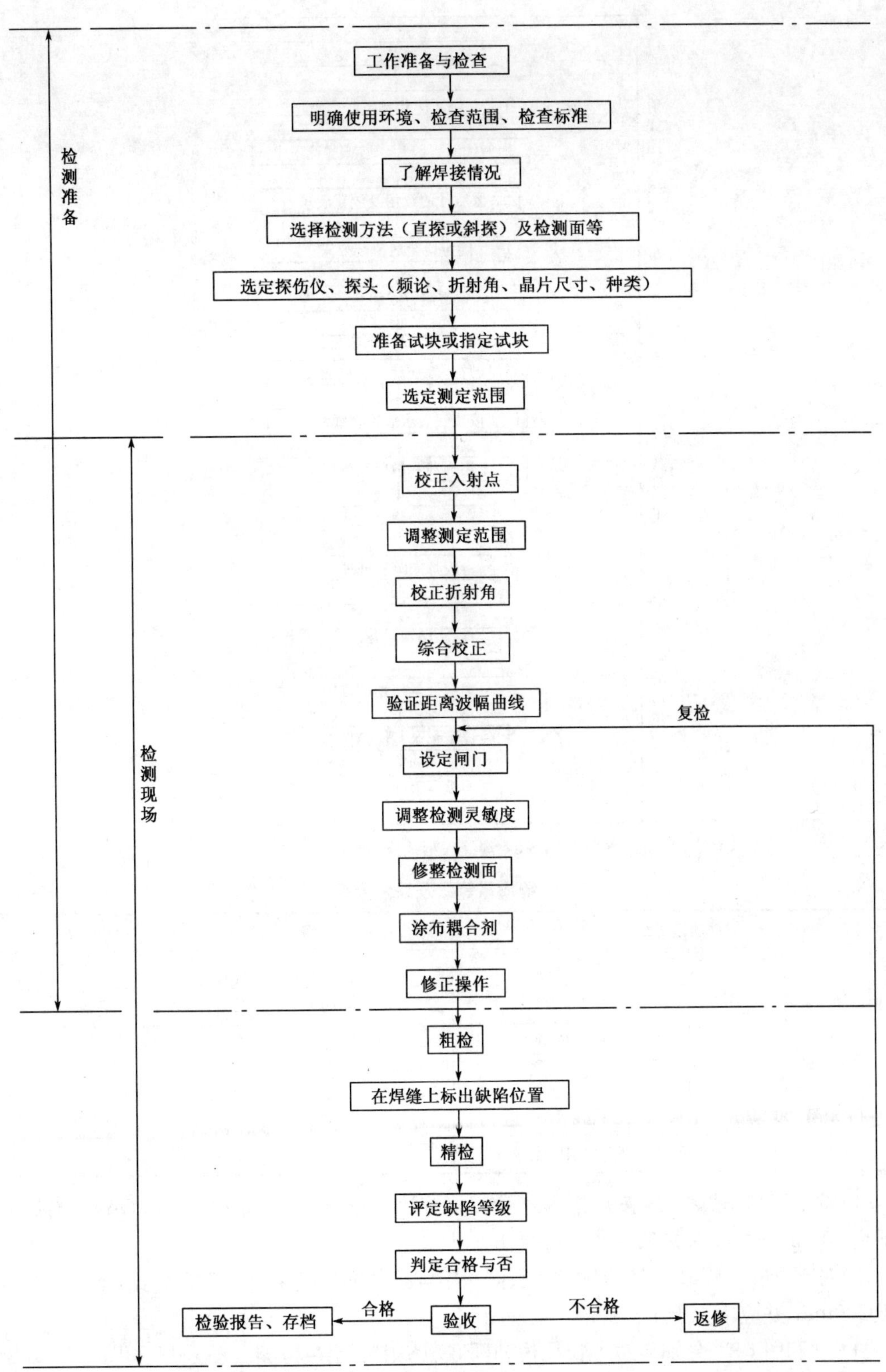

图 6-7　焊缝超声检测流程

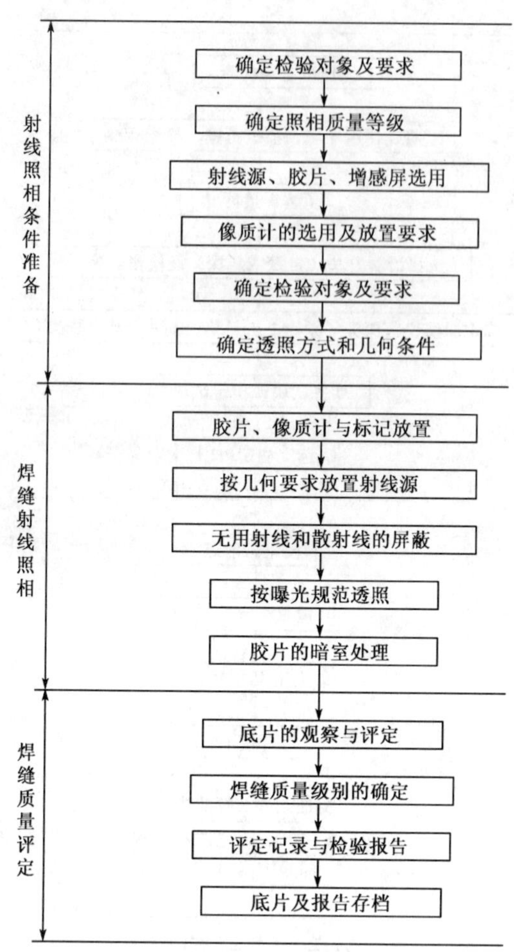

图 6-8　焊缝 X 射线检测流程

焊缝质量等级及缺陷分级　　表 6-16

焊缝质量等级		一　级	二　级
内部缺陷超声波探伤	评定等级	II	III
	检验等级	B 级	B 级
	探伤比例	100%	20%
内部缺陷射线探伤	评定等级	II	III
	检验等级	AB 级	AB 级
	探伤比例	100%	20%

(1)对工厂制作焊缝,应按每条焊缝计算百分比,且探伤长度应不小于 200mm,当焊缝长度不足 200mm 时,应对整条焊缝进行探伤。

(2)对现场安装焊缝,应按同一类型、同一施焊条件的焊缝条数计算百分比,探伤长度应不小于 200mm,并应不少于 1 条焊缝。

图 6-9 和图 6-10 分别显示了长征桥和郭守敬桥中的超声检测。图 6-11 和图 6-12 分别显示了大广高速 6 号桥的 X 射线检测实例。

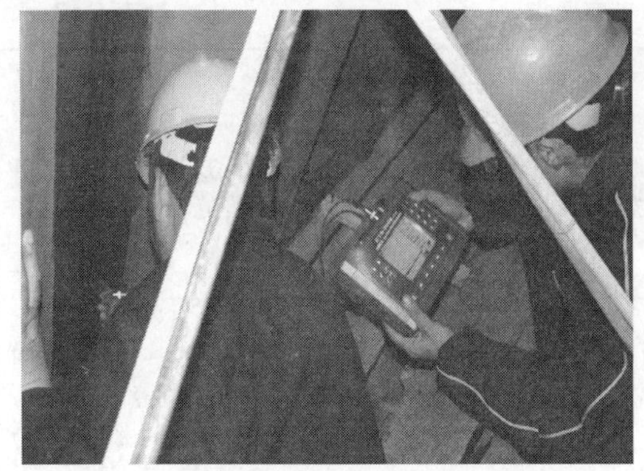
图 6-9　焊缝超声检测(长征桥)

图 6-10　焊缝超声检测(郭守敬桥)

图 6-11　焊缝 X 射线检测(大广高速 6 号桥)

图 6-12　X 射线感光片(大广高速 6 号桥)

6.3.3　焊缝的磁粉检测

对波形钢腹板焊接部位的缺陷检查还可采用磁粉检测等方法。磁粉检测是利用铁磁性材料表面与近表面缺陷会引起导磁率发生变化的原理,采用磁粉、磁带或其他磁场测量方式来记录与显示缺陷的一种方法,主要适用于检测铁磁性材料焊缝的表面与近表面缺陷,如碳钢或低合金钢表面的焊接裂纹、疲劳裂纹与应力腐蚀裂纹等。磁粉检测方法流程见图 6-13,各项操作工序要点见表 6-17。焊缝缺陷的磁粉检测评定标准有《焊缝的无损检验　磁粉检验》(ISO 17638:2003)和《焊缝磁粉探伤》(EN 1290—1998)和《无损检测　焊缝磁粉检测》(JB/T 6061—2007)。ISO 17638:2003 由欧洲标准 EN 1290—1998 转化而来,它规定了焊缝(包括热影响区)表面缺陷的磁粉检测工艺方法;JB/T 6061—2007 规定了采用磁粉检测方法检测铁磁性材料焊缝(包括热影响区)表面缺陷的技术及验收水平。

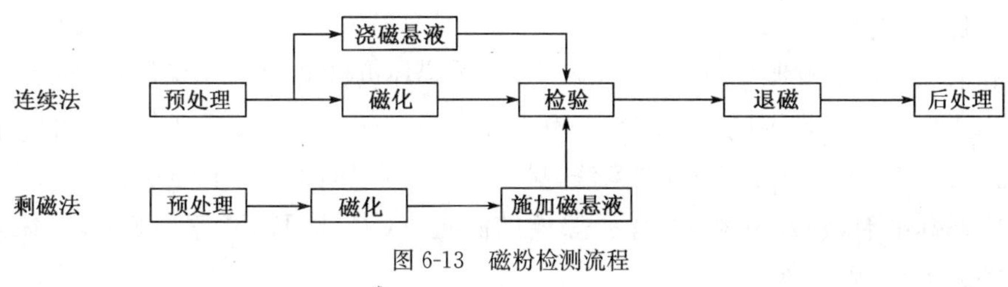

图 6-13　磁粉检测流程

磁粉检测操作工序要点　　表 6-17

项　目	工 艺 要 点
预处理	清理焊缝及附近母材，如去除焊缝表面污垢、焊接飞溅物、松散的铁锈与氧化皮。厚度较大的各种覆盖层使用干磁粉时，或者使用与清洗液性质不同的磁悬浮液时，必须等焊缝表面干燥后才能进行
磁化	焊缝检测区应在两个相互垂直的方向分别各磁化一次。一般采用连续磁化方法，一次通电时间1～3s，其磁化规范采用标准推荐值，或符合标准要求的灵敏度试片测定。采用旋转磁场磁化时，移动速度不大于3m/min；采用触头法磁化时，触头间距为75～200mm；采用磁轭法的磁极间距为50～200mm。易产生冷裂纹的焊接结构不允许采用触头法检测
施加磁粉	湿法：在磁化过程中施加磁悬液，伴随液体流动带动磁粉在漏磁场处形成磁粉堆积，即磁痕； 干法：均匀地施加磁粉，利用柔和气流使其流动，促使其在漏磁场上形成磁痕
磁痕的观察	非荧光磁粉的痕迹在白光下观察，光强应不小于1 000lx；荧光磁粉的痕迹在白光下不大于20lx；暗环境中，采用紫外线灯照射观察，紫外线灯亮度在距灯400mm处应不低于1 000 $\mu W/cm^2$，可借助2～10倍的放大镜观察
记录	可采用照相法、胶带纸粘贴复制法等记录
退磁	当剩磁会影响焊件的后加工工序、使用性能、周围设备或仪表时应进行退磁
后处理	应将工件表面的磁粉及反差增强剂清除，对使用水磁悬液检测后的工件表面应进行防锈处理

6.4　波形钢腹板涂装质量的检验

6.4.1　色漆和清漆涂层质量检验

色漆和清漆涂层的基本性能检验主要有涂层的干膜厚度、硬度、光泽、色差、耐冲击性、柔韧性和附着力等。为了使涂层性能试验所得的结果具有可比性，所用试样的制备应按有关标准执行，如按《油漆和清漆　标准测试面板》(ISO 1514:2004)、《室温下有机涂料干燥、固化或成膜的标准试验方法》(ASTM D1640)、《样品表面涂层抗腐蚀性能评价测试标准》(ASTM D1654)和《漆膜一般制备法》(GB/T 1727—1992)进行。

6.4.1.1　干膜厚度测定。

色漆和清漆涂层的湿膜厚度按《色漆和清漆　漆膜厚度的测定》(GB/T 13452.2—2008)进行。色漆和清漆涂层干膜厚度的检测方法有无损测量和破坏性测量两类。常用的无损测量方法有测厚仪法和工程量具(千分尺)测量法，见表6-18。破坏性测量主要是金相显微镜法。测定干膜厚度的标准有《色漆和清漆　漆膜厚度的测定》(GB/T 13452.2—2008)、《涂料和清漆　漆膜厚度的测定》(ISO 2808:2007)。

干膜厚度的测试方法　表 6-18

测 试 方 法	应　用	备　注
以干膜质量联系到干膜厚度的测试方法	用于漆膜过软，不能用仪器方法测量的漆膜	测量不精确，但可核定平均漆膜厚度，测试膜保持无损
工程量具测量法（千分尺法）	试板或涂漆表面实质上是平的	漆膜必须硬到足以经受与千分尺紧密接触的卡头压痕
磁性测厚仪法	用于磁性金属底材	将磁场随着距磁性金属底材距离变化转换为涂层厚度
涡流测厚仪法	用于铝、铜等非磁性金属底材，由于金属颜料感应涡流，所以将影响含金属颜料的漆膜的测试结果	由于感应涡流随测头和基体间的距离而变化的特性来测定漆膜的厚度

千分尺测量法适用于具有片状测试面的波形钢腹板平整面，干膜厚度的精度为 2μm。采用千分尺测试干膜厚度时，漆膜必须硬到足以经受千分尺紧密接触时卡头压痕，可依据的标准有《用千分尺测量有机涂层干膜厚度的试验方法》(ASTM D1005)。

磁性测厚仪法是一种在金属底材上测量干膜厚度的非破坏性测量方法，它是以探头对磁性基体的磁通量或互感电流的线性变化值来测定涂层的厚度，测量精度为 1μm，适用于测量磁性基体表面上非磁性涂层的厚度。常用的磁性测厚仪有 CH-1 型、DCH-1 型和 QCC-A 型。磁性测厚法的测量参考标准如下：

(1)《磁性金属基体上非磁性覆盖层厚度测量　磁性法》(GB/T 4956—2003)。

(2)《磁性基体上非磁性覆盖层厚度的测量　磁性法》(ISO 2178:1995)。

(3)《磁性材料的非磁性镀层用磁性法测量　厚度》(ASTM A499:1988)。

磁性测厚仪法在使用中需要注意：

(1)钢铁表面的锈蚀、氧化皮、污物和空洞缺陷会使表观涂层厚度增加。

(2)在喷射清理表面上测量的结果要非常仔细的分析。一个未经涂装的粗糙表面在仪器上的读数可在 15～50μm 之间变化，与粗糙度直接有关。

(3)钢铁基材中的成分不同会引起磁性的明显不同，对大多数低碳钢，其影响不大，但对高合金钢，差别就可能很大。

(4)涂层中导磁材料，如铁基氧化物、不锈钢鳞片等，都会影响测量的结果。

(5)在较软的涂膜上测量，测量值会偏低，建议在涂膜上面放置一块已知膜厚的校准膜片再进行测量，已避免出现压痕。

非磁性测厚仪法是利用涡流原理通过测量由于线圈交变磁通量在受试物体的非磁性金属(铝、铜、锌)等金属基材表面中，感应生成的涡流引起的探头线圈的表观阻抗变化来测得涂层厚度。常用的国产涡流测厚仪有 JWH-1、JWH-2、JWH-3 和 7504 等型号。非磁性测厚仪法的测量参考标准如下：

(1)《漆膜厚度测定法》(GB/T 1764—1979(1989))(已废止)。

(2)《非磁性基体金属上非导电覆盖层 覆盖层厚度测量 涡流法》(GB/T 4957—2003)。

(3)《非磁性导电基体上非导体覆盖层 镀层厚度的测量 振幅灵敏性涡流法》(ISO 2360:2003)。

(4)《用磁场或涡流(电磁)检验法测量涂层厚度的规程》(ASTM E376—06)。

6.4.1.2 涂层硬度测定

色漆和清漆涂层硬度与涂料品种及涂层的固化程度有关。工厂实用方法有双摆杆阻尼试验和铅笔划痕法,依据的标准有《色漆和清漆 铅笔法测定漆膜硬度》(ISO 15184:1998)、《漆膜硬度测定法 摆杆阻尼试验》(GB/T 1730—2007)和《色漆和清漆 铅笔法测定漆膜硬度》(GB/T 6739—2006)。

摆杆阻尼测试法是采用接触漆膜表面的摆杆以一定周期摆动时,表面越软,摆杆的摆幅衰减越快。通常用在摆动角范围摆幅衰减的阻尼时间与玻璃板上在同样摆幅衰减的阻尼时间的比值来表示漆膜的硬度。常用科尼格(Konig)摆和珀萨兹(Persoz)摆式阻尼试验仪来测试涂层的硬度,具体操作见《漆膜硬度测定法 摆杆阻尼试验》(GB/T 1730—2007)。

铅笔硬度测定法是采用一套已知硬度的绘图铅笔(硬度等级为9H、8H、7H、6H、5H、4H、3H、2H、H、FH、B、2B、3B、4B、5B、6B)的笔芯刮划漆膜,漆膜硬度可由能够穿透漆膜而达到底材的铅笔硬度等级确定,具体操作见《色漆和清漆 铅笔法测定漆膜硬度》(GB/T 6739—2006)。

6.4.1.3 压痕硬度测定

色漆和清漆涂层的压痕硬度是指抵抗压头压入有机涂层的能力,在一定荷载作用下,涂层压痕硬度越高,其抵抗压头压入有机涂层的能力就越强,涂层压痕就越小。测试涂层的压痕硬度可以采用努普(Knoop)压头和芬德(Pfund)压头。鲁普压头是一种规定尺寸的金刚石锥体,通过它得到的硬度值以努普硬度数(KHN)表示;芬德压头是一种规定尺寸的半球形石英压头或蓝宝石压头,由它得到的硬度值以芬德硬度数(PHN)表示。涂层的压痕硬度测定依据《有机涂层压痕硬度的试验方法》(ASTM D1474:1998)进行。

6.4.1.4 涂层附着力测试

色漆和清漆涂层附着力取决于涂层与被涂表面的结合力及涂装施工质量尤其是表面处理的质量,不同的基材对涂层附着力的影响很明显。一般来说,涂层在钢铁上的附着力有优于铝合金、不锈钢以及镀锌工件上的附着力。涂层附着力的拉开法检验标准有《涂料和清漆 黏附力拉开试验》(ISO 4624—2002)和《色漆和清漆 拉开法附着力试验》(GB/T 5210—2006)。

工厂中常采用画圈法或画格法进行涂层附着力的检验。画圈法是利用唱针做针头,将样板涂层朝上固定在仪器的试验平台上,使唱针的尖端接触到涂层,用手将摇柄顺时针匀速转动,通过转动机构使针尖在涂层上匀速地画上一定直径的圈。如划痕未露底板,则增加砝码,直至划痕露出为止,然后取出样板,用漆刷除去划痕上的漆屑,用4倍放大镜检查并评级。划圈法测试涂层附着力依据《漆膜附着力测定法》[GB/T 1720—1979(1989)]进行。画格法是用切割工具采用手工或机械的方式,将涂层按格阵图形切割,切割贯穿涂层直至基体表面,然后评价涂层的损伤情况,具体操作步骤见《色漆和清漆 漆膜的画格试验》(GB/T 9286—1998),基于画格法的涂层附着力的分级标准见表6-19。

画格法对涂层附着力的分级　　表 6-19

分级	说明
0	切割边缘完全平滑，无一格脱落
1	在切口交叉处涂层有少许薄片分离，但画格区明显不大于 5%
2	切口边缘或检查处涂层脱落明显大于 5%，但受影响明显不大于 5%
3	涂层沿切割边缘，部分或大部以大碎片脱落，或在格子不同部位上，部分或全部剥落，明显大于 15%，但受影响明显大于 35%
4	涂层沿边缘切割，大碎片剥落，或一些方格部分或全部出现脱落，明显大于 35%，但受影响明显不大于 65%
5	大于 4 级的严重脱落

6.4.2　涂层耐蚀性能检验

色漆和清漆涂装层在大气中经受光、热、氧气、风、雪、雨、露、温度、湿度及各种化学介质因素的影响，涂料中的高分子聚合物的链状结构逐渐断裂，色漆和清漆涂层的物理化学和力学性能出现不可逆的变化，并最终导致涂装层的破坏，这种现象叫涂层的老化。色漆和清漆涂装层的老化的主要表现为失光、变色、粉化、裂纹、起泡、泛金、斑点、长霉和脱落等现象。

6.4.2.1　大气老化试验

测试耐腐蚀涂装层耐老化性的最直接和最可靠的方法是大气老化试验。把涂层试样置于一定的大气条件下暴晒，通过试样的外观检查鉴定其耐蚀性，试样的采样和制备分别按《色漆、清漆和色漆与清漆用原材料　取样》(GB/T 3186—2006)和《测定耐湿热、耐盐雾、耐候性(人工加速)的漆膜制备法》(GB/T 1765)进行。为了全面考核波形钢腹板涂装层的耐候性，需要在各种气候条件下同时进行暴晒试验。大气老化试验的关键是暴晒场地的选择。暴晒场地应选择在能代表某一气候类型最严酷的地区或近似实际使用的环境条件，选择标准应符合标准《涂层自然气候曝露试验方法》(GB/T 9276—1996)。暴晒试板可采用 150mm×250mm×(0.8～1.5)mm 的普通低碳薄钢板或 150mm×250mm×(1～2)mm 的铝、镁合金板材，暴晒支架的制作和安装方法应符合《涂层自然气候曝露试验方法》(GB/T 9276—1996)的规定。试板的涂漆宜采用喷涂法施工，对喷涂道数以及漆膜要求见表 6-20。

大气老化试验时的漆膜厚度　　表 6-20

一般油漆		低固体分量，低黏度涂料	乙烯磷化底漆
底漆	两道共(40±5)μm	两道共(35±5)μm	一道(10±2)μm
面漆	两道共(60±5)μm	两道共(40±5)μm	
总厚度	(100±10)μm	(70±10)μm	

色漆和清漆涂层耐老化性能的评价方法参照《色漆和清漆　不含金属颜料的色漆　漆膜20°、60°和 85°镜面光泽的测定》(GB/T 9754—2007)、《色漆和清漆　色漆的目视比色》(GB/T 9761—2008)、《涂膜颜色的测量方法》(GB/T 11186—1989)和《色漆和清漆　涂层老化的评级》(GB/T 1766—2008)进行。表 6-21 列出了对保护性涂膜和装饰性涂层老化性能进行评定所依据的标准，耐老化性的分级标准见表 6-22 和表 6-23。

保护性涂膜和装饰性涂膜老化性能评定比较 表 6-21

项目名称	标准方法	保护性涂膜	装饰性涂膜
失光	《色漆和清漆 不含金属颜料的色漆 漆膜 20°、60°和 85°镜面光泽的的测定》(GB/T 9754—2007)	√	√
变色	《涂膜颜色的测量方法 第二部分 颜色测量》(GB/T 11186.2—1989)	√	√
粉化	《色漆和清漆 涂层老化的评级方法》(GB/T 1766—2008)	√	√
起泡	《色漆和清漆 涂层老化的评级方法》(GB/T 1766—2008)	√	√
裂纹	《色漆和清漆 涂层老化的评级方法》(GB/T 1766—2008)	√	√
生锈	《色漆和清漆 涂层老化的评级方法》(GB/T 1766—2008)	√	√
脱落	《色漆和清漆 涂层老化的评级方法》(GB/T 1766—2008)	√	√
长霉	《色漆和清漆 涂层老化的评级方法》(GB/T 1766—2008)	√	√
泛金	《色漆和清漆 涂层老化的评级方法》(GB/T 1766—2008)	—	√
斑点	《色漆和清漆 涂层老化的评级方法》(GB/T 1766—2008)	—	√
玷污	《色漆和清漆 涂层老化的评级方法》(GB/T 1766—2008)	—	√

注:《色漆和清漆 涂层老化的评价方法》(GB/T 1766—1995)参照 ISO 4628-1～10。

保护性漆膜老化性能综合评价 表 6-22

综合等级	单项等级						
	变色	粉化	裂纹	起泡	生锈	脱落	长霉
优	2	1	0	0	0	0	1
良	3	2	0	0	0	0	2
中	4	3	1	1	1	1	3
差		4	2	2	2	2	4
劣			3	3	3	3	

装饰性漆膜老化性能综合评价　　表 6-23

综合等级	单项等级										
	失光	变色	粉化	裂纹	起泡	泛金	斑点	沾污	长霉	脱落	生锈
优	1	0	0	0	0	0	0	0	0	0	0
良	2	1	0	0	0	1	1	1	0	0	0
中	3	2	1	1	1	2	2	2	1	0	0
差	4	3	2	2	2	3	3	3	2	1	1
劣		4	3	3	3	4	4	4	3	2	2

大气老化试验虽然方法简单，数据可靠，但费时过长。因此，人工加速老化试验在考核耐腐蚀涂装层的耐候性方面得到了广泛应用。人工加速老化试验是基于大量的天然暴晒试验的结果，找出气候因素与涂膜破坏之间的关系，在实验室内模仿自然界中的各种气候环境，并且达到一定的加速性。人工加速老化试验与大气暴晒试验的结果之间还没有一个准确的变换系数，这是因为天然暴晒不是恒定的，气候变化反复无常，且不易重复实现，实验室内难以模拟。另外，即使同一种涂料品种，由于颜色不同，其人工老化实验周期也不相同，虽然如此，人工加速老化试验仍然不失为一种快速实用的评价涂层耐候性的方法。

6.4.2.2　盐雾试验

盐雾（盐水喷雾）试验是目前检验涂层耐腐蚀性能的人工加速腐蚀试验的主要方法之一，它模拟沿海环境大气条件对涂层进行快速腐蚀试验，主要评定涂层质量如孔隙率、厚度等是否达标，涂层表面是否有缺陷以及前、后处理的质量等。盐雾试验又分为中性盐雾（NSS）试验、醋酸盐雾（AASS）试验和铜加速醋酸盐雾试验（CASS）。盐雾试验依据标准为《人造气氛腐蚀试验 盐雾试验》（GB/T 10125—1997），它等效于 ISO 9227:2006（人造大气腐蚀试验 盐雾试验）。其中，中性盐雾试验在涂料耐盐雾试验中应用最为广泛，通常利用它来作为色漆或涂料体系质量和电泳漆膜的检测手段。在 GB/T 10125—1997 中规定了从试样制备、试验条件、试验过程到结果评定的一整套标准化的试验程序。醋酸盐雾（AASS）试验是对中性盐雾试验的改进，由于在氯化钠溶液中用醋酸酸化，提高了腐蚀速度。醋酸盐雾试验的腐蚀速度比中性盐雾试验要快，它与中性盐雾试验条件见表 6-24。

盐雾试验条件　　表 6-24

试验类型	温度（℃）	盐水配方（g/L）	pH	试验周期
中性盐雾（NSS）	35±2	NaCl 50±5	6.5～7.2	以 24h 为一个计算单位
	40			
醋酸盐雾（AASS）	35±2	NaCl 50±5	3.1～3.3	以 24h 为一个计算单位

铜加速醋酸盐雾试验(CASS)在醋酸化的氯化钠溶液中加入了氯化铜，进一步提高了对某些金属的腐蚀速度和效果，取得了钢铁基体上阴级性涂层腐蚀方式接近于实际环境的良好效果。铜加速醋酸盐雾试验(CASS)与中性盐雾试验相比，不仅腐蚀速度加快，而且重现性较好，所以正逐步取代中性盐雾对阴极性涂层的耐蚀性检验。耐雾性试验方法的标准比较多，但内容基本相同，表 6-25 列出了各种试验方法标准和相关参数。

各种盐雾试验方法的标准与相关参数 表 6-25

标　准	试验参数(℃)	应　用
《色漆和清漆 耐中性盐雾性能的测定》(GB/T 1771—2007)	35±2	防腐涂料
《色漆和清漆 耐中性盐雾的测定》(ISO 7253:1996)	35±2	防腐涂料
《涂料和清漆 耐周期性腐蚀的测定》(ISO 11997-1:2005)	35±2	防腐涂料
《盐水喷雾试验标准》(ASTM B117)	35±2	防腐涂料
《试验方法标准 醋酸—盐雾试验》(ASTM B287-73) 《试验方法标准 铜加速的醋酸—盐雾试验》(ASTM B287-74)	35±2	防腐涂料
《加速铜氧化的醋酸盐喷雾试验》(ASTM B368)	35±2	防腐涂料

6.4.2.3 耐水试验

涂层耐水性的好坏与涂层中成膜的树脂所含极性基团、颜填料和助剂等的水溶性有关，也受被涂物的表面处理方式和涂层干燥条件等因素的影响。常用的耐水性测定方法有：

(1)常温浸水试验

常温耐水试验依据国家标准《漆膜耐水性测定法》(GB/T 1733—1993)进行。在玻璃水槽中加入蒸馏水或去离子水，调节水温至规定温度要求 23℃±2℃；[ASTM D870(水浸渍法的涂层耐水性试验方法)要求 37.8℃±1℃]，并在整个试验过程中保持该温度，将 3 块试板放入其中，每块试板 2/3 浸泡于水中至规定时间取出，用滤纸吸干，检查有无失色、变色、起泡、起皱、脱落和生锈等现象，3 块试板中至少应有 2 块试板符合产品标准规定的为合格。

(2)耐沸水试验

耐沸水试验依据国家标准《漆膜耐水性测定法》(GB/T 1733—1993)进行。在玻璃水槽中加入蒸馏水或去离子水，保持水处于沸腾状态，将 3 块试板放入其中，每块试板 2/3 浸泡于水中至规定时间取出，依照常温耐水试验方法检查和评定试板。

(3)加速耐水试验

加速耐水试验是在适宜大小的配有盖子和恒温加热系统的水槽中进行的。将尺寸为 150mm×700mm×(0.5～1.2)mm、背面和边缘进行适当保护的试板放入槽中，保持样板 3/4 浸泡在蒸馏水或去离子水中，然后开始槽内水的循环或通气。调节水温为 40℃±1℃，并在整个试验过程中保持该温度，定期取样并调整槽中水的电导率，使其小于 2μS/cm。在规定的试验周期结束时，将试板从槽中取出，用滤纸吸干水迹后检查破坏情况。加速耐水试验依据《色漆和清漆耐水性的测定 浸水法》(GB/T 5209—1985)进行。

6.4.2.4　湿热腐蚀试验

湿热试验是检验涂层耐腐蚀性能的一种方法，主要测试饱和水蒸气对涂层的破坏。一般湿热试验与盐雾试验同时进行。饱和水蒸气对涂层的破坏作用主要有水对涂膜的渗透作用，水分子透过一层或多层漆膜，在漆膜与漆膜之间积累，引起最初的起泡，随后再向深处发展到达漆膜与基材之间，引起起泡，同时水与金属接触引起电化学腐蚀；漆膜由于本身含有一些亲水基团而可吸收一些水分，使漆膜发软、膨胀、结合力降低而产生起泡。湿热试验所用的设备是调温调湿箱，目前采用的湿热试验方法有：高温高湿短周期法、温湿度交变的试验周期和恒温恒湿的试验，表 6-26 给出了湿热试验的条件。我国目前采用的是恒温恒湿试验周期法，温度为 47℃±1℃，相对湿度为 96%±2%，样板的检查和评级主要是观察涂层有无起泡、生锈和脱落，应依据《漆膜耐湿热测定法》(GB/T 1740—2007)进行。

湿热试验条件　　表 6-26

<table>
<tr><td>恒 温 恒 湿</td><td colspan="2">温度为 47℃±1℃，相对湿度为 94%～98%，24h 为一个周期，连续试验到样板破坏为止</td></tr>
<tr><td rowspan="4">温湿度交替变化</td><td>加热：温度有 25℃升至 40℃，相对湿度为 75%～98%，0.5h</td><td rowspan="4">周期为 24h</td></tr>
<tr><td>高温高湿：40℃，相对湿度为 95%～98%，16h</td></tr>
<tr><td>降温：由 40℃降至 25℃，相对湿度>90%，2.5h</td></tr>
<tr><td>低温低湿：25℃，相对湿度为 95%，5h</td></tr>
<tr><td rowspan="2">高温高湿</td><td>温度为 55℃±2℃，相对湿度为 94%～98%，16h</td><td rowspan="2">周期 24h</td></tr>
<tr><td>温度 35℃以下降，相对湿度为 95%，8h</td></tr>
</table>

6.4.2.5　耐潮湿二氧化硫腐蚀试验

处于化工环境中的有机涂层常受到二氧化硫等化工气体的腐蚀，导致涂层过早失效。这时需要进行涂层的耐二氧化硫试验。进行耐二氧化硫试验可依据《色漆和清漆 耐潮湿二氧化硫性能的测定》(ISO 3231)进行。ISO 3231 规定了色漆、清漆和有关产品的耐潮湿二氧化硫性能的测定方法和设备。对试验结果的评定可按照《金属基体上金属和其他无机覆盖层 经腐蚀试验后的试样和试件的评级》(GB/T 6461—2002)的规定进行。GB/T 6461—2002 规定了在腐蚀环境中进行过暴露试验或经其他目的的暴露后，装饰性和保护性金属和无机覆盖层所覆盖的试板或试件腐蚀状态的评定方法，标准规定的方法适用于在自然大气中动态或静态条件下暴露的试板或试件，也适用于经加速试验的试板或试件。

6.4.3　热喷涂层的基本性能的检测

6.4.3.1　外观检查

涂层外观检查是热喷涂层的检验内容，主要项目是表面粗糙度、表面宏观缺陷和厚度及其均匀性检查。

(1)热喷涂层的表面粗糙度与喷涂材料、喷涂工艺和喷涂参数有关,通常在 Ra2.5～38μm 的范围内变化。表面粗糙度可用轮廓仪测量,要求不高时可用标准试片和目视检测。具体方法和要求依据《产品几何技术规范(GPS) 表面结构 轮廓法 表面粗糙度参数及其数值》(GB/T 1031—2009)制定。

(2)涂层表面宏观缺陷的检查主要靠目视或低倍放大镜观察。首先是检查均匀性(表面均匀一致,无气孔),不允许有聚缩、涂层剥落和裂纹,也不能有起皮、鼓包、夹渣、粗颗粒、掉块等缺陷。其中,产生了有聚缩、涂层剥落和裂纹的涂层都是废品,检测出后需除去后重新喷涂,而气孔和夹渣会使涂层质量下降。

(3)热喷涂层厚度的检测方法有无损测量和破坏性测量两类。破坏性测量主要是金相显微镜法。常用的热喷涂涂层厚度无损测量方法有测厚仪法和工程量具法。无损测量方法依据标准《热喷涂涂层厚度的无损测量方法》(GB/T 11374—1989)进行。GB/T 11374—1989 规定了热喷涂涂层厚度的无损测量的术语、测量方法的选择、基准面的确定及局部厚度的测量方法,适用于所有热喷涂方法,包括火焰喷涂、电弧喷涂、等离子喷涂等所制备的各种磁性金属基体上非磁性涂层和非磁性金属基体上非导电涂层的厚度测量及评定。

6.4.3.2 涂层密度和孔隙率的检测

热喷涂层组织是由高温熔融微粒喷射到基体表面上形成的层状结构,存在着孔隙,所以涂层组织的密度小于涂层材料的密度。涂层密度一般用直接称量法测定。表征涂层内含有孔隙多少的量化指标是涂层孔隙率,即喷涂层中孔隙的体积与涂层总体积之比。常用的热喷涂层的孔隙率测定方法有浮力法、直接称量法、试剂试验法、涂膏法、浸渍法和显微镜法等。

6.4.4 热喷涂层的力学性能的检测

热喷涂层的力学性能包括涂层硬度、涂层与基体的结合强度、涂层的自身强度和涂层的弯曲强度等,是直观反映涂层质量的重要基本指标之一。

6.4.4.1 涂层硬度的测定

涂层硬度对涂层的强度、耐磨性和使用寿命有很大的影响,因而是涂层重要的力学性能指标之一。硬度是材料在外来作用下抵抗塑性变形、划痕、磨损和切割的能力。硬度的表示方法有布氏硬度(HB)、洛氏硬度(HRA、HRB、HRC)、肖氏硬度(HS)和维氏硬度(HV)等。涂层的硬度不仅决定于喷涂材料的性质,而且与喷涂方法、工艺和喷涂条件等因素有关。硬度的测量方法大致分为静力测量法(压入法)、动态力测量法(反弹法)和擦伤法(表面划痕法)3 类。

(1)涂层布氏硬度(HB)测定

以一定的荷载 F 将钢球(直径为 D)压入涂层后,按压入深度的大小作为硬度的量度。采用的钢球直径 D、负荷大小 F 和作用时间 t 均对测定值有影响,所以需根据试样预期硬度范围加以选择,见表 6-27。布氏硬度适合于不太硬的金属涂层测试。布氏硬度检测方法、步骤、试验条件和硬度标尺可依据标准《金属布氏硬度试验》(GB/T 231—2002)进行。

布氏硬度测试标准　　表 6-27

材料	硬度范围	试样厚度(mm)	F 与 D 的关系	钢球直径(mm)	荷载 F(N)	加载时间 t(s)
黑色金属	140～450	6～3	$F=30D^2$	10	300	10
		4～2		5	750	
		<2		2.5	187.5	
	<140	>6	$F=10D^2$	10	100	10
		6～3		5	250	
		<3		2.5	62.5	
有色金属	>130	6～3	$F=30D^2$	10	300	30
		4～2		5	750	
		<2		2.5	187.5	
	36～130	9～3	$F=10D^2$	10	100	30
		6～3		5	250	
		<3		2.5	62.5	
	8～35	>6	$F=2.5D^2$	10	250	30
		6～3		5	62.5	
		<3		2.5	15.6	

(2)涂层洛氏硬度(HR)测定

热喷涂层硬度的测定常采用表面洛氏硬度计,用来测定表面硬度大于 HBW450 的金属喷涂层。在规定条件下,将压头(金刚石圆锥、钢球或硬质合金球)分 2 个步骤压入试样表面,卸除主试验力后,在初试验力下测量压痕残余深度 h,以压痕残余深度 h 代表硬度的高低。表面洛氏硬度试验用金刚石圆锥压头(N 标尺)和钢球(T 标尺)2 种压头。在测量时,应特别注意涂层厚度,表 6-28 给出了进行洛氏硬度测量时所要求的涂层厚度。表面洛氏硬度试验的操作简单,测量迅速,可在指示表上直接读取硬度值,工作效率高,是热喷涂层硬度测定常用的方法之一。由于试验力小,压痕很小,可直接测试成品工件,且试样表面的轻微不平度对测量的影响很小,很适合在工厂中现场测定。洛氏硬度检测方法、步骤、试验条件和硬度标尺可依据标准《金属材料 洛氏硬度试验 第1部分:试验方法 A、B、C、D、E、F、G、H、K、N、T 标尺》(GB/T 230.1—2009) 或《金属钢材洛氏硬度试验方法》(ASTM 18)制定。

测量洛氏硬度时所要求的涂层的最小厚度(以加工后的数值计)　　表 6-28

洛氏标尺	15N	30N	45N	HRA	HRB	HRC	HRD	15T	15W
涂层厚度(mm)	0.4	0.64	0.9	1.0	1.6	1.8	1.3	1.8	1.8

6.4.4.2 涂层结合强度的测定

热喷涂涂层的结合强度包括涂层内(粒子间)的结合强度和涂层与基体表面间的结合强度(附着力)。热喷涂涂层结合强度的测定方法主要由定性检测和定量检测 2 大类。定性检验的要求和应用见表 6-29。

常用热喷涂层结合强度的定性检测方法 表 6-29

试验方法	试验方法和评定标准	应　用
弯曲试验①	试样喷涂后,用弯曲器作弯曲试验,检查涂层的开裂情况: (1)合格——被弯曲涂层无裂纹或只有轻微裂纹;发生龟裂为合格下限 (2)不合格——涂层有脱落 (3)临界厚度测定——用最佳规范喷涂弯曲试样,分组喷涂不同厚度,然后做弯曲试验,在合格下限式样的涂层厚度即为该材料在此工艺条件下的临界厚度	是热喷涂现场检验的主要手段,用于确定喷涂材料的喷涂临界厚度和最佳喷涂规范。在每次喷涂产品前或喷涂大件前作弯曲试验,以检验设备情况及工艺的稳定性(喷涂 3 块试件进行弯曲试验,若均合格就可喷涂产品,若有不合格者须找出原因并排除后重新检验和试验方可喷涂产品)
锉磨试验	用一定的工具对式样进行单向锉削、磨削或锯削,经一定次数(或时间)后,一涂层不起皮或脱落为合格。采用的锉磨方式有:锉刀、砂轮或钢锯;锉磨位置为试样的边缘部分,方向从基体向涂层	适用于镍、铬等较硬的金属涂层,及不易弯曲或使用中受磨损的喷涂条件。不适用于薄涂层和软金属(锌、镉等)涂层
切断试验	用硬质刃口刀具,在试样表面将涂层切断至基体,划成一定间距的方格,并在此处贴上黏胶带压紧,然后持黏胶带的一端垂直拉开。观察涂层破断状态,依次判断涂层的结合性能:涂层的任何部位都未与基体金属剥离为合格;如果黏胶带上有破断的涂层黏附,但破断部分发生在涂层间,而不是在涂层与基体的界面上(基体未裸露)亦认为合格	适用于硬度中等、厚度较薄的涂层,如锌和锌合金涂层、铝和铝合金涂层等
杯突试验② (球面凹坑试验)	在杯突试验及上进行。将试样涂层面朝下置于试验机的压边圈(ϕ33mm)上,用钢球(ϕ20mm)在一定压力下以 10mm/min 的速度沿压边圈中心压出凹坑(杯突深度:硬而脆的合金涂层为 5mm;塑性好的合金涂层为 7.6mm),卸载后检查涂层突起部分,与标准试样进行比较,或按以下标准评定其结合强度: 合格——涂层无裂纹或只有轻微龟裂,但无脱落; 最低合格状态——涂层开裂但未脱落; 不合格——涂层开裂并脱落	适用于 0.2～2mm、宽度大于或等于 90mm 的板或带状试件
偏心车削试验	在普通车床上对涂层进行偏心车削,观察车削后的效果(工作层与过渡层、过渡层与基体表面交界处的结合状况) 评定:出现起皮现象表明涂层结合性能差;若涂层——过渡层或过渡层——基体表面交界处有分离现象,则表明它们之间的结合性能更差	一般须先制成 ϕ60mm×150mm 的圆棒试样、并对其按工艺规范喷涂涂层后进行偏心车削试验
反复冲击试验	在冲击试验机上,用 500g 的锤从 100mm 高度向涂层试样同一处进行反复冲击,根据反复冲击的次数和涂层在剥落过程中所观察到的现象,来判断涂层的力学性能	

注:①弯曲试验试样一般用 A3 钢或 40 钢基体,尺寸为 100mm×50mm×1.2mm(厚度)。

②杯突试验试样为以一定工艺参数喷涂的薄板式样。基体为 75mm×44mm 和 55mm×60mm,厚度为 1.3～1.5mm 的 A3 钢板,喷涂层厚度分别为 0.05～0.1mm(对硬而脆的合金涂层)和 0.10～0.15mm(对塑性好的合金涂层)。试样应无毛刺,未受锤击和冷作加工,不应进行热处理。

热喷涂层结合强度的定量测量方法主要有拉伸强度试验法和剪切强度试验法，分别测定涂层承受基体表面法向拉伸应力的极限能力和涂层抵抗平行于基体表面切线方向的剪切应力的极限能力。热喷涂层抗拉伸强度测定标准有《热喷涂层抗拉强度的测定》(GB/T 8641—1988)和《热喷涂涂层抗拉强度试验方法》(HB 5475—1991)，抗剪强度的测定标准有《金属热喷涂层剪切强度的测定》(GB/T 13222—91)和《热喷涂涂层剪切强度试验方法》(HB 5474—1991)。热喷涂层自身黏结强度是用来评定热喷涂层粒子之间内聚力的强弱指标为涂层不受基体影响时的自身的抗拉强度。涂层自身黏结强度试验主要有切向黏结强度试验和法向黏结强度试验两种。波形钢腹板的锌、铝涂层附着力的测定按《金属和其他无机覆盖层热喷涂 锌、铝及其合金》(GB/T 9793—1997)附录A中栅格试验法的规定进行。

6.4.5　热浸镀锌层性能检验

波形钢腹板的热浸镀锌的性能检验可依照《高速公路交通工程钢构件防腐技术条件》(GB/T 18226—2000)和《金属覆盖层 钢铁制件热浸镀锌层技术要求及试验方法》(GB/T 13912—2002)进行。GB/T 18226—2000规定了高速公路交通工程构件的防腐形式和要求，与我国普通热浸镀锌行业遵循的通用性国家标准GB/T 13912—2002中有关热浸镀锌部分的有关规定相比，主要差别如下：

(1)钢板厚度3～6mm的镀锌量为600g/m^2，高于GB/T 13912－2002的505g/m^2。

(2)对镀锌层的均匀性与附着性的要求同《输电线路铁塔制造技术条件》(GB/T 2694—2003)。

(3)增加了锌层耐盐雾试验要求(≤200h)。

(4)要求镀锌层表面颜色一致。

波形钢腹板的热浸镀锌检验还可借鉴国外与热浸镀锌相关的标准如下：

(1)《钢铁制件热浸镀锌层 技术要求及试验方法》(ISO 1461:1999)。

(2)《钢铁结构件腐蚀防护 锌和铝镀层 指南》(ISO 14713:1999)。

(3)美国《钢铁制品热浸镀锌层》(A123/A 123M—97a)。

(4)美国《钢铁零件热浸镀锌层》(A153/A 153M—98)。

(5)德国《热浸镀锌层要求与试验》(DIN 50976：1989)。

(6)英国《钢铁热浸镀锌层技术要求》(BS 729：1986)。

(7)日本《热浸镀锌》(JIS H 8641：1999)。

6.4.5.1　热浸镀锌层的外观检查

热浸镀锌层的外观检查可按《金属覆盖层 钢铁制件热浸镀锌层 技术要求及试验方法》(GB/T 13912—2002)进行，外观检查范围有：

(1)镀锌层的形态。要求表面平滑、无滴瘤、粗糙、锌刺和锌灰残渣。

(2)镀层颜色与均匀性。在镀层的厚度大于规定值，镀件表面允许存在发暗或浅灰色的色彩不均匀区域。

6.4.5.2　热浸镀锌层的厚度测定

热浸镀锌层的厚度测定主要有磁性法和称量法。磁性法采用磁性测厚仪对镀层厚度进行测定，不破坏被测工件表面，使用方便，是目前最常用的镀层厚度测定方法，磁性法测定所依据的标准为《磁性金属基体上非磁性覆盖层厚度测量 磁性法》(GB/T 4956—2003);称量法主要采用化学溶解法进行检测。将热浸镀锌试件浸入盐酸溶液中数分钟后,待镀锌层完全被溶解,注意不能过度酸洗将基体浸蚀。称量试件溶解前、后两次质量差,计算出单位面积上锌层质量即可知镀锌层的厚度。称量法测量依据标准《金属覆盖层 黑色金属材料热镀锌层 单位面积质量称量法》(GB/T 13825—2008)进行。

热浸镀锌是以锌层厚度作为使用寿命的依据的,所以世界各国对热浸镀锌层厚度均给出了明确的要求,表 6-30~表 6-33 分别给出了美国(A123/A 123M—97a)、德国(DIN 50976:1989)、英国(BS 729:1986)和日本(JIS H 8641:1999)的锌层厚度最小值的要求,表 6-34 和表 6-35 给出了我国对热浸镀锌层厚度要求(GT/T 13912—2002)。

美国 A123/A 123M—97a 规定的镀层厚度及镀覆量最小值 表 6-30

钢制件厚度 δ(mm) / 项目	δ<1.6	1.6≤δ<3.2	3.2≤δ≤4.8	4.8<δ<6.4	δ≥6.4
平均镀层厚度(μm)	45	65	75	85	100
平均镀覆量(g/m²)	320	460	530	600	705

德国 DIN 50976 规定的镀层厚度及镀覆量最小值 表 6-31

工件类型或钢制厚度 δ(mm) / 项目	δ<1	1≤δ<3	3≤δ<6	δ≥6	经离心处理的小零件	铸铁件
平均镀层厚度(μm)	50	55	70	85	55	70
平均镀覆量(g/m²)	360	400	500	610	400	500
最低局部镀层厚度(μm)	45	50	60	75	50	60

英国 BS 729 规定的镀层镀覆量最小值 表 6-32

工件类型或钢制件 δ(mm) / 项目	1≤δ<2	2≤δ<5	δ≥5	铸铁件	经攻丝及离心处理的零件
锌层镀覆量(g/m²)	335	460	610	610	305

日本 JIS H 8641 规定的镀层厚度及镀覆量最小值 表 6-33

工件类型或钢制件厚度 δ(mm) / 项目	1≤δ<2	2≤δ<3	3≤δ<5	δ≥5	严酷腐蚀环境下使用
平均镀层厚度(μm)	49	56	63	70	77
镀层镀覆量(g/m²)	350	400	450	500	550

未经离心处理的镀层厚度及镀覆量的最小值(GT/T 13912—2002)　　表 6-34

制　件	厚度 δ	局部值(最小)		平均值(最小)	
		厚度(μm)	镀覆量(g/m²)	厚度(μm)	镀覆量(g/m²)
钢	δ≥6	70	505	85	610
钢	3≤δ<6	55	395	70	505
钢	1.5≤δ<3	45	325	55	325
钢	δ<1.5	35	250	45	325
铸铁	δ≥6	70	505	80	575
铸铁	δ<6	60	430	70	505

经离心处理的镀层厚度及镀覆量的最小值(GT/T 13912—2002)　　表 6-35

制件及厚度(mm)		局部值(最小)		平均值(最小)	
		厚度(μm)	镀覆量(g/m²)	厚度(μm)	镀覆量(g/m²)
螺纹件 d	d≥20	45	325	55	395
	6≤d<20	35	250	45	325
	d<6	20	145	25	180
其他制件(包括铸铁件)δ	δ≥3	45	325	55	395
	δ<3	35	250	35	325

6.4.5.3　镀层的附着力检验

由于热浸镀锌层与钢铁基体之间为冶金结合，所以正常厚度的热浸镀锌工件的镀层具有足够的附着强度。《金属覆盖层 钢铁制件热浸镀锌层技术要求及试验方法》(GB/T 13912—2002)中明确指出镀层与基体结合力强是热浸镀锌工艺的特点，所以通常不需测试镀层和基本制件的结合力。对于钢件厚度 10～20mm 镇静钢制作大型钢结构件，由于浸镀锌时间较长，通常超过 10min，当出现镀层超厚的情况时(比如 160μm)，镀层附着力可能会降低。此时如果需要进行附着力检测，需双方就检验方法和要求进行商定，参照《输电线路铁塔制造技术条件》(GB/T 2694—2010)和《金属和其他无机覆盖层热喷涂 锌、铝及其合金》(GB/T 9793—1997)等标准进行检验。

6.4.5.4　镀层均匀性和耐腐蚀要求

由于均匀性要求实质是测定最小镀层厚度，在镀层厚度得到充分保证的情况下，硫酸铜试验通常能得到保证，所以《金属覆盖层 钢铁制件热浸镀锌层技术要求及试验方法》(GB/T 13912—2002)中没有要求进行硫酸铜试验。硫酸铜试验应依据《热浸镀锌层均匀性试验 硫酸铜试验方法》(GB/T 2694—2003)附录 A 进行。

由于热浸镀锌是以锌层厚度作为使用寿命的主要依据，人工加速腐蚀试验(盐雾试验)难以反映热浸镀锌层在实际使用状况下的腐蚀状况，所以《金属覆盖层 钢铁制件热浸镀锌层技术要求及试验方法》(GB/T 13912—2002)和《热浸锌》(ISO 1461)等标准中均未规定做此项试验。

6.4.6 电泳涂料与涂膜层性能检验

以环氧树脂为主要成膜物的阴极电泳涂料的性能要求可参考《阴极电泳涂料》(HG/T 3952—2007)的规定(表 6-36)。波形钢腹板的阴极电泳涂膜层性能的检验依据《阴极电泳涂装通用技术规范》(HB/T 10242—2001)进行,见表 6-37 所示。

阴极电泳涂料的技术要求　表 6-36

<table>
<tr><th colspan="2" rowspan="2">项　目</th><th colspan="4">指　标</th></tr>
<tr><th>A类
(商用汽车)</th><th>B类
(乘用汽车)</th><th>C类
(汽车零部件)</th><th>D类
(摩托车、家电五金)</th></tr>
<tr><td rowspan="4">原漆</td><td>在容器中状态</td><td colspan="4">单组分:搅拌后均匀无硬块;双组分:乳液无沉淀、分层和絮凝现象,色浆允许轻微沉淀,易搅起</td></tr>
<tr><td>细度(μm)(双组分乳液除外)</td><td colspan="4">≤15</td></tr>
<tr><td>贮存稳定性</td><td colspan="4">无异常</td></tr>
<tr><td>固体含量(%)(105±2)℃</td><td colspan="4">由生产企业提供</td></tr>
<tr><td rowspan="13">工作液</td><td>pH 值(25℃)</td><td colspan="4">由生产企业提供</td></tr>
<tr><td>导电率(μS/cm)(25℃)</td><td colspan="4">由生产企业提供</td></tr>
<tr><td>固体含量(%)(105±2) ℃</td><td colspan="4">由生产企业提供</td></tr>
<tr><td>灰分(%)</td><td colspan="4">由生产企业提供</td></tr>
<tr><td>沉淀性(mm)</td><td colspan="4">≤3</td></tr>
<tr><td>筛余分(mg/L)</td><td colspan="4">≤10</td></tr>
<tr><td>泳透力(cm)(福特盒法)</td><td colspan="2">≥18</td><td colspan="2">≥14</td></tr>
<tr><td>L-效果(电泳涂料在水平表面上合垂直表面上涂装的效果)</td><td colspan="4">水平面与垂直面无明显差异</td></tr>
<tr><td>再溶性</td><td colspan="4">浸泡部分的涂膜应能均匀平整,无针孔、缩孔、凹坑等漆膜弊病,与液面接触部分允许轻微界痕</td></tr>
<tr><td>库伦效率(mg/C)</td><td colspan="4">≥25</td></tr>
<tr><td>击穿电压[①](V)</td><td colspan="2">≥300</td><td colspan="2">≥250</td></tr>
<tr><td>MEQ 值(固体分为 100g 的电泳涂料消耗中和剂的摩尔数)</td><td colspan="2">商定</td><td colspan="2">—</td></tr>
<tr><td>乙二醇醚类溶剂含量(%)</td><td colspan="4">乙二醇甲醚、乙二醇乙醚总和≤0.001,其余乙二醇醚类总和≤1.5</td></tr>
<tr><td rowspan="8">涂膜性能</td><td>总 Pb 含量(mg/kg)</td><td colspan="4">≤90</td></tr>
<tr><td>工作液敞口搅拌稳定性</td><td colspan="4">敞口搅拌稳定性良好</td></tr>
<tr><td>涂膜外观</td><td colspan="4">正常</td></tr>
<tr><td>干燥性能</td><td colspan="4">漆膜表面应无明显失光、明显变色、明显擦痕等现象</td></tr>
<tr><td>加热性能(%)</td><td colspan="4">≤15</td></tr>
<tr><td>柔韧性(mm)</td><td colspan="4">1</td></tr>
<tr><td>铅笔硬度(擦伤)</td><td colspan="4">≥H</td></tr>
</table>

续上表

<table>
<tr><td colspan="2" rowspan="2">项　　目</td><td colspan="4">指　　标</td></tr>
<tr><td>A类
（商用汽车）</td><td>B类
（乘用汽车）</td><td>C类
（汽车零部件）</td><td>D类
（摩托车、家电五金）</td></tr>
<tr><td rowspan="10">涂膜性能</td><td>附着力/级（画格间距1mm）</td><td colspan="4">≤1</td></tr>
<tr><td>耐冲击性（cm）</td><td colspan="4">50</td></tr>
<tr><td>杯突（mm）</td><td colspan="4">≥5</td></tr>
<tr><td>耐酸性（50g/L H_2SO_4 溶液）</td><td colspan="4">24h无异常</td></tr>
<tr><td>耐碱性（50g/L NaOH溶液）</td><td colspan="4">24h无异常</td></tr>
<tr><td>耐汽油性（93号汽油）</td><td colspan="4">24h无异常</td></tr>
<tr><td>Gel分率（%）</td><td colspan="4">≥90，涂膜无起泡、剥落、发黏、明显变色、明显失光</td></tr>
<tr><td>耐盐雾性</td><td>800h，画线处起泡、底材单向锈蚀蔓延和附着力损失的涂膜不超过2mm，未画线处无起泡、底材生锈等破坏现象</td><td>1000h，画线处起泡、底材单向锈蚀蔓延和附着力损失的涂膜不超过2mm，未画线处无起泡、底材生锈等破坏现象</td><td colspan="2">时间商定，画线处起泡、底材单向锈蚀蔓延和附着力损失的涂膜不超过2mm，未画线处无起泡、底材生锈等破坏现象</td></tr>
<tr><td>循环腐蚀交变试验②</td><td></td><td>循环次数商定，画线处起泡、底材单向锈蚀蔓延和附着力损失的涂膜不超过2mm，未画线处无起泡、底材生锈等破坏现象</td><td colspan="2"></td></tr>
</table>

注：①如需测试镀锌底材上的击穿电压、指标、底材和方法等可商定。

②是否需进行循环腐蚀交变试验、试验的循环次数由双方商定。

涂膜的性能与检验标准　　表6-37

序号	项　目	技术指标（举例）	试验方法
1	涂膜外观	平整、光滑、无异常	目测
2	光泽（60°镜面光泽）（%）	根据涂料品种要求	GB/T 9754（色漆和清漆　不含金属颜料的色漆　漆膜20°、60°和85°镜面光泽的测定）
3	硬度	≥H	GB/T 6739（色漆和清漆　铅笔法测定漆膜硬度）
4	耐冲击（cm）	≥50	GB/T 1732（漆膜耐冲击测定法）
5	柔韧性（mm）	≤1	GB/T 1731（漆膜柔韧性测定法）
6	耐水性（40℃·500h）	涂膜无变化	GB/T 1733（漆膜耐水性测定法）
7	耐酸性[0.05mol/（H_2SO_4·8h）]	涂膜无变化	GB/T 1763（漆膜耐化学试剂性测定法）
8	耐碱性[0.1mol/（NaOH·8h）]	涂膜无变化	GB/T 1763（漆膜耐化学试剂性测定法）

续上表

序号	项　目	技术指标(举例)	试验方法
9	画格试验(1mm级)	0	GB/T 9286(色漆和清漆 漆膜的画格试验)
10	泳透力板耐盐雾性(mm)	根据用户要求	JB/T 10242附录A9(泳透力板耐盐雾性测定)
11	耐盐雾试验(h)	≥800	GB/T 1771(色漆和清漆 耐中性盐雾性能的测定)
12	抗石击性	根据用户要求	JB/T 10242附录B(漆膜抗石击试验)
13①	耐老化性	根据用户要求	GB/T 1865[色漆和清漆 人工气候老化和人工辐射暴露(滤过的氙弧辐射)]
14①	耐磨损性	根据用户要求	供需双方协商
15①	耐汗水性	根据用户要求	供需双方协商

注:①仅对装饰性电泳涂膜。

6.4.7 粉末涂料涂层性能的检验

粉末涂料粉体与涂层检验所依据的标准是《公路用防腐蚀粉末涂料及涂层》(JT/T 600—2004)。涂层的外观质量应符合JT/T 600—2004中涂层平滑,颜色均匀一致,无肉眼可见的气泡、气孔、裂缝和明显杂质等缺陷的要求。涂层的理化性能的通用技术要求见表6-38。涂层的性能检测内容主要有:

(1)按照《电气绝缘用树脂基反应复合物》(GB/T 6554—2003)检验粉末涂料粉体的挥发物含量。

(2)按照《化工产品密度、相对密度测定通则》(GB/T 4472—1984)检验粉体的密度。

(3)按照《电气绝缘用树脂基反应复合物》(GB/T 6554—2003)检验粉末涂料粉体的表观密度、粒度分布、胶化时间和水平流动性。

(4)按照《热塑性塑料熔体质量流动速率和熔体体积流动速率的测定》(GB/T 3682—2000)检验热塑性粉末涂料粉体的熔融指数。

(5)按照《色漆和清漆 不含金属颜料的色漆漆膜的20°、60°和85°镜面光泽的测定》(BG/T 9754—2007)检验涂层的光泽度。

(6)按照《磁性基体上非磁性覆盖层 覆盖层厚度测量 磁性法》(GB/T 4956—2003)检验磁性底基的涂层厚度。

(7)按照《塑料 拉伸性能的测定》(GB/T 1040—2006)检验热塑性粉末涂料涂层的拉伸强度和断裂延伸率。

(8)按照《塑料和硬橡胶 使用硬度计测定压痕硬度(邵氏硬度)》(GB/T 2411—2008)检验热塑性粉末涂料涂层的涂层硬度。

(9)按照《色漆和清漆 铅笔测定漆膜硬度》(GB/T 6739—2006)检验热固性粉末涂料涂层

的涂层硬度。

（10）按照《热塑性塑料维卡软化温度（VST）的测定》（GB/T 1633—2000）检验热塑性粉末涂料涂层的维卡软化点。

（11）按照《电气绝缘用树脂基反应复合物》（GB/T 6554—2003）进行热固性粉末涂料涂层的杯突试验。

（12）按照《色漆和清漆　弯曲试验（圆柱轴）》（GB/T 6742—2007）检验涂层的抗弯性。

（13）按照《漆膜耐冲击测定法》（GB/T 1732—1993）检验涂层的耐冲击性。

（14）按照《塑料　耐液体化学试剂性能的测定》（GB/T 11547—2008）检验涂层的耐化学腐蚀性。

（15）按照《高速公路交通工程钢构件防腐技术条件》（GB/T 18226—2000）检验涂层的耐盐雾性、耐湿热性和耐低温脆化性。

涂层理化性能（JT/T 600.1—2004）　　表6-38

<table>
<tr><th>序　号</th><th colspan="4">项　目</th><th colspan="2">技术要求</th></tr>
<tr><td>4.2.2.1</td><td colspan="4">物理力学性能</td><td colspan="2">按各产品分部标准具体要求</td></tr>
<tr><td rowspan="6">4.2.2.2</td><td rowspan="6">涂层厚度（mm）</td><td rowspan="5">热塑性粉末涂料涂层</td><td colspan="2">—</td><td>单涂①</td><td>双涂②</td></tr>
<tr><td colspan="2">钢管、钢板、钢带</td><td>0.38～0.80</td><td>0.25～0.60</td></tr>
<tr><td rowspan="2">钢丝直径</td><td>＞1.8～4.0</td><td>0.30～0.80</td><td rowspan="2">0.15～0.60</td></tr>
<tr><td>＞4.0～5.0</td><td>0.38～0.80</td></tr>
<tr><td colspan="2">其他基材</td><td>0.38～0.80</td><td>0.25～0.60</td></tr>
<tr><td colspan="3">热固性粉末涂料涂层</td><td>0.076～0.15</td><td>0.076～0.120</td></tr>
<tr><td rowspan="2">4.2.2.3</td><td rowspan="2">涂层附着性能</td><td colspan="3">热塑性粉末涂料涂层</td><td colspan="2">一般不低于2级</td></tr>
<tr><td colspan="3">热固性粉末涂料涂层</td><td colspan="2">0级</td></tr>
<tr><td>4.2.2.4</td><td colspan="4">涂层耐冲击性（0.5kg·m）</td><td colspan="2">试验后，除冲击部位外，无明显裂纹，皱纹及涂层脱落现象</td></tr>
<tr><td>4.2.2.5</td><td colspan="4">涂层抗弯曲性</td><td colspan="2">试验后，无肉眼可见的裂纹及涂层脱落现象</td></tr>
<tr><td>4.2.2.6</td><td colspan="4">涂层耐化学腐蚀性</td><td colspan="2">试验后，涂层应无气泡、溶解、溶胀、软化、丧失黏结等现象，试验应无混浊，褪色和填料沉淀现象</td></tr>
<tr><td rowspan="3">4.2.2.7</td><td rowspan="3">涂层耐盐雾性</td><td colspan="3">钢质基底无防护层</td><td colspan="2">经8h试验后，划痕部位任何一侧0.5mm外，涂层应无气泡、剥离的现象</td></tr>
<tr><td rowspan="2" colspan="2">金属防护层基底</td><td>第Ⅰ段（8h）</td><td colspan="2">经8h试验后，划痕部位任何一侧0.5mm外，涂层应无气泡、剥离的现象</td></tr>
<tr><td>第Ⅱ段（200h）</td><td colspan="2">经200h试验后，基底金属无锈蚀</td></tr>
<tr><td>4.2.2.8</td><td colspan="4">涂层耐湿热性能</td><td colspan="2">经8h试验后，划痕部位任何一侧0.5mm外，涂层应无气泡、剥离的现象</td></tr>
<tr><td>4.2.2.9</td><td colspan="4">涂层耐低温脆化性能</td><td colspan="2">经168h试验后，涂层应无明显变色及开裂现象，经耐冲击性试验后，性能仍应符合4.2.2.4的要求</td></tr>
</table>

注：①对基底仅涂装有机防腐蚀涂层的防护类型。

②基底材质为钢质，表层经金属防腐蚀涂层防护再涂装有机防腐蚀涂层的防护类型。

防腐蚀粉末涂料涂层经过人工加速老化试验，积累能量达到 $3.5\times10^{6}\,kJ/m^{2}$后，涂层外观质量应不低于表6-39中质量等级的要求，涂层试验项目类型及数量应符合表6-40的要求。涂层的耐候性检验应根据《高速公路交通工程钢构件防腐技术条件》(GB/T 18226—2000)，采用氙弧灯人工加速耐候性试验箱进行。

涂层外观质量等级评定要求(JT/T 600.1—2004)　　表6-39

评定项目		等级要求	变化程度
变色等级		2	目测轻微变色
粉化等级		1	很轻微，仪器加压重或手指用力擦样板，试布或手指上刚可观察到微量颜料粒子
开裂等级	开裂数量	1	仅有几条值得注意的开裂
	开裂大小	S1	10倍放大镜下可见开裂
气泡等级		0	无泡
生锈等级	锈点数量	1	很少，几个锈点
	锈点大小	S1	10倍放大镜下可见锈点
剥落等级	剥落面积	0	0
	剥落大小	—	—
综合评定等级		1	—

涂层试验项目类型及要求(JT/T 600.1—2004)　　表6-40

序号	试验项目	试样类型	试验数量
1	涂层外观、颜色、光泽度、涂层厚度	B1	3
		B2	
2	涂层硬度	A1	3
		A2	
3	杯突试验	A1	3
		A2	
4	涂层附着性	A1	3
		A2	
5	涂层抗弯曲性	B1	3
		B2	
6	涂层耐冲击性	B1	3
		B2	
7	涂层耐化学药品性	A1	3
		A2	
8	涂层耐盐雾性	A1	3
		A2	

续上表

序　号	试 验 项 目	试 样 类 型	试 验 数 量
9	涂层耐低温脆化性	B1	3
		B2	
10	涂层耐湿热性	A1	3
		A2	
11	涂层耐候性	A1	15
		B2	

JT/T 600.2—2004 、JT/T 600.3—2004、JT/T 600.4—2004 中分别规定了公路用防腐蚀热塑性聚乙烯(PE)粉体和涂层、聚氯乙烯(PVC)粉体和涂层和热固性聚酯粉末涂料粉体和涂层的技术要求、试验方法、检验规则、标识、包装、运输和储存等内容。

第7章 波形钢腹板的加工与应用实例

本章主要通过我国已建和在建的部分波形钢腹板PC组合箱梁桥的波形钢腹板的设计与加工实例，介绍波形钢腹板的加工工艺。波形钢腹板主要加工流程如图7-1～图7-20所示。

图7-1 材料验收与钢板整平

图7-2 数控等离子弧切割

图7-3 钢板的剪裁

图7-4 自动进板

图7-5 模压成型

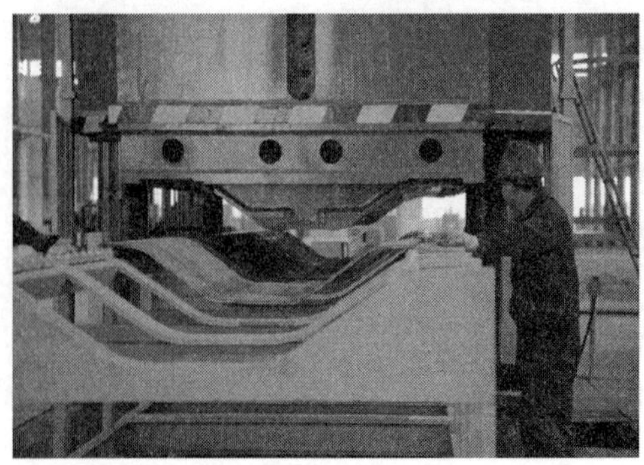

图7-6 自动出板

图 7-7　抛丸处理

图 7-8　组拼

图 7-9　埋弧焊接

图 7-10　开孔抗剪连接件制作

图 7-11　焊接焊钉

图 7-12　抗剪连接件组拼

图 7-13　抗剪连接件的整形

图 7-14　波形钢板的整形

图 7-15 抗剪连接件与波形钢板的焊接

图 7-16 吊上标准钢平台

图 7-17 除油脂与喷砂前处理

图 7-18 热喷锌(铝)

图 7-19 喷环氧云铁中间漆

图 7-20 喷聚氨酯面漆

7.1 长征桥波形钢腹板的设计与加工

淮安长征桥主桥布置为(18.5+30+18.5)m 波形钢腹板预应力连续箱梁，梁底高程 15.8m(1956 年黄海高程)，桥上部结构采用单箱单室断面，箱梁宽 7m，底板宽 2.5m，上口宽 3.74m，悬臂长 1.63m，为斜波形钢腹板 PC 箱梁，箱梁高 1.6m，底板厚 15cm，顶板厚 20cm，与钢腹板连接处局部加厚；预应力采用钢绞线体外预应力束体系，在箱梁横隔板处设置转向块。

长征桥的波形钢腹板采用 Q345C 钢板材，采用折弯机加工完成(图 7-21)。因为板材和加工条件的限制，每块波形钢腹板的长度为 2.0m，弯折成型后板长为 1.8m。为便于手工焊接，钢板在需焊接接口处预先打好坡口。将两块弯折成型的波形板焊接在一起，并在上下端部焊接翼缘板和栓钉，连接成一个节段，使得波形板整体性好，便于运输和安装，也减少了现场工作量(图 7-22)。

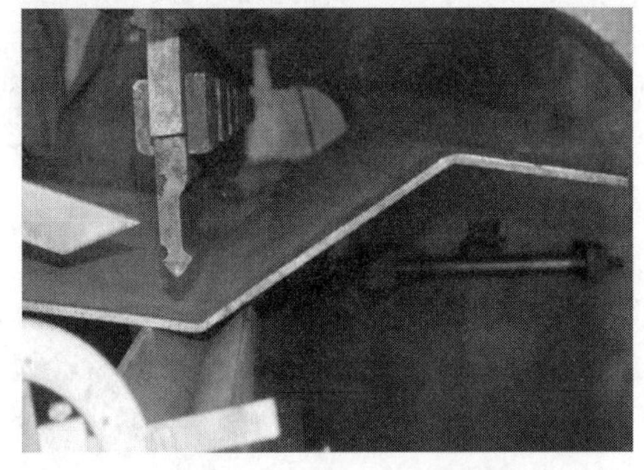

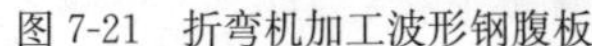

图 7-21　折弯机加工波形钢腹板

图 7-22　长征桥的波形钢腹板

7.1.1　波形钢腹板的焊接及其质量要求

(1)钢结构间的焊缝，除图中注明者外，均采用坡口焊缝，坡口的形状、尺寸应符合《钢管混凝土结构设计与施工规程》(CECS 28—1990)中表 7.1.2 的要求，坡口应采用机械加工，坡口表面不得有裂纹、分层、夹渣等缺陷，并且在施焊前应将坡口表面的氧化物、油污、熔渣及其他有害杂质清除干净。清除的范围(以离坡口边缘的距离计)不得小于 20mm。

(2)A3 钢之间的焊接及 A3 钢与 Q345C 级(16Mn)钢之间的焊接采用 T42-7 焊条，Q345C 级(16Mn)钢间的焊接采用 T50-7 低氢型焊条。焊缝的形式及要求应分别满足《气焊、焊条电弧焊、气体保护焊和高能束焊的推荐坡口》(GB/T 985.1—2008)、《埋弧焊的推荐坡口》(GB/T 985.2—2008)和《碳素钢埋弧焊用焊剂》(GB 5293—1999)中的有关规定。对口接头的错边量要小于 0.5mm。

(3)波形钢腹板的拼接焊缝要求采用自动焊、全熔透；其他采用全熔透的对接和角接组合焊缝，有条件时采用自动焊，否则可手工焊。上述所有焊缝要 100%进行超声波检测，T 形焊缝经检测认为有疑问之处应以 X 射线拍片，拍片数量控制在 20%以上。钢箱梁腹板的拼接焊缝应达到《钢结构工程施工及验收规范》(GB 50205—2001)的一级要求，其余焊缝质量应达到 GB 50205—2001 的二级要求。

(4)为了保证焊接质量，首次采用的钢材、焊接材料、焊接方法、焊接后热处理，对不同的自动焊接与不同条件(工厂内、工地现场)的手工焊，应区分不同情况、条件进行焊接工艺评定，焊接工艺评定应按《建筑钢结构焊接规程》(JGJ 81—2002)和《钢制压力容器焊接工艺评定》(JB 4708—2000)的规定进行，并根据评定报告确定焊接工艺。在正式焊接前应试焊，经焊缝质检部门检验合格后方能正式大面积焊接，并要求电焊工戴证上岗施焊，合格证应注明焊接条件、有效期限。焊工停焊时间超过 6 个月，应重新考核。

7.1.2 波形钢腹板的防腐与涂装

(1)钢板在加工、预拼装完成后,应及时清除刺屑、焊渣、飞溅物及油污等。

(2)应对钢板进行喷砂除锈及表面粗糙化,并进行防锈涂装。钢板除锈等级应达到《涂装前钢材表面锈蚀等级和除锈等级》(GB 8923—1988)规定的Sa3.0级,清洁后钢板表面的粗糙度应达到《热喷涂锌及锌合金涂层》(GB 9793—1997)中规定的Rz40~80μm。钢板的内、外表面防锈涂装采用电弧热喷涂锌铝复合涂层工艺,先喷厚度80~120μm的锌涂层,后喷厚度100~150μm的铝涂层,最后涂专用铝涂层封闭面漆2×15μm,使用年限要求不小于30年。喷涂机采用DPT-302电弧喷涂机。

(3)电弧热喷涂锌铝复合涂层所使用的材料锌丝含锌量≥99.95%,铝丝含铝量≥99.5%。

(4)电弧热喷涂锌铝复合涂层要求采用电弧喷涂法。在正式喷涂前应进行试喷涂,并进行涂层结合性能检验,满足要求后方能进行正式喷涂。热喷涂工艺及要求应符合《热喷涂金属表面预处理通则》(GB/T 11373—1989)、《涂装前钢材表面锈蚀等级和除锈等级》(GB/T 8923—1988)的有关规定。

(5)电弧热喷涂锌铝复合涂层结束后,应进行涂层度的检验,依据《金属和其他无机覆盖层 热喷涂 锌、铝及其合金》(GB/T 9793—1997)进行检验,其厚度应符合设计要求。

(6)电弧热喷涂锌铝复合涂层的外观应均匀一致,无松散粒子,不允许有破裂、剥落、漏喷、分层、鼓泡等缺陷。

(7)施工时,对热喷涂完毕后的构件起吊、运输时不允许直接用钢丝绳捆绑或吊钩直接与涂层表面接触,并严禁碰撞擦伤涂层。待施工现场安装合拢后,焊接、安装各吊装段接头及相应钢件,焊缝经超声检测合格后进行一次补充涂装。

在工厂焊接好的波形钢腹板经过预拼和防腐处理合格后出厂,在进行防腐处理前要清除刺屑、焊渣、飞溅物及油污等,波形钢板表面要进行喷砂除锈、表面粗糙化及防锈涂装。波形板的两面均采用热喷铝涂层,即喷厚度为100~120μm的铝层,最后用2层专用封闭面漆保护。波形钢腹板PC组合箱梁桥的波形钢腹板的防腐应满足国家标准《钢结构腐蚀防护热喷涂(锌、铝及其合金涂层)及其试验方法》(DL/T 1114—2009)。

长征桥波形钢腹板的涂装工艺如下:

(1)喷砂除锈去除母材表面浮锈及氧化层,处理后的钢材表面应无焊渣、焊疤、灰尘、油污、水和毛刺。

(2)根据图纸要求,钢板的内、外表面防锈涂装采用电弧热喷涂工艺,喷厚度为100~120μm的铝涂层,然后涂封闭面漆2×15μm。为确保涂装质量,保护环境,提高工作效率,热喷工作在工厂内进行。

(3)涂料、稀释剂和固化剂等物品,其品种、型号和质量应符合设计要求和国家现行有关标准的规定,并具有检查质量证明书。

(4)现场拼装结束后对拼焊接头处及局部被污染表面采用电动钢丝刷进行除锈,然后补喷铝,最后进行涂漆工作。

长征桥的波形钢腹板热喷涂后的形态如图7-23和图7-24所示。

图 7-23　波形钢腹板表面热喷涂

图 7-24　涂装完成后的波形钢腹板

7.1.3　波形钢腹板定位安装与检查

运输到现场的波形钢腹板按照左右两段为一组，在现场依图纸在钢腹板的两侧搭设钢管支撑，中间采用角钢连接，倾斜角度用槽钢和钢筋定位。然后用吊机吊上桥，依靠滚轴拖拉到位，通过测量精确定位，设置必要的撑杆把两边的钢腹板连接在一起(图 7-25)。波形钢腹板采用钢栓钉锚固在箱梁底板上，在底板混凝土浇注以前要仔细检查波形钢腹板锚固的位置、角度是否符合设计要求[6]，在浇注过程中需随时进行观察和调整。

钢腹板全部安装后要复测，对个别位置进行微调，保证钢腹板的位置完全准确。钢板拼接焊缝的质量对承受剪力有很大的影响，因而焊缝均采用全熔透焊，采用 T50－7 低氢型焊条。所有的焊缝均要进行超声波检测(图 7-26)。所有的焊缝合格后均要及时进行防腐涂装处理，采用同样的防腐涂装标准。

图 7-25　波形钢腹板安装定位

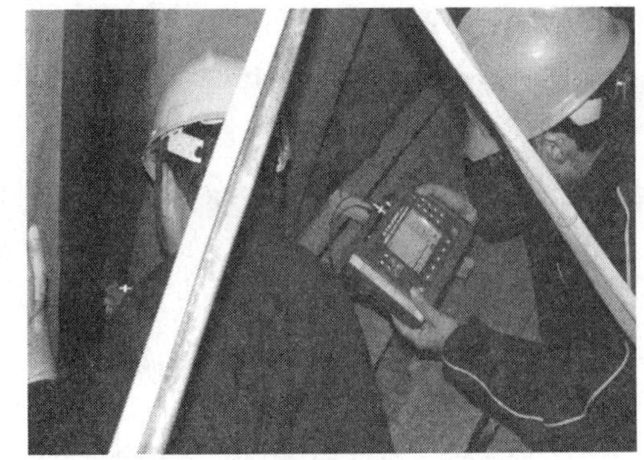
图 7-26　焊缝超声波检测

7.2　东营银座桥波形钢腹板的设计与加工

7.2.1　波形钢腹板的焊接及其质量要求

(1)钢结构间的焊缝，除图中注明者外，均采用坡口焊缝，坡口的形状、尺寸应符合《钢管混凝土结构设计与施工规程》(CECS 28—1990)中表 7.1.2 的要求，坡口应采用机械加工，坡口表面不得有裂纹、分层、夹渣等缺陷，并且在施焊前应将坡口表面的氧化物、油污、熔渣及其他有害杂质清除干净。清除的范围(以离坡口边缘的距离计)不得小于20mm。

(2)焊缝的形式及要求应分别满足《气焊、焊条电弧焊、气体保护焊和高能束焊的推荐坡口》(GB/T 985.1—2008)、《埋弧焊的推荐坡口》(985.2—2008)和《埋弧焊用碳钢焊丝和焊剂》(GB/T 5293—1999)中的有关规定。对口接头的错边量要小于0.5mm。

(3)钢腹板的拼接焊缝要求采用自动焊、全熔透;其他采用全熔透的对接和角接组合焊缝，有条件时采用自动焊，否则可手工焊，但要求由有经验的高级焊工施焊。上述所有焊缝要100%进行超声波检测，T形焊缝经检测认为有疑问之处应以X射线拍片，拍片数量控制在10%以上。钢箱梁腹板的拼接焊缝应达到《钢结构工程施工及验收规范》(GB 50205—2001)的一级要求，其余焊缝质量应达到GB 50205—2001的二级要求。

(4)为了保证焊接质量，首次采用的钢材、焊接材料、焊接方法、焊接后热处理，对不同的自动焊接与不同条件(工厂内、工地现场)的手工焊，应区分不同情况、条件进行焊接工艺评定，焊接工艺评定应按《建筑钢结构焊接规程》(JGJ 81—2002)和《钢制压力容器焊接工艺评定》(JB 4708—2000)的规定进行，并根据评定报告确定焊接工艺。在正式焊接前应试焊，经检验合格后方能正式大面积焊接。

7.2.2 波形钢腹板的防腐与涂装

(1)钢板在加工、预拼装完成后，应及时清除刺屑、焊渣、飞溅物及油污等。

(2)应对钢板进行喷砂除锈及表面粗糙化，并进行防锈涂装。钢板除锈等级应达到《涂装前钢材表面锈蚀等级和除锈等级》(GB/T 8923—1988)规定的Sa3.0级，清洁后钢板表面的粗糙度应达到《金属和其他无机覆盖层热喷涂 锌、铝及其合金》(GB/T 9793—1997)中规定的Rz40～80μm。钢板的内、外表面防锈涂装采用电弧热喷涂锌铝复合涂层工艺，先喷厚度80～120μm的锌涂层，后喷厚度100～150μm的铝涂层，最后涂专用铝涂层封闭面漆2×15μm，使用年限要求不小于30年。

(3)电弧热喷涂锌铝复合涂层所使用的材料锌丝含锌量≥99.95%，铝丝含铝量≥99.5%。

(4)电弧热喷涂锌铝复合涂层要求采用电弧喷涂法。在正式喷涂前应进行试喷涂，并进行涂层结合性能检验，满足要求后方能进行正式喷涂。热喷涂工艺及要求应符合《涂装前钢材表面锈蚀等级和除锈等级》(GB/T 8923—1988)、《热喷涂金属表面预处理通则》(GB/T 11373—1989)的有关规定。

(5)电弧热喷涂锌铝复合涂层结束后，应进行涂层厚度的检验，要求每10m^{2}检验3处，其厚度应符合设计要求。

(6)电弧热喷涂锌复合涂层的外观应均匀一致，无松散料子，不允许有破裂、剥落、漏喷、分层、鼓泡等缺陷。

(7)施工时，对热喷涂完毕后的构件起吊、运输时不允许直接用钢丝绳捆绑或吊钩直接与涂层表面接触，并严禁碰撞擦伤涂层。对于要在现场拼焊的波形钢腹板边缘8cm宽度范围内先不做防腐涂装，待波形钢腹板运至现场，整体焊接完毕后，对该部位另外补涂装。

东营银座桥波形钢腹板的涂装工艺如下：

(1)喷砂除锈去除母材表面浮锈及氧化层，处理后的钢材表面应无焊渣、焊疤、灰尘、油污、水和毛刺。

(2)根据图纸要求，钢板的内、外表面防锈涂装采用电弧热喷涂工艺，喷厚度为 100～120μm 的铝涂层，然后涂封闭面漆 2×15μm。为确保涂装质量，保护环境，提高工作效率，热喷涂工作在工厂内进行。

(3)涂料、稀释剂和固化剂等物品，其品种、型号和质量应符合设计要求和国家现行有关标准的规定，并具有质量检查证明书。

(4)现场拼装结束后对拼焊接头处及局部被污染表面采用电动钢丝刷进行除锈，然后补喷铝，最后进行涂漆工作。

银座桥的波形板涂装及抗剪连接件如图 7-27、图 7-28 所示。

图 7-27　银座桥的波形板涂装

图 7-28　银座桥的抗剪连接件

7.3　邢台郭守敬桥波形钢腹板的加工

郭守敬桥波形钢腹板的加工采用的是 500t 折弯机进行冷弯加工，其工艺流程如图 7-29～图 7-47。它的防腐涂装采用镀锌工艺，即波形钢板浸泡于 440℃左右的熔融锌液中，将于钢材表面形成铁锌合金或纯锌被覆层。镀锌后的钢板置于腐蚀环境中将在其表面生成酸化膜，这个酸化膜为强力的保护膜，可以抵制腐蚀环境的进一步发展(起到保护膜的作用)，万一这个保护膜再受到损伤，损伤部位的锌阳离子可抑制腐蚀电化作用从而再度形成保护(牺牲阳极作用)，所以镀锌为具有双重保护作用的优质防锈措施。

图 7-29　500t 折弯机

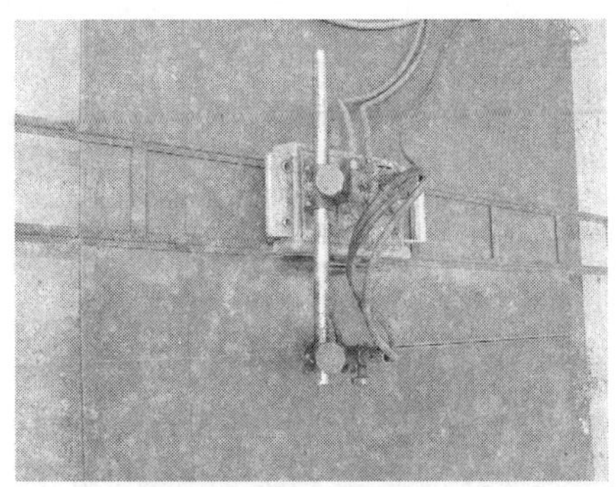

图 7-30　钢板的切割

图 7-31　先折两个半波

图 7-32　形成斜折板和平折板

图 7-33　弯折成的波形板

图 7-34　弯折角测量

图 7-35　钻孔

图 7-36　气割开孔

图 7-37　预拼装

图 7-38　焊接

图 7-39　开检查孔

图 7-40　焊缝超声检验

图 7-41　抛丸除锈

图 7-42　波形钢腹板的喷锌

图 7-43　波形钢腹板堆放

图 7-44　电泳

图 7-45　电泳烤干

图 7-46　焊接连接件

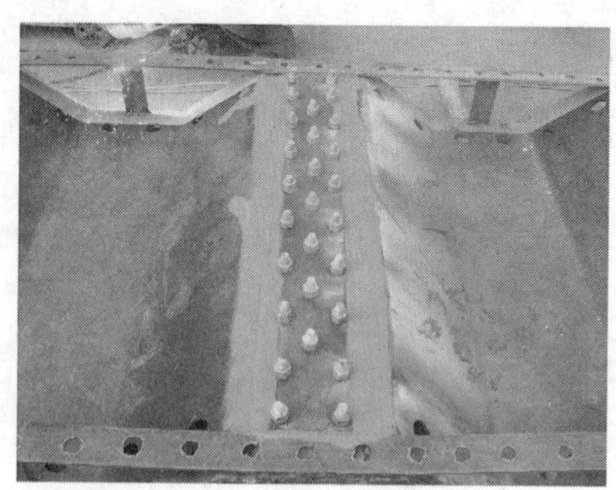
图 7-47　螺栓连接

7.4　邢台钢铁路桥波形钢腹板的加工

用于钢铁路桥的波形钢腹板采用的是 400t 液压机模压冷弯成型工艺，加工流程见图 7-48～图 7-59。

图 7-48　400t 液压机

图 7-49　液压机模压成型加工波形钢腹板

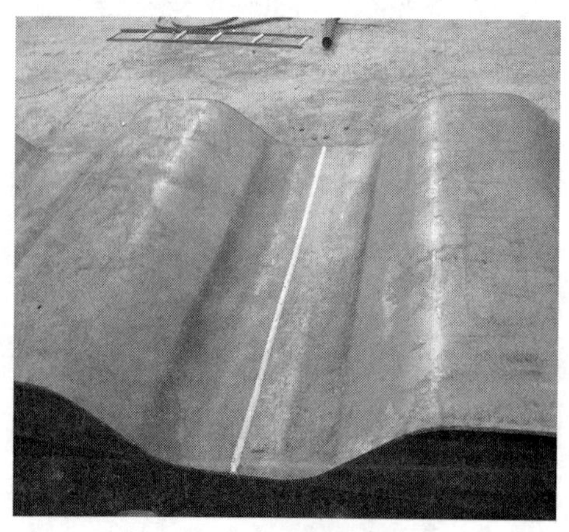
图 7-50　钢腹板焊接

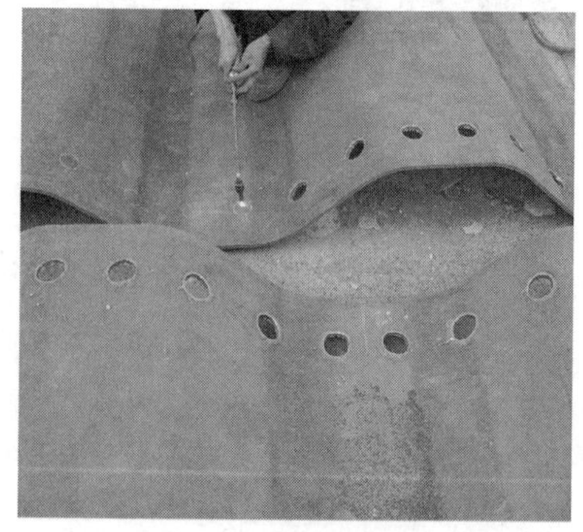
图 7-51　波形钢腹板的气割开孔

图 7-52　波形钢腹板送入抛丸机

图 7-53　抛丸除锈

图 7-54　喷锌

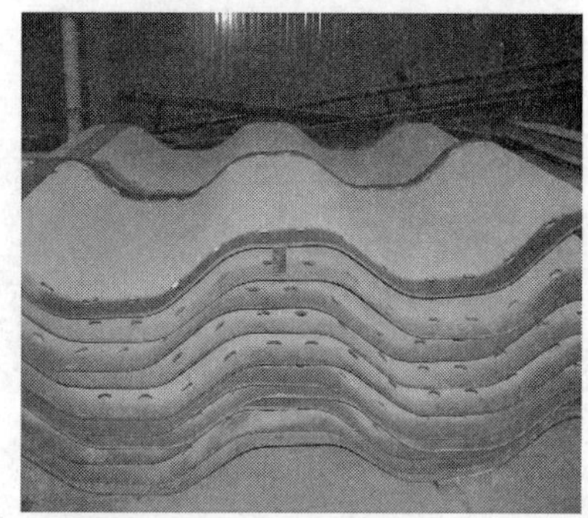

图 7-55　堆放

图 7-56　电泳

图 7-57　焊接连接件

图 7-58　预拼装

图 7-59　吊装

钢铁路桥的防腐涂装采用了热镀锌工艺,即波形钢板浸泡于 440℃左右的熔融锌液中(热浸锌),将于钢材表面形成铁锌合金或纯锌被覆层(镀锌)。镀锌后的钢板置于腐蚀环境中将在其表面生成酸化膜,这个酸化膜为强力的保护膜,可以抵制腐蚀环境的进一步发展(起到保护膜的作用),万一这个保护膜再受到损伤,损伤部位的锌阳离子可抑制腐蚀电化作用从而再度形成保护(牺牲阳极作用),所以镀锌为具有双重保护作用的优质防锈措施。热镀锌工艺流程为:波形钢腹板酸洗除锈→水洗→助镀→烘干→热浸锌→水冷却→检验,主要工艺如图 7-60～图 7-65 所示。

图 7-60　酸洗

图 7-61　酸洗除锈

图 7-62　热浸锌(一)

图 7-63　热浸锌(二)

图 7-64　堆放

图 7-65　电泳

7.5　鄄城黄河大桥波形钢腹板的加工

7.5.1　波形钢腹板的设计要求

鄄城黄河大桥波形钢腹板采用 Q345C 钢，板厚为 10～18mm，采用液压机冷弯模压成型工艺。波形钢腹板采用 1600 型，如图 7-66 所示。

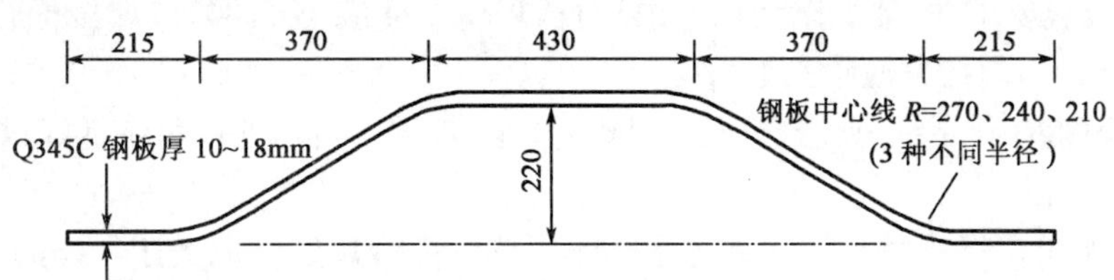

图 7-66　鄄城桥采用的波形钢腹板(尺寸单位：mm)

(1)承接波形钢板加工任务的工厂应按《钢结构工程施工质量验收规范》(GB 50205—2001)和设计有关要求，编制工艺和施工组织设计以确保制作、运输任务的完成。

(2)钢材采用 Q345C 钢，其技术条件应符合《低合金高强度结构钢》(GB/T 1591—2008)的规定。

(3)钢材表面锈蚀等级应符合《涂装前钢材表面锈蚀等级和除锈等级》(GB 8923—1988)规定的等级要求。当钢材表面有锈蚀、麻点或划痕等缺陷时，其深度不得大于该钢材厚度允许偏差值的 1/2。板厚度的偏差应符合如下规定：5mm$\leqslant a\leqslant$8mm 时，允许偏差为－0.4～＋0.8mm；8mm$< a\leqslant$1mm 时，允许偏差为－0.5mm＋1.2mm。

(4)制造过程中，在保证焊缝质量的前提下，尽量采用焊接收缩变形小的焊接方法，广泛采用 CO_2焊和半自动焊方法及单面焊双面成形技术。所有类型的焊接在施焊前，均做焊接工艺评定试验，试验的指导原则是：要求所有焊缝的屈服强度、抗拉强度、低温冲击韧性等不低于母材规定值，符合焊缝质量要求并应采用符合现行国家标准的焊接材料。焊接工艺评定经监理工程师认可后，根据评定报告编写焊接工艺指导书。

(5)严格控制各波形板段横向总体尺寸和螺栓孔尺寸，各节段间接口的相对公差控制在允许范围之内，以利各接口的顺利栓接(焊接)。为此，在完成节段的制造运输后，必须进行节段的连续匹配拼装，以控制立面线形及梁长。节段的长、宽、高，螺栓的纵、横向间距，预拼装全长、拱度等偏差，应控制在允许范围内。

(6)为消除各种误差及变形的影响，合龙段的制造长度预留足够的配切量，确定合龙之后，再加工完成。设计图中所标尺寸均为 20℃时的尺寸。工厂制造中所使用的一切量具、仪器在计量机构检定合格后方可使用。使用前应与工厂用尺相互核对。

(7)各节段波形钢腹板可以多层叠放。层数不超过 5 层，且底层钢板应支撑在与其外形相同的混凝土存放垫上。

(8)钢板外表面的涂装宜选用长效高性能防腐蚀涂装材料；钢板内表面阴暗潮湿，宜选用长效防腐蚀涂装材料。

7.5.2 波形钢腹板的焊接、整形与钻孔要求

7.5.2.1 焊接要求

鄄城黄河大桥波形钢腹板除采用搭接焊接外，也可采用埋弧自动焊。当采用埋弧自动焊时，焊接必须满足以下工艺要求：

(1)焊接前清理要求：焊缝区域 30～50mm 范围不得有水、锈、氧化皮、油污、油漆或其他杂物。

(2)焊接环境要求：焊接工作宜在室内进行，环境湿度应小于 80%；焊接低合金钢的环境温度不应低于 5℃，焊接普通碳素钢不应低于 0℃。

(3)焊缝不得存在裂纹、夹渣、气孔、焊瘤等缺陷，焊缝的转角处包角应良好，焊缝的起落弧处应回焊 10mm 以上。

(4)自动焊如在焊接过程中出现断弧现象，必须将断弧处刨成大于 1∶5的坡度，并搭接 50mm 再引弧施焊，焊后搭接应修磨匀顺。

(5)埋弧自动焊焊剂覆盖厚度控制在 20～40mm 范围内，焊接后应待焊缝稍冷却后再敲去熔渣。

(6)多层多道焊时，各层各道间的熔渣应彻底清除干净。

(7)对接焊缝焊接时，在焊缝两端装设引、熄弧板，引、熄弧板的材质、坡口形式与母材保持一致，引弧板的长度不小于 80mm。

(8)焊后清理熔渣及飞溅物，图纸要求打磨的焊缝按要求打磨平顺。

(9)将两块波长 1 600mm 的板放在专用的胎具上进行拼装搭接，在夹紧状态进行焊接。

7.5.2.2 整形要求

(1)成形后的腹板板件需采用专用的工装设备进行整形，以满足整体的拼装要求。

(2)板件矫正宜采用冷矫，冷矫时环境温度不宜低于－12℃，矫正后的钢料表面不应有明显的凹痕和其他损伤。

(3)主要受力板件冷弯曲时，环境温度不宜低于－5℃，内侧弯曲半径不得小于板厚的 15 倍，小于者必须热煨，热煨温度宜控制在 900～1 000℃之间。弯曲后的零件边缘不得产生裂纹。

(4)如采用热矫时，热矫温度应控制在 600～800℃，严禁过烧。矫正后零件温度应缓慢冷却，降至室温以前，不得锤击钢材工件或用水急冷。

7.5.2.3 钻孔要求

焊接后经检验合格，按号段进行预拼装，确保总体尺寸符合设计和规范要求。在按图组拼后双面叠加钻高强螺栓孔。在专用平台上设置限位块，按照实际位置，组装腹板，形成腹板间成对的搭接定位后，在高强螺栓的连接位置进行螺栓孔的配钻。制成的螺栓孔应成正圆柱形，孔壁表面粗糙度 R_a 不得大于 25μm，孔缘无损伤不平，无刺屑。螺栓孔距允许偏差应符合表 7-1的规定。

7.5.3 波形钢腹板的防腐工艺要求

鄄城黄河大桥波形钢腹板的防腐涂装方案如表 7-2 所示。

鄄城黄河大桥螺栓孔距允许偏差　　表 7-1

项　　目		允许偏差		测量方法
		桁架梁柱(mm)	次要工件(mm)	
两相邻孔距离		±0.4	±0.4	卡尺、钢板尺
多组孔群两相邻孔群中心距		±0.7	±1.5	
两端孔群中心距	L＞11m	±0.7	±1.5	钢盒尺 钢卷尺、测力计
	L＞11m	±1.0	±2.0	
孔群中心线与杆件中心线的横向偏移	腹板不拼接	2.0	2.0	卡尺、钢板尺
	腹板拼接	1.0	1.0	
杆件两侧孔群纵向偏移		1.0	—	卡尺、钢板尺
螺栓孔径≥M20		0～0.7		

鄄城黄河大桥的防腐涂装　　表 7-2

部　　位	工序名称	施工要求	施工方法	涂装后的干膜厚度
波形钢腹板	喷砂表面处理	Sa3.0 级 Rz40～80μm	喷射除锈	
	电弧热喷铝	3 层	电弧喷涂	160μm
	环氧云铁防锈漆封闭层	2 层	无气喷涂	80μm
	芳香族聚氨酯面漆	1 层	无气喷涂	50μm

7.5.3.1　前处理要求

(1)钢板经预喷砂处理，将表面油污、氧化皮和浮锈以及其他杂物清除干净，除锈后的钢板应表面清洁，等级应达到《涂装前钢材表面锈蚀等级和除锈等级》(GB/T 8923—1988)标准规定的 Sa3.0 级。

(2)喷砂除锈用的砂，以锰钢砂为好，石英砂、粗河砂也可使用。要求颗粒坚硬、有棱角、干燥(含水率＜2%)、无泥土及其他杂质。粒径选取 0.5～1.5mm。

(3)由于空压机排出的压缩空气温度高(80℃)、输送速度快(10m/s)，在管道输送过程中会慢慢地冷却产生水分，若不作及时处理，马上会传送到各工作点上对作业产生影响。因此，必须在储气后端加装冷冻干燥机，使压缩空气中水蒸气经过强制快速冷凝成水分排放出输送管道之外，确保输出的压缩空气干燥。

(4)施工时将所有粗糙的焊缝、表面的棱角磨圆并清除焊接时的溅熔物，清除掉表面的油脂、油污和其他污染物。喷涂过程中，复杂部位应特别仔细，如铆钉、螺栓、型钢的边缘、锈坑、麻点、夹缝处应着重处理，应多角度喷涂。

(5)暴露于大气条件下施工时，底材最低温度为 5℃，最高 45℃且高于露点 3℃，相对湿度＜80%，雾、雨、雪、大风天气下严禁施工。板面清理时清除涂装表面焊渣、浮锈，采用化学清洗剂除去表面的各类油污，使需防腐蚀涂装的工件表面全面真实的裸露。

(6)喷砂期间，如果磨料受到灰尘污染，应立即进行尘砂分离。如果受潮，则应停止使用，更换新砂，或干燥达到要求后再使用。

(7)喷砂处理后钢板表面的粗糙度为 Rz40～80μm。

(8)喷砂完毕后，应用压缩空气清除钢件表面的积砂和锈灰。

(9)喷砂处理后的表面应杜绝沾湿。潮湿的环境易引起生锈从而影响涂装。喷砂及检验期间，相对湿度低于 50%。当环境湿度较高时必须在表面因氧化变得色泽灰暗前迅速进行涂装，被氧化的表面应在涂装前重新进行喷砂。

7.5.3.2 热喷铝

(1)高速电弧喷涂机是以电产生电弧热源，将金属丝熔化，以压缩空气进行雾化及冷却，将需喷涂用金属丝吹成微细颗粒，高速喷向经过预处理的工件表面，获得所需理想的涂层。

(2)喷枪尽可能垂直于基体表面，涂层无大颗粒、灰尘黏附，涂层表观细密，厚度均匀。

(3)当涂完一小块面积后，应立即仔细观察涂层有无毛病，测试涂层厚度是否符合要求，经检测合格后方可大面积喷涂。

(4)对铝丝的要求：为了提高铝涂层牺牲阳极保护阴极的作用，延长涂层寿命，应保证铝丝纯度达到 99.5%。杂质总含量控制不高于 0.5%。

(5)电弧喷涂环境要求：电弧喷涂应在湿度小于 80%环境下进行，且待喷工件表面温度应比露点温度高 3℃以上才能进行喷涂。

(6)电弧喷涂工艺参数，电流：200～250A，电压：30～32V，气压：0.45～0.55MPa，枪距：100～150mm，喷涂角度：60°～90°，喷涂轨迹搭接范围：1/4～1/3。

(7)用铁氰化钾或 20g/L 氯化钠溶液的试纸覆盖在喷镀层上约 10min，试纸上出现的蓝色斑点不应多于 1～3 点/cm^2。

7.5.3.3 环氧云铁防锈漆涂装

(1)手工搅拌或使用动力搅拌机将两组分完全混合，刚混合好的原料不能和以前混合的原料混加到一起。固化的速度取决于温度，另通风条件、漆膜厚度、湿度、稀释以及其他因素都会影响干燥速率。

(2)基料与固化剂混合温度需高于 15℃，否则应添加稀释剂以达到施工所需黏度，过多稀释剂会导致抗流挂性降低与固化减慢，膜厚降低。稀释剂应在混合后再加。实际涂布率应扣除损耗 5%～25%。

(3)暴露于大气条件下施工时底材最低温度为 5℃，最高 45℃且高于露点 3℃，相对湿度＜85%，雾、雨、雪、大风天气下严禁施工。涂料本身的温度应高于 15℃，以保证正常的施工性能。

(4)施工环境温度以不高于 35℃为宜，禁止带温施工。涂料一般采用辊涂为佳，按 2～3 道底漆和 2～3 道面漆匹配。狭窄空间施工和干燥期间，应大量通风，避免雨水淋洒，施工间隔 24h/道，整体涂层体系保养 7d 投入使用。

(5)涂膜厚度可根据需要进行调整，但会相应改变用量和影响干燥时间。漆膜在涂装期间若表面受污染，重涂前宜用高压淡水彻底冲净，使其自干。

(6)小心使用本品，使用前和使用时应注意安全事项。此外，还应遵循国家或当地政府规定的安全法规。吞服是有害的或致命的。避免吸入溶剂蒸气或漆雾，皮肤、眼睛不得接触本品，穿戴好防护用品，只可在通风良好的情况下施工本品，在狭窄处或空气不流通处施工，必须提供强力通风，时刻注意采取预防措施。该产品为易燃品，在工作区域附近不允许存在任何火源，严禁吸烟。采用泡沫、二氧化碳和干粉灭火。该产品一旦燃烧将释放出有毒烟雾。

7.5.3.4　丙烯酸脂肪族聚氨酯面漆涂装

(1)手工搅拌或使用动力搅拌机将涂料完全搅匀，使用前应重新搅拌。干燥的速度取决于温度，另通风条件、漆膜厚度、湿度、稀释以及其他因素都会影响干燥速率。漆料温度需高于15℃，否则应添加稀释剂以达到施工所需黏度，过多稀释剂会导致抗流挂性降低与固化减慢，膜厚降低。实际涂布率应扣除损耗 5%～25%(根据不同施工条件)。

(2)暴露于大气条件下施工时底材最低温度为 5℃，最高 45℃且高于露点 3℃，相对湿度＜85%，雾、雨、雪、大风天气下严禁施工。

(3)使用前和使用时应注意安全事项。此外，还应遵循国家或当地政府规定的安全法规。吞服是有害的或致命的，避免吸入溶剂蒸气或漆雾，皮肤、眼睛不得接触本品。穿戴好防护用品，只可在通风良好的情况下施工本品，在狭窄处或空气不流通处施工，必须提供强力通风，时刻注意采取预防措施。该产品为易燃品，在工作区域附近不允许存在任何火源，严禁吸烟。采用泡沫、二氧化碳和干粉灭火。该产品一旦燃烧将释放出有毒烟雾。

注意事项：

(1)使用涂料时应搅拌均匀，开桶后须密封保存。

(2)金属表面经除油、除锈后应及时涂上第一道完整涂层以防返锈。

(3)漆料按比例搅匀后应静置 20min 后再施工。

(4)不宜在阴雨天、雾天和湿度超过 80%的情况下露天施工。

(5)漆膜在常温下施工后 7d 才充分固化，不宜提前进厂。

7.5.4　波形钢腹板的加工流程

采用 2 000t 无牵制模压拉伸液压机进行波形钢腹板的冷弯压模成型，Q3618 平车式抛丸清理机进行抛喷丸作业。鄄城黄河大桥波形钢腹板的加工流程如图 7-67～图 7-74 所示。

图 7-67　波形钢板液压机模压成型

图 7-68　喷丸除锈

图 7-69 波形钢板拼装

图 7-70 埋弧焊接

图 7-71 焊接连接件

图 7-72 电弧喷铝

图 7-73 高压无气喷漆

图 7-74 波形钢腹板节段存放

7.6 卫河桥波形钢腹板的设计与加工

7.6.1 卫河桥波形钢腹板的设计

卫河桥波形钢腹板和连接件钢板均采用 Q345qC 钢，波形钢腹板板厚为 12mm，连接件板厚为 14mm，波形钢腹板的布置见图 7-75、图 7-76。

波形钢腹板与顶板采用 T-PBL 抗剪连接件连接，其中钢板开孔直径为 60mm，纵桥向孔的间距为 150mm(图 7-77)；波形钢腹板与底板采用翼缘型焊钉连接件，其中焊钉为 M22 的普通焊钉，贯穿钢筋采用 ϕ20mm 钢筋(图 7-78)，上下翼缘板均露在混凝土外(图 7-79)。边腹板对接焊缝采用 MC-BV-B1 型焊缝(图 7-80)，中腹板用 10.9 级 M22 的高强螺栓进行连接，并进行焊脚尺寸为 10mm 的贴角焊接(图 7-81)，腹板与连接件采用 MC-TL-2 型焊缝。在混凝土底板和波形钢腹板的连接处、横梁与波形钢腹板的连接处设硅胶系止水材料。焊钉在内衬混凝土段设置情况为：箱梁中腹板设置在钢腹板的内外两侧(图 7-82)，箱梁边腹板设置在钢腹板的内侧(图 7-83)。

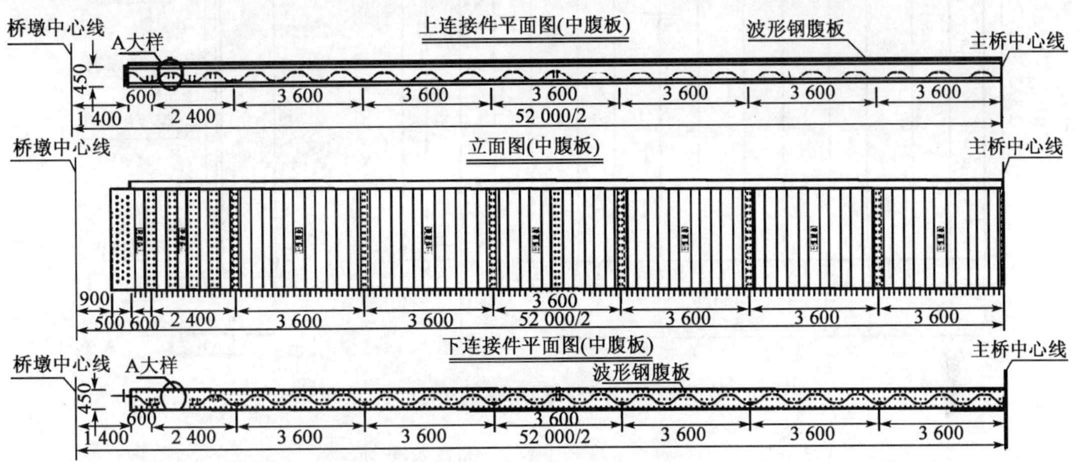

图 7-75　52m 跨中腹板布置图(尺寸单位：mm)

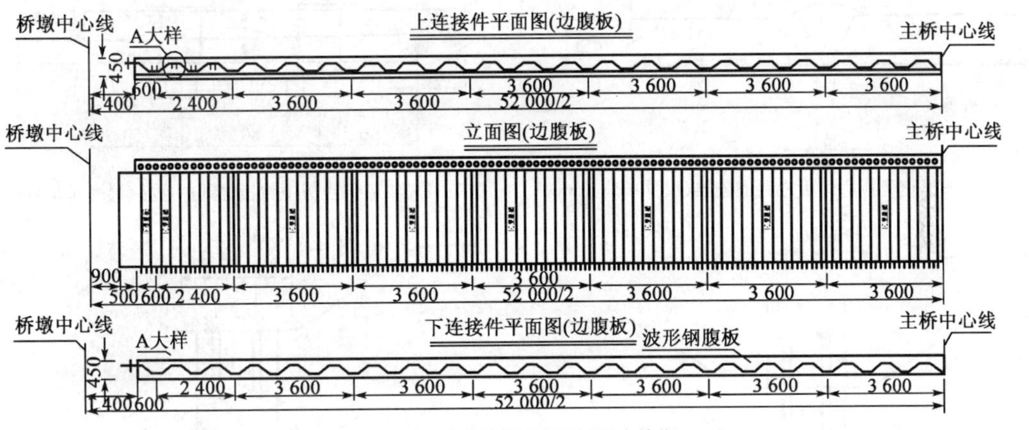

图 7-76　52m 跨边腹板布置图(尺寸单位：mm)

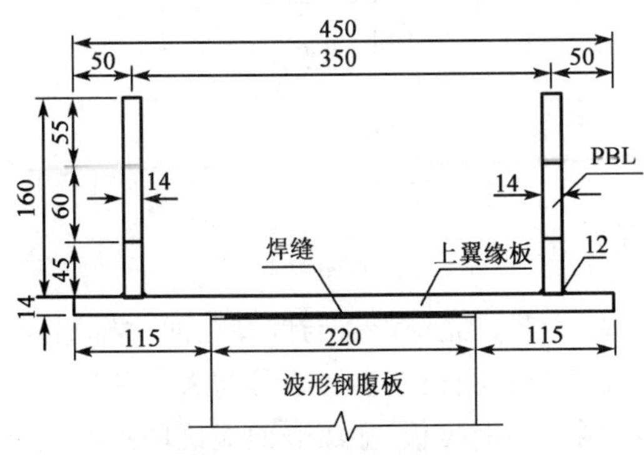

图 7-77　波形钢腹板与上混凝土板的 T-PBL 连接件(尺寸单位：mm)

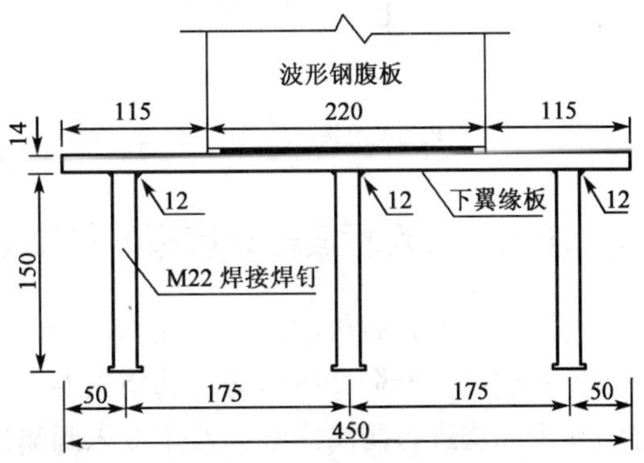

图 7-78　波形钢腹板与下混凝土板的栓钉连接件(尺寸单位：mm)

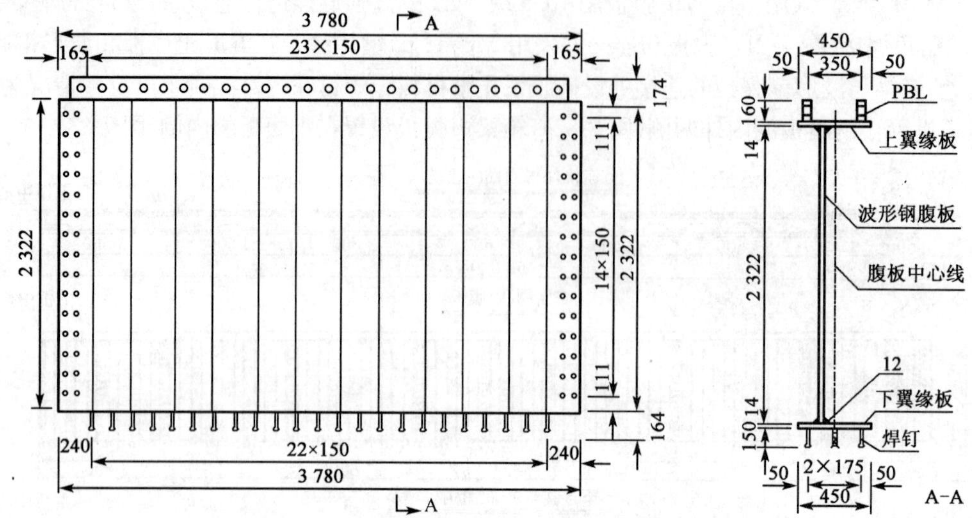

图 7-79　波形钢腹板与上下混凝土的连接件(尺寸单位:mm)

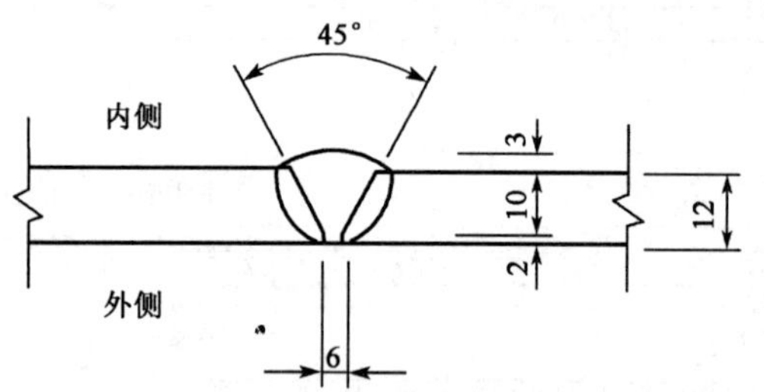

图 7-80　波形钢腹板边腹板之间的连接(尺寸单位:mm)

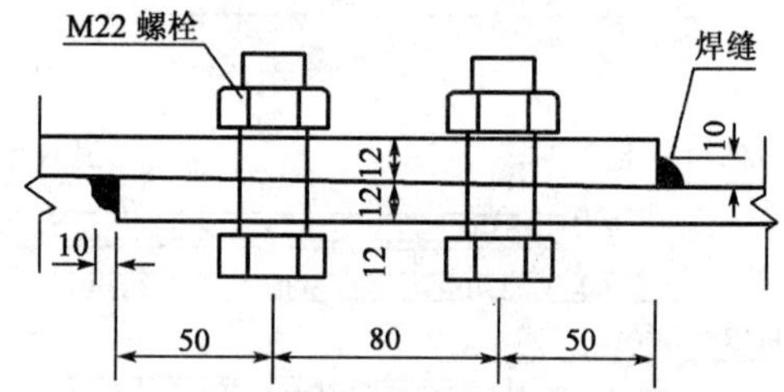

图 7-81　波形钢腹板中腹板之间的连接(尺寸单位:mm)

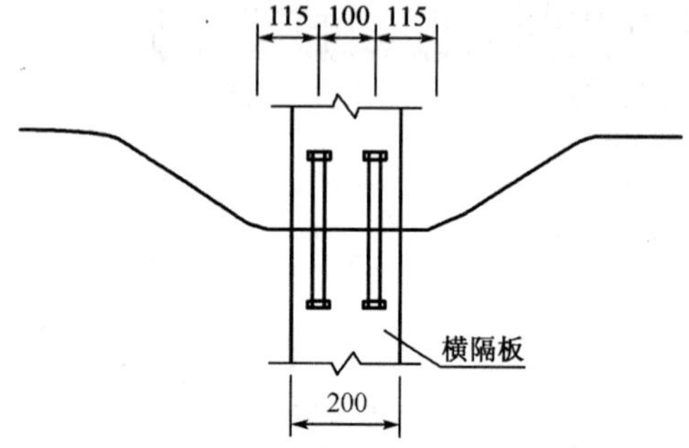

图 7-82　中腹板与横隔板的连接(尺寸单位:mm)

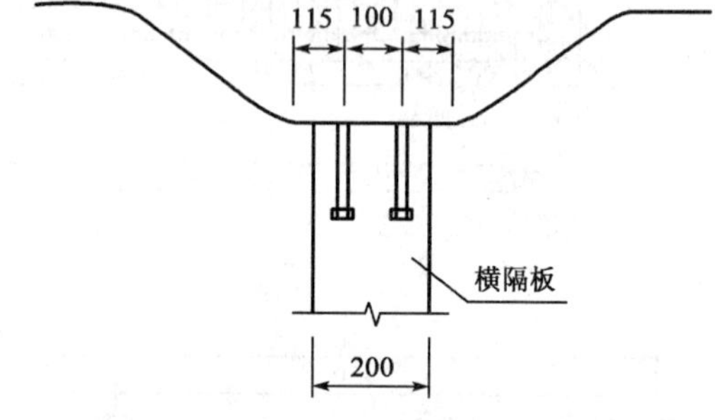

图 7-83　边腹板与横隔板的连接(尺寸单位:mm)

7.6.2　卫河桥波形钢腹板的加工与防腐涂装

卫河桥波形钢腹板的加工采用液压机冷弯成型,其钢板成型设备与鄄城黄河大桥相同。设计第一次维修寿命 25 年,防护期望周期 50 年。对波形钢腹板及翼缘板等与大气环境接触的内外表面均进行防腐涂装。对于嵌入到端横梁混凝土的钢腹板,涂漆表面应该埋入混凝土 3cm,并设置硅胶系止水材料进行封堵。

钢结构防腐涂装施工前,应由涂料供应商按照设计及《铁路钢桥制造规范》(TB 10212—

2009)和《公路桥梁钢结构防腐涂装技术条件》(JT/T 722—2008)制定详细的钢结构防腐涂装工艺说明,并经设计单位、监理单位认可。施工环境的温度不得低于 5℃,相对湿度不得高于 85%,工作表面的温度不得高于 50℃,工作表面不可有油及其他污渍。除表层的面漆可在工地露天施工外,其余均应在室内进行。在工厂对钢腹板进行涂装处理,只有接头部分待施工焊接后进行现场涂装处理。

7.6.2.1　涂装设计方案

卫河桥外波形钢腹板外表面涂装设计方案见表 7-3,波形钢腹板外钢板内表面及内钢板表面涂装工序见表7-4。

卫河桥外波形钢腹板外表面涂装设计方案　　表 7-3

序　号	工 序 名 称	施 工 要 求	施 工 方 法	涂装总厚度(μm)
1	抛丸、喷砂表面处理	Sa3.0 级 Rz60～100μm	—	—
2	电弧热喷铝	2 层	电弧喷涂	120
3	环氧云铁防锈漆封闭层	2 层	无气喷涂	80
4	丙烯酸脂肪族聚氨酯面漆	2 层	无气喷涂	80

卫河桥波形钢腹板外钢板内表面及内钢板表面涂装方案　　表 7-4

序　号	工 序 名 称	涂 层 道 数	施 工 方 法	涂装厚度(μm)
1	抛丸、喷砂表面处理	Sa2.5 级 Rz50～80μm	—	—
2	LS 1 水性无机环氧富锌涂料	1 层	无气喷涂	100
3	环氧(厚浆)漆	1 层	无气喷涂	100
4	丙烯酸脂肪族聚氨酯面漆	2 层	无气喷涂	80

7.6.2.2　现场涂装

(1)现场涂装钢板外表面不得在雨、雪、大风天气进行,涂装时环境温度温度应在5～38℃之间,相对湿度 80%以下(当与油漆说明书不符时,应执行油漆相应产品施工说明书)。涂装后 4h 内应保护免受雨淋。

(2)现场涂装钢板内表面要注意通风,监测有害气体浓度,确保安全。

(3)现场涂装前,先清除表面的锈迹、焊渣、氧化皮、油脂等污物,表面呈现出均匀金属光泽;修补运输安装过程的损伤,再对焊缝表面及焊缝两边进行处理。

(4)边腹板采用合适宽度的滚筒刷,在焊缝及焊缝两边先刷两道有机富锌底漆,厚度达到 120μm;刷环氧云铁防锈漆两道,总厚度 80μm;然后刷丙烯酸脂肪族聚氨酯面漆一道,厚度 40μm;最后用高压无气喷涂机对整个边腹板喷涂丙烯酸脂肪族聚氨酯面漆一道,厚度 40μm。

(5)中腹板采用合适宽度的滚筒刷,在焊缝及焊缝两边先刷一道 LS-1 水性无机环氧富锌涂料,厚度达到 100μm;然后再用高压无气喷涂机对整个中腹板喷涂环氧漆一道,厚度 100μm;最后用高压无气喷涂机对整个内腹板丙烯酸脂肪族聚氨酯面漆两道,厚度 80μm。

(6)现场喷涂其他技术及质量要求同车间涂装要求。卫河桥各种涂装见图 7-84～图 7-86。

图 7-84 水性无机富锌底漆

图 7-85 环氧云铁中间漆

图 7-86 丙烯酸脂肪族聚氨酯面漆

7.6.2.3 涂装要求

(1)漆膜的外观要求平整、均匀,无气泡、裂纹,无严重流挂、脱落、漏涂等缺陷,面漆颜色与比色卡相一致。

(2)涂膜厚度按图纸规定,采用《金属和其他无机覆盖层厚度测量方法评述》(GB/T 6463—2005)的磁性测厚仪进行测量。

(3)漆膜附着力的检验采用《色漆和清漆 漆膜的画格试验》(GB/T 9286—1998)进行画格评级,并达到 1 级以上。

(4)涂装质量检验符合表 7-5 的要求。

质量检验要求表 表 7-5

工序	检测项目	检测手段	检验要求	检测数量	标准
除油	油污、杂质	目测	清除可见油污、杂质	全面	GB/T 13312—1991(标准已废止,供参考)
喷砂	清洁度	图谱对照	Sa3.0	全面	GB/T 8923—1988
	粗糙度	表面粗糙度比较样板或粗糙度测量仪	Rz50～100μm	全面	GB/T 13288—1991 GB/T 6060.3—2008

续上表

工序	检测项目	检 测 手 段	检 验 要 求	检 测 数 量	标　　准
涂层	漆膜厚度	用磁性测厚仪	达到规定漆膜厚度	每一构件为一测量单元，大构件以 $10m^2$ 为一测量单元，每个测量单元至少选取三处基准表面，每个基准表面按 5 点法进行测量	TB/T 1527—2004 GB/T 4956—2003
	附着力	画格法	1 级以上	每交验批成品杆件抽测一处	GB/T 9286—1998
	外观	目测	漆膜颜色与色卡一致，漆膜无流挂、针孔、气泡、裂纹等缺陷；铝涂层均匀、致密，无未熔化大颗粒，无漏喷现象	在每种涂层干后全面检查	TB/T 1527—2004

(5)每一构件为一测量单元，大构件以 $10m^2$ 为一测量单元，每个测量单元至少选取 3 处基准表面，每个基准表面按 5 点法进行测量。边腹板外侧所有测点的值必须有 90%达到或超过规定漆膜厚度值，未达到规定膜厚的测点值不得低于规定膜厚要求的 90%；边腹板内侧及中腹板两侧所有测点的值必须有 85%达到或超过规定漆膜厚度值，未达到规定膜厚的测点之值不得低于规定膜厚要求的 85%。若不满足上述要求，则须补喷。

7.6.3　卫河桥波形钢腹板的加工与防腐涂装检验

卫河桥波形钢腹板的加工与涂装检验流程见表 7-6。

卫河桥波形钢腹板的加工与涂装检验流程　　表 7-6

序号	工　　序	标　　准	方法及要求			
1	表面除油	热喷涂标准	预检，脱脂	涂装前处理标准		全检
2	喷砂毛化		喷砂法	Sa3 级 $Rz \geqslant 50\mu m$	样板	全检
3	喷铝前除灰		空气吹扫		溶剂法	抽检
4	外表面首层电弧喷铝		电弧喷铝	$\Delta \geqslant 2 \times 60\mu m$	磁性测厚	
5	外表面两层电弧喷铝					
6	喷铝厚度检测			厚度$\geqslant 120\mu m$		
7	内表面喷环氧富锌涂料	涂装标准	无气喷涂	厚度$\geqslant 100\mu m$	湿、干测厚	
8	首层喷底漆漆	涂装标准	无气喷涂	厚度$\geqslant 40\mu m$	湿、干测厚	抽检
9	涂料烘干	油漆规范	烘房	70℃、120min		

续上表

序号	工　序	标　准	方法及要求			
10	两层喷底漆漆	涂装标准	无气喷涂	厚度≥40μm	湿、干测厚	抽检
11	涂料烘干	油漆规范	烘房	70℃、120min		
12	喷聚氨酯面漆	涂装标准	无气喷涂	厚度≥40μm	湿、干测厚	抽检
13	成品堆放	图纸要求	分层垫木			
14	包装与运输					
15	现场搭接焊接					
16	焊缝打磨		喷砂法	St3 级 Rz≥50μm	对比样快	抽检
17	补有机富锌底漆		涂刷施工	厚度 120μm	磁性测厚	
18	补中间底漆		涂刷施工	厚度 80μm		
19	涂装面漆		涂刷施工	厚度 40μm		
20	整体涂装面漆		无气喷涂	厚度 40μm		

7.6.4　卫河桥波形钢腹板的连接

卫河桥波形钢腹板通过高强螺栓连接。高强螺栓连接要求如下：

(1)高强度螺栓连接副入库时应清点检查，分批号、分规格存放，应成套配好，并做好防潮、防尘工作，防止锈蚀和表面状况改变。不允许露天存放高强螺栓，并应建立明细库存表、发放登记表，加强管理。

(2)钢构件安装时，应按当天高强螺栓连接副需要使用的数量领取。领取时按照图纸标注的规格、数量领取，不得以长代短或以短代长，所有高强度螺栓不许重复使用。

(3)由制作厂处理的钢桥杆件的摩擦面，安装前应复验所附试件的抗滑移系数，符合设计要求后方可安装。

(4)高强螺栓施工时，应穿入临时螺栓和冲钉，临时螺栓数量应不少于安装总数的 20%，冲钉数量应不少于安装总数的 10%，但均不得少于 2 个。

(5)高强度螺栓应顺畅穿入孔内，不得强行敲入，穿入方向应全桥一致。高强度螺栓不得作为临时安装螺栓。

(6)安装高强螺栓时，构件的摩擦面应保持干燥，不得在雨中作业。

(7)施拧高强度螺栓应按一定顺序进行，从板束刚度大、缝隙大之处开始，对大面积节点板应由中央向外拧紧。

(8)用扭矩法拧紧高强度螺栓连接副时，初拧、复拧和终拧应在同一工作日内完成。初拧扭矩为终拧扭矩的 50%，复拧扭矩等于初拧扭矩。

(9)高强度螺栓施拧采用的扭矩扳手，在作业前后均应进行校正，其扭矩误差不得大于使用扭矩的±5%。

(10)大六角头高强螺栓施工质量应有高强螺栓连接副复验数据、抗滑移系数试验数据、初拧扭矩、终拧扭矩、扭矩扳手检查数据和施工质量检查验收记录,并按下列方法进行检查:

①用小锤(0.3kg)敲击法对高强度螺栓进行普查,以防漏拧;

②对每个节点螺栓数量的10%,但不少于一个进行扭矩检查。

(11)扭剪型高强螺栓终拧检查,以目测尾部梅花头拧断为合格。对于不能用专用扳手拧紧的扭剪型螺栓,应按大六角头高强螺栓检查方法处理。

(12)扭剪型高强螺栓施工应有高强螺栓连接副复验数据、抗滑移系数试验数据、初拧扭矩、扭矩扳手检查数据和施工质量检查验收记录。

高强螺栓连接副应按出场批号复验扭矩系数,修整螺栓孔内的毛刺、污物等影响螺栓预拉力的因素。保证高强螺栓能顺利穿入孔内。高强螺栓连接施工时从跨中的连接缝开始,对称向两端进行。采用扭矩法拧紧高强度螺栓连接副,如图7-87、图7-88。由专职质量检查员进行,检查扭矩扳手必须标定,其扭矩误差不大于使用扭矩的±3%,且进行扭矩抽查。经检查合格的高强度螺栓节点,应及时用厚涂料或腻子封闭。

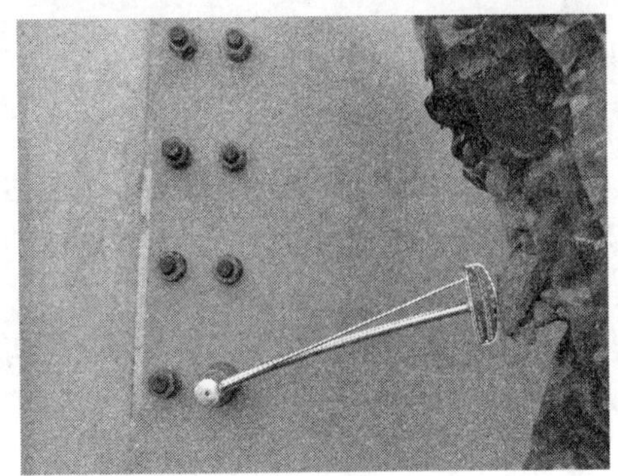

图7-87　螺栓连接(一)

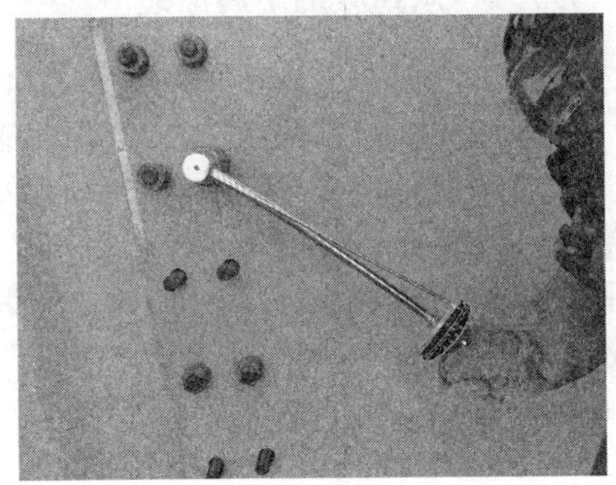

图7-88　螺栓连接(二)

7.7　大广高速衡大段6号跨线桥波形钢腹板的加工

大广高速衡大段6号跨线桥是我国第一座钢—FRP组合桥梁,其承重梁采用了波形钢腹板H型钢梁,如图7-89和图7-90所示。

图7-89　大广高速衡大段6号跨线桥承重梁结构(一)

图7-90　大广高速衡大段6号跨线桥承重梁结构(二)

7.7.1 承重梁的焊接

(1)钢结构间的焊缝,采用熔透焊、双面贴角焊。

(2)波形钢腹板工字梁腹板、横梁上下翼板与腹板的对接焊缝为主要焊缝,应达到《钢结构工程施工质量验收规范》(GB 50205—2001)的一级焊缝要求,波形钢腹板梁的顶底板与波形钢腹板之间的焊缝质量应达到 GB 50205—2001 的二级要求。

(3)为了保证焊接质量,首次采用的钢材、焊接材料、焊接方法、焊接后热处理,对不同的自动焊接与不同条件(工厂内、工地现场)的手工焊,应区分不同情况、条件进行焊接工艺评定,焊接工艺评定应按国家现行的《建筑钢结构焊接规程》(JGJ 81—2002)和《铁路钢桥制造规范》(TB 10212—2009)的规定进行,并根据评定报告确定焊接工艺。在正式焊接前应试焊,经焊缝质检部门检验合格后方能正式大面积焊接,并要求聘用考试合格的电焊工持证上岗施焊;合格证应注明焊接条件、有效期限。焊工停焊时间超过 6 个月,应重新考核。

7.7.2 承重梁的防腐涂装

大广高速衡大段 6 号跨线桥承重梁的涂装工艺要求:

(1)钢板在加工、预拼装完成后,应及时清除刺屑、焊渣、飞溅物及油污等。

(2)应对钢梁内外表面及主墩外包钢管外表面进行喷砂除锈及表面粗糙化,除锈等级应达到《涂装前钢材表面锈蚀等级和除锈等级》(GB 8923—1988)标准规定的 Sa2.5~Sa3.0 级,清洁后钢板表面的粗糙度应达到《金属和其他无机覆盖层热喷涂 锌、铝及其合金》(GB/T 9793—1997)标准中规定的 Rz40~80μm;钢板的表面防锈涂装采用 80μm 的罗巴鲁冷镀锌涂料,然后分两层涂环氧云铁防锈漆 100μm,最后涂深灰面漆(氟碳漆)一层 80μm,采用无气喷涂法施工。防护期望使用周期不小于 50 年。

(3)在正式喷涂前应进行试喷涂,并进行涂层结合性能检验,满足要求后方能进行正式喷涂。喷漆工艺及要求应符合《铁路钢桥保护涂装》(TB/T 1527—2004)有关规定。

(4)喷漆结束后,应进行涂层厚度及附着力的检验,要求每 $10m^2$ 检验 3 处,其厚度应符合设计要求。

(5)喷漆层的外观应均匀一致,无松散料子,不允许有破裂、剥落、漏喷、分层、鼓泡等缺陷。

(6)施工时,对喷漆完毕后的构件起吊、运输时不允许直接用钢丝绳捆绑或吊钩直接与涂层表面接触,并严禁碰撞擦伤涂层。待施工现场安装合拢后,焊接、安装各吊装段接头及相应钢件,焊缝经超声检测合格后进行一次补充涂装。图 7-91 及图 7-92 为涂装过程示意。涂装说明见表 7-7~表 7-9。

图 7-91 涂装(一)

图 7-92 涂装(二)

涂 装 说 明　　表 7-7

项 目 工 程	理论涂装量(g/m^2)	实际涂装量(g/m^2)①		涂装间隔(h)	涂膜厚度②(mm)	
		刷涂	喷涂		干膜	湿膜
表面处理	参照(表 7-8)					
冷镀锌 1 道	250	300	325	2	40	75
冷镀锌 2 道	250	300	325	—	40	75
合计	500	600	650	—	80	—

注:①实际涂装量中,刷涂按损失率 20%计算,喷涂按损失率 30%计算。

②涂膜厚度指最低涂膜厚。

表 面 处 理　　表 7-8

被涂面项目	钢 铁 表 面	
适用	氧化皮钢铁表面	熔接熔断部位、螺栓等
处理方法	喷砂处理 ISO 8501 Sa2.5① Rz=20～50μm	电动工具和手动工具并用 ISO 8501 St3.0②

注:①《建筑工事标准说明书 解说》(JASS18),涂装工事(1998)日本建筑学会。

②确认方法为目视,处理后与标准照片(ISO 8501-1—1998,8501-2—1994)比对。

涂 装 工 艺　　表 7-9

<table>
<tr><td>涂装方法</td><td>刷涂、辊涂</td><td colspan="2">喷涂(有气、无气)</td></tr>
<tr><td>搅拌</td><td colspan="3">电动搅拌:搅拌 3min 以上,确保罐底没有沉淀物。
手动搅拌:开罐前,颠倒涂料罐反复摇晃 3min 以上,开罐后再度搅拌,确保罐底没有沉淀物。
涂装中的搅拌:包括分灌后小罐内的搅拌,随时保证涂料处于均一状态。
连续涂装(喷涂枪,流水线辊涂等):注意随时搅拌</td></tr>
<tr><td rowspan="2">涂装</td><td rowspan="2">不容易涂装的地方要进行预涂装(如各种边缘、焊缝处、凸凹部等)。
涂刷时不要延展太大,保证涂膜厚度。
采用能够足够吸收涂料的柔软刷子</td><td colspan="2">调整好压力和距离,保持均一涂装。
不容易涂装的地方要进行预涂装(如各种边缘、焊缝处、凸凹部等)</td></tr>
<tr><td>有气喷涂①
过滤:使用#100
口径:1.5～2.0mm
气压:标准 0.29MPa</td><td>无气喷涂①
过滤网:使用#50～60
型号:GRACO GG0317 以上涂装机:30∶1 以上</td></tr>
<tr><td></td><td></td><td></td><td>最低气雾化压力:
标准 10MPa</td></tr>
<tr><td>稀释</td><td>不要</td><td>涂料质量的 5%以下</td><td>不要</td></tr>
<tr><td>损耗</td><td>10%～20%</td><td>20%～40%</td><td></td></tr>
</table>

注:①各涂装设备的使用,参照该设备提供的产品使用说明。

②涂料黏度比第一次开罐时增大的情况下,请使用冷镀锌专用稀释剂,依据质量比,添加稀释剂最多不超过涂料质量的 5%进行稀释。

参考文献

[1] Atrek Erdal, Nilson Arthur H. Nonlinear Analysis of Cold-formed Steel Shear Diaphragms[J]. Journal of the Structural Division, Proceedings of ASCE, 1980, 106(3): 693-710.

[2] R P Johnson, J Cafolla. Corrugated webs in plate girders for bridges[C]. Proceedings of Institute of Civil Engineering Structures and Bridge, 1997 (123): 157-164.

[3] 李宏江. 波形钢腹板箱梁扭转与畸变的试验研究及分析[博士学位论文][D]. 南京:东南大学交通学院,2003.

[4] Sherif A Ibrahim, Wael W El-Dakhakhni, Mohamed Elgaaly. Behavior of bridge girders with corrugated webs under monotonic and cyclic loading[J]. Engineering Structures, 2006(28): 1941-1955.

[5] DIN 55928 Protection of steel structures from corrosion by organic and metallic coatings, preparation and testing of surfaces.

[6] 黎樵,朱又春. 金属表面热喷涂技术[M]. 北京:化学工业出版社,2009.

[7] 金晓鸿. 防腐蚀涂装工程手册[M]. 北京:化学工业出版社,2008.

[8] 陈治良. 现代涂装手册[M]. 北京:化学工业出版社,2009.

[9] 李新华,李国喜,吴勇. 钢铁制件热浸镀锌与渗镀[M]. 北京:化学工业出版社,2009.

[10] 宋华,王锡春. 电泳涂装技术[M]. 北京:化学工业出版社,2009.

[11] 李正仁,李锐,杨涛. 金属表面粉末涂装[M]. 北京:化学工业出版社,2010.

[12] 胡国辉,郝庆义,李晓卫. 金属磷化工艺技术[M]. 北京:国防工业出版社,2009.

[13] 庄光山,李丽,王海庆,张晨. 金属表面涂装技术[M]. 北京:化学工业出版社,2010.

[14] 王海军. 热喷涂技术问答[M]. 北京:国防工业出版社,2006.

[15] 张平. 热喷涂材料[M]. 北京:国防工业出版社,2006.

[16] 张忠礼. 钢结构热喷涂防腐蚀技术[M]. 北京:化学工业出版社,2004.

[17] 张清学,吕今强. 防腐蚀施工管理及施工技术[M]. 北京:化学工业出版社,2007.

[18] 任必年,张学峰,陈建阳,沈承金. 公路钢桥腐蚀与防护[M]. 北京:人民交通出版社,2002.

[19] 郭荣玲,马淑娟,申喆. 钢结构工程质量控制与检测[M]. 北京:化学工业出版社,2007.

[20] 徐滨士,刘世参. 中国材料工程大典第16卷 材料表面工程(上)[M]. 北京:化学工业出版社,2006.

[21] 徐滨士,刘世参. 中国材料工程大典第17卷 材料表面工程(下)[M]. 北京:化学工业出版社,2006.

[22] 史耀武. 中国材料工程大典第22卷 材料焊接工程(上)[M]. 北京:化学工业出版社,2006.

[23] 史耀武.中国材料工程大典第23卷 材料焊接工程(上)[M].北京:化学工业出版社,2006.
[24] 刘玉擎.组合结构桥梁[M].北京:人民交通出版社,2005.
[25] 周在杞.钢结构超声探伤及质量分级[M].北京:中国标准出版社,2008.
[26] 周在杞.金属(钢)结构质量控制与检测技术[M].北京:中国水利水电出版社,2008.
[27] 朱峰.钢结构制造与安装[M].北京:北京理工大学出版社,2009.
[28] 李以善,刘德镇,肖世荣,邢兆辉,王洪良.焊接结构检测技术[M].北京:化学工业出版社,2009.
[29] 王国凡,等.钢结构焊接制造[M].北京:化学工业出版社,2009.